工作手册式工匠系列教材

模具材料与热处理

主　编　熊建武　徐　炯　徐文庆

副主编　郭　俊　谢学民　肖国华　雷隆兴　吴伟　贾越华

主　审　胡智清　汪哲能

西安电子科技大学出版社

内 容 简 介

　　本书以培养学生选用模具材料及热处理的基本技能为目标，按照基于工作过程导向的原则，选择具有代表性的几个项目，将内容划分为基础篇、提高篇两大部分(对五年制高职学生，可以划分为中职、高职两个教学阶段实施教学)。基础篇(中职阶段)介绍课程的特点与要求，模具材料的应用与发展趋势，模具材料的性能、质量检验与选用，模具材料和模具零件热处理等专业基础知识，建议安排 30～36 课时。提高篇(高职阶段)介绍冷冲压模具零件材料与热处理的选用，塑料成型模具零件材料与热处理的选用，压铸模、热锻模、热挤压模、热冲裁模、玻璃模等其他模具零件材料与热处理的选用，模具寿命与模具材料及热处理等内容，建议安排 30～36 课时。

　　本书适合于模具设计与制造、材料成型技术、模具制造技术、机械制造工艺及自动化、机械设计与制造、汽车制造与装配、工业机器人、机电一体化技术、工程机械运用与维护、新能源汽车等机械装备制造大类各专业的高职、中职、技校、技师学院、中高职衔接班及五年一贯制大专班学生使用，也适合于机械装备制造大类各专业的成人教育学员使用，还可供机械装备制造相关的工程技术人员参考。

图书在版编目(CIP)数据

模具材料与热处理 / 熊建武，徐炯，徐文庆主编. —西安：西安电子科技大学出版社，2021.6
ISBN 978−7−5606−6016−5

Ⅰ. ①模… Ⅱ. ①熊… ②徐… ③徐… Ⅲ. ①模具钢—热处理—教材 Ⅳ. ①TG162.4

中国版本图书馆 CIP 数据核字(2021)第 058504 号

策划编辑　刘小莉
责任编辑　朱颖苗　马晓娟
出版发行　西安电子科技大学出版社(西安市太白南路 2 号)
电　　话　(029)88242885　88201467　　　邮　编　710071
网　　址　www.xduph.com　　　　　电子邮箱　xdupfxb001@163.com
经　　销　新华书店
印刷单位　陕西天意印务有限责任公司
版　　次　2021 年 6 月第 1 版　　2021 年 6 月第 1 次印刷
开　　本　787 毫米×1092 毫米　1/16　印　张　20
字　　数　468 千字
印　　数　1～2000 册
定　　价　46.00 元

ISBN 978−7−5606−6016−5 / TG

XDUP 6318001−1

工作手册式工匠系列教材

编委会名单

主　任:

龚学余(南华大学)

胡智清(湖南财经工业职业技术学院)

段宜虎(衡南县职业中等专业学校)

熊建武(湖南工业职业技术学院)

副主任:

杜俊鸿(湖南晓光汽车模具有限公司)

陈茂荣(永州市工商职业中等专业学校)

谢东华(湖南财经工业职业技术学院)

刘志峰(新化县湘印职业学校)

罗　荣(新化县楚怡工业学校)

姚协军(安化县职业中等专业学校)

陈昆明(长沙市望城区职业中等专业学校)

王元春(衡南县职业中等专业学校)

任　川(汨罗市职业中等专业学校)

冯国庆(益阳高级技工学校)

盘先瑞(双牌县职业技术学校)

陈美勇(南岳电控(衡阳)工业技术股份有限公司)

朱志勇(特变电工衡阳变压器有限公司)

孙孝文(湘潭电机集团股份有限公司)

委　员: (按姓氏拼音排列，排名不分先后)

蔡　艳(湖南财经工业职业技术学院)

陈国平(湖南维德科技发展有限公司)

陈黎明(湖南财经工业职业技术学院)

陈湘舜(湖南铁道职业技术学院)

戴石辉(长沙市望城区职业中等专业学校)

邓子林(永州职业技术学院)

丁洪波(湖南省汽车技师学院)

范雄光(新化县湘印职业学校)

范勇彬(长沙县职业中等专业学校)

付　刚(湖南省工业技师学院)

高　伟(湖南财经工业职业技术学院)

龚煌辉(湖南铁道职业技术学院)

龚林荣(祁阳县职业中等专业学校)

郭　俊(内蒙古机电职业技术学院)

贺柳操(湖南机电职业技术学院)

胡少华(湖南兵器工业高级技工学校)

贾庆雷(中国中车株洲时代新材料科技股份有限公司新材料树脂事业部)

贾越华(湘西民族职业技术学院)

姜　星(衡东县职业中等专业学校)

赖　彬(平江县职业技术学校)

雷隆兴(郴州综合职业中等专业学校)

李　博(永州市工商职业中等专业学校)

李　刚(山西综合职业技术学院)

李　刚(双牌县职业技术学校)

李　立(长沙县职业中等专业学校)

李凌华(郴州职业技术学院)

李　强(涟源工业贸易中等专业学校)

李强文(汨罗市职业中等专业学校)

李文元(湖南工业大学)

李向阳(郴州工业交通学校)

林瑞蕊(杭州萧山技师学院)

刘　波(湖南国防工业职业技术学院)

刘放浪(安化县职业中等专业学校)

刘海波(湘电集团湘电动力有限公司)

刘绘明(安化县职业中等专业学校)

刘隆节(湖南财经工业职业技术学院)

刘少华(湖南财经工业职业技术学院)

刘友成(邵阳职业技术学院)

刘正阳(湖南科技职业学院)

龙海玲(衡阳技师学院)

卢碧波(宁乡市职业中专学校)

陆　唐(湖南轻工高级技工学校)

陆元三(湖南财经工业职业技术学院)

罗　辉(永州职业技术学院)

欧　伟(长沙汽车工业学校)

欧阳盼(湘北职业中等专业学校)

彭向阳(平江县职业技术学校)

宋新华(张家界航空工业职业技术学院)

苏瞧忠(平江县职业技术学校)

孙　哲(湘潭电机集团股份有限公司)

孙忠刚(湖南工业职业技术学院)

谭补辉(益阳职业技术学院)

谭海林(湖南化工职业技术学院)

汤酞则(湖南师范大学)

唐　波(益阳职业技术学院)

涂承钢(常德财经中等专业学校)

汪哲能(湖南财经工业职业技术学院)

王　波(长沙汽车工业学校)

王　健(衡南县职业中等专业学校)

王　静(永州市工商职业中等专业学校)

王安乐(益阳高级技工学校)

王端阳(祁东县职业中等专业学校)

王小平(宁远县职业中等专业学校)

王正青(潇湘职业学院)

文　婕(醴陵市陶瓷烟花职业技术学校)

吴　伟(郴州综合职业中等专业学校)

吴亚辉(桂阳县职业技术教育学校)

夏　嵩(长沙市望城区职业中等专业学校)

肖洪峰(益阳高级技工学校)

肖洋波(宁乡市职业中专学校)

谢冬和(湖南汽车工程职业学院)

谢国峰(武汉职业技术学院)

谢学民(娄底技师学院)

熊福意(湖南省工业技师学院)

熊文伟(湖南机电职业技术学院)

徐　炯(娄底技师学院)

徐灿明(东莞市电子科技学校)

徐文庆(湖南财经工业职业技术学院)

杨志贤(湘阴县第一职业中等专业学校)

叶久新(湖南大学)

易　慧(醴陵市陶瓷烟花职业技术学校)

尹美红(邵阳市高级技工学校)

于海玲(咸阳职业技术学院)

余　意(湖南工业职业技术学院)

余光群(湖南信息职业技术学院)

张　军(长沙县职业中等专业学校)

张　舜(株洲市职工大学(工业学校))

张　幸(常德财经中等专业学校)

张笃华(衡南县职业中等专业学校)

张红菊(衡南县职业中等专业学校)

张腾达(株洲市职工大学(工业学校))

赵建勇(潇湘职业学院)

赵卫东(宁乡市职业中专学校)

钟志科(湖南省模具设计与制造学会)

周　全(湖南工业职业技术学院)

周　钊(长沙汽车工业学校)

周柏玉(郴州职业技术学院)

朱旭辉(湖南汽车工程职业学院)

邹立民(益阳高级技工学校)

前　言

本书是在借鉴德国双元制教学模式、总结近几年各院校模具设计与制造专业教学改革经验的基础上，由湖南工业职业技术学院、湖南财经工业职业技术学院、娄底技师学院等职业院校的专业教师联合编写的，是湖南省"十三五"教育科学研究基地——湖南职业教育"芙蓉工匠"培养研究基地的研究成果，是湖南省高等学校科学研究项目"4000kN自动冲压线高速复合冲模国产化及持续改进研究"的研究成果，是湖南省教育科学规划课题《现代学徒制：中高衔接行动策略研究》《基于现代学徒制的"芙蓉工匠"培养研究：以电工电器行业为例》《基于"工匠精神"的高职汽车类创新创业人才培养模式的研究》《基于"双创"需求的高职院校新能源汽车技术专业建设的研究》《基于工匠培养的"学训研创"一体化培养体系探索与实践》的研究成果，是湖南省职业院校教育教学改革研究项目《融合"现代学徒制"模式的高职院校"双创"教育路径研究》《"工匠"精神融入高职学生职业素养培育路径创新研究》的研究成果，是湖南省教育科学工作者协会课题《校企深度融合背景下PDCA模式在学生创新设计与制造能力培养中的应用研究》的研究成果，是"模具材料与热处理"课程教学资源库的配套教材。

在模具设计与制造过程中，合理地选用模具材料及热处理是模具设计、制造成功的关键之一。模具材料是模具制造业的物质基础和技术基础，模具制造企业和模具从业人员越来越重视各种模具材料的性能、质量及其选择和使用问题。正确和先进的模具热处理可以充分发挥模具材料的潜在优势性能，可以延长模具零件的使用寿命。

本书以培养学生选用模具材料及热处理的基本技能为目标，按照基于工作过程导向的原则，在对行业企业、同类院校进行调研的基础上，重构课程体系，拟定典型工作任务，重新制定课程标准，按照由简到难的顺序，以真实模具及其零件为载体，采用通俗易懂的文字和丰富的图表，系统地介绍了模具材料的应用与发展趋势，模具材料的性能、质量检验与选用，模具材料与模具零件的热处理，冷冲压模具零件材料与热处理的选用，塑料成型模具零件材料与热处理的选用，压铸模、热锻模、热挤压模、热冲裁模、玻璃模等其他模具零件材料与热处理的选用等内容。同时，安排实训及项目任务，体现"做中学、学中做"，以充分调动学生的学习积极性，使学生学有所成。

本书由熊建武、徐炯、徐文庆任主编，郭俊、谢学民、肖国华、雷隆兴、吴伟、贾越华任副主编。参加编写的还有谢国峰、雷吉平、刘波、涂承钢、张腾达、李博、王波、王健、王端阳。熊建武负责全书的统稿和修改。胡智清(湖南省模具设计与制造学会副理事长，湖南财经工业职业技术学院副院长、教授)、汪哲能(湖南财经工业职业技术学院教授)任主审。

在本书编写过程中，中国模具工业协会人才培训部蒋明周主任、湖南省模具设计与制造学会副理事长钟志科教授、中国中车株洲时代新材料科技股份有限公司新材料树脂事业部贾庆雷高级工程师，湖南维德科技发展有限公司陈国平总经理对本书提出了许多宝贵意见和建议，湖南工业职业技术学院、湖南财经工业职业技术学院、娄底技师学院、衡南县职业中等专业学校、宁远县职业中等专业学校等院校领导给予了大力支持，在此一并表示感谢。

为便于学生查阅有关资料、标准及拓展学习，本书特为相关内容设置了二维码链接。作者在撰写过程中搜集了大量有利于教学的资料和素材，限于篇幅未在书中全部呈现，感兴趣的读者可向作者索取，作者 E-mail: xiongjianwu2006@126.com。

由于时间仓促，加之水平有限，书中不当之处在所难免，恳请广大读者批评指正。

编　者
2021 年 2 月

目　　录

基　础　篇

提 高 篇

基　础　篇

项目一 课程的特点与要求

1.1 课程的地位与性质

在模具设计与制造过程中，能否合理地选用模具材料是模具制造成功的关键问题之一。模具材料是模具制造业的物质基础和技术基础，模具制造企业和模具从业人员越来越重视各种模具材料的性能、质量及其选择和使用问题。正确和先进的模具热处理可以充分发挥模具材料的潜在能力，可以延长模具零件的使用寿命。

本课程是模具设计与制造、材料成型、模具制造技术等专业的技术基础课程，是在开设了"机械制图""机械原理""机械零件""公差配合与测量技术"等课程后，与"冷冲压模具设计""塑料成型工艺与模具设计"同时开设或稍后开设的模具类专业基础课程。

本课程主要介绍模具材料的应用与发展状况、模具材料的特性与热处理概述、冷冲压模具零件材料与热处理的选用、塑料成型模具零件材料与热处理的选用、其他冷作模具零件材料与热处理的选用、模具零件表面的硬化等内容，是从基础课过渡到专业课的桥梁，是进行模具设计、编制模具零件制造工艺规程的基础。

1.2 课程的特点

本课程的特点是术语和定义多、代号和符号多、具体规定多、内容多、经验总结多，而逻辑性和推理性较少，这往往使刚刚学完基础理论课的学生感到枯燥，记不住，不会用。从学习内容来看，本课程理论性强，概念较多，知识点多，理解较困难。从教学条件来看，本课程实验不到位，更不能到企业进行长时间的现场教学，最多是安排一次现场参观，老师只能利用多媒体进行教学，学生不能在一定的工程背景下建构知识。为了学好本课程，学生应当有充分的准备。

1.3 课程的学习目标与学习方法

1.3.1 课程的学习目标

本课程是模具设计与制造专业必修的专业基础课，其目的是使学生获得有关模具、工程结构和机械零件常用的金属材料的基础理论知识和材料热处理的相关知识，并使其初步具备根据模具零件的工作条件和失效方式合理地选择和使用材料,正确制定模具零件的冷、热加工工艺路线的能力。高职高专的模具设计与制造专业的学生毕业后都是在企业一线工作,学生无论是从事模具设计,还是从事模具的加工制造,都必须掌握材料的机械性能和工艺性能、材料的热处理等相关知识,并具有一定的选材能力。

1.3.2 课程的教学方法

针对本课程教学内容理论性强、概念多、知识点多的特点,在教学中应进行有针对性的教学改革,以提高教学效果。具体教学方法有:

(1) 采用建构主义理论的教学方法进行教学,以学生为中心,设置合适的教学情境,在情境中学生相互讨论,不断地理解概念及相关的理论知识。在创设情境的时候,要注意工程背景的创设,这有利于培养学生的知识应用能力。专业基础课的知识是学生学习其他专业课的基础,学生必须具有运用基础知识学习专业知识的能力,实现基础知识在专业知识中的重建构,培养学生的职业能力。

(2) 采用项目化教学法进行教学,将枯燥乏味的知识点贯穿到实际的项目中,在具体的项目中,以完成每一个任务为目标,实现知识的建构,即学中做,做中学,动手动脑,手脑并用。

(3) 针对本课程教学内容和职业能力培养设置综合实训项目。模具专业的学生要了解机械零件加工的基本方法,需要进行一般的机加工实训和特种加工实训。为此,可结合本课程学习内容,进行加工工件使用性能的分析、材料选择、材料性能的测试、材料的加工、材料加工后性能的测试、材料性能的比较、需要进行热处理的方法的选择、材料的再加工,直到生产出产品。在完成这样的产品加工实训中,学生会在企业具体环境中,通过相互协作和老师的指导,切实理解机械零件的加工方法和工序,以及"模具材料与热处理的选用"知识在实际生产中的作用。

(4) 进行必要的企业参观,争取进行 8 课时以上的现场教学。模具材料的热处理是与企业实践紧密结合的知识点,在介绍完热处理的原理后,将热处理工艺方法的讲解安排到参观模具设计与制造企业生产的过程中,让学生在看中学,从而更容易接受这些知识点,强化课程知识。

1.3.3 课程的学习方法

为了达到学习目标,学生需遵循合适的学习方法,如:

(1) 在学习中,了解每个术语、定义的实质,及时归纳总结并掌握各术语及定义的区别和联系,在此基础上牢记,才能灵活运用。

(2) 认真独立完成作业和实训任务,巩固并加深对所学内容的理解与记忆。通过自己动手完成准实际工作任务,掌握正确的标注方法,熟悉模具材料及热处理选择的原则和方法。

(3) 树立理论联系实际、严肃认真的科学态度,培养基本技能。利用互联网查询,了解模具设计与制造行业企业选用模具材料及热处理的实际方法,了解模具材料及热处理的成熟技术与方法,为学习和以后走向工作岗位打下坚实基础。

（4）要正确运用本课程所学知识，熟练、正确地选用模具材料及热处理方法，还需要经过实际工作的锻炼。在学习过程中遇到困难时，应当坚持不懈地努力，反复记忆、反复练习、不断应用是达到熟练的有效途径。

（5）只有认真学习后续课程，如"机械设计基础""机床夹具设计"等，特别是"冷冲压模具设计及课程设计""塑料成型工艺与模具设计及其课程设计""模具制造工艺学及课程设计"等专业课课程设计、毕业设计和顶岗实习等课程，才能进一步加深对本课程学习内容的理解，逐步掌握选用模具材料及热处理方法的要领。

（6）利用网络、电子图书等资源，及时了解模具材料研制与应用的最新研究动态，以及新材料、新工艺在模具行业的应用，为从事模具设计与制造工作打好基础。

项目二 模具材料的应用与发展趋势

◎ **学习目标**

- 了解模具材料的应用与发展趋势。

◎ **主要知识点**

- 模具工业的地位与作用。
- 国外模具材料的生产现状和发展趋势。
- 我国模具材料的生产现状和发展趋势。
- 模具热处理技术的应用及发展。
- 模具表面强化技术的应用及发展。

2.1 模具工业在国民经济中的地位与作用

在现代机械制造业中，模具工业已成为国民经济中一个非常重要的行业。模具技术集合了机械、电子、化学、光学、材料、计算机、精密监测和信息网络等诸多学科，是一个综合性多学科的系统工程。许多新产品的开发和生产在很大程度上依赖于模具制造技术，模具在很大程度上决定着一个企业产品的质量、效益和新产品的开发能力。随着我国加入WTO，我国模具工业的发展将面临新的机遇和挑战。

1. 模具工业在现代工业中的作用

模具素有"工业之母"之称，模具工业是无与伦比的"效益放大器"。模具作为一种高附加值和技术密集型产品，其技术水平的高低已成为一个国家制造业水平的重要标志之一。世界上许多国家，特别是一些发达国家都十分重视模具技术的开发，大力发展模具工业，积极采用先进技术和设备，提高模具制造水平，以取得较大的经济效益。模具在现代工业中的重要作用主要体现在以下几个方面：

(1) 模具是压力加工和其他成型加工工艺中使材料(金属和非金属)变形制成产品的一种重要工艺装备，应用广泛。它在锻造、塑料加工、压铸等行业中起着重要的作用。模锻件、冲压件、挤压件和拉拔件等都是使金属材料在模具里发生塑性变形而获得的，压铸零件、粉末冶金零件也是在模具中加工成型的，而塑料、陶瓷、玻璃制品等非金属材料的成型加工也多依靠模具。

(2) 少、无切削加工是机械制造业发展的一个方向，而模具是利用压力加工实现少、无切削工艺的关键。模具成型有优质、高产、低消耗和低成本等特点，因此得到了广泛应用。据统计，依靠模具加工的产品和零件，家电行业占80%，机电行业占70%以上。汽车、交通、电工电器、轻工、军工、冶金及建材等行业大部分产品的生产都离不开模具。

(3) 模具生产影响产品的开发、更新换代和发展速度。由于人们对工业产品的品种、数量、质量要求越来越高，为适应产品更新换代，因此对模具的性能要求更高、精度要求更严、制模速度要求更快、种类要求更多，模具需求量加大，模具的工作条件更苛刻、形状更复杂、工作温度更高、寿命要求更长。

2. 我国模具工业的现状

近年来，我国模具工业的面貌已发生了根本性的变化，从以企业内部自产自配为主的、附属于产品生产的工装行业，发展成了有相当规模的、具有高技术行业特征的资金密集型、技术密集型装备制造产业；从主要以传统的、钳工师傅为主导的技艺型手工生产方式，进入到了普遍采用数字化、信息化设计生产技术的现代化工业生产时代；从单一的公有制企业形式，发展成为以民营企业为主、多种所有制企业形式共存的新格局。模具工业的高速发展给予制造业强有力的支撑，制造业的高速发展又促进了模具工业的发展。

目前，我国已成为制造业和模具生产的大国。2018年中国模具消费量达2555亿元人民币，约占世界模具消费的1/3，模具产值亦占世界模具总产值的1/3。2018年，中国模具出口量达60.85亿美元，比上一年增长10.8%，占全球模具出口总量的1/4，出口遍及全球约200个国家和地区；模具进口量为21.4亿美元，同比增长4.3%，占全球模具进口总量的1/8。

2018年中国模具2555亿元人民币的消费量可以支撑起全国28万亿元的工业制成品市场，是"中国制造"的重要组成部分，扮演着从"大国重器"到人民生活变化提升的"幕后英雄"角色。以汽车行业为例，汽车制造的模具依存度已超过90%，全国95%以上的模具企业涉及汽车模具。

近年来，中国模具企业加快"走出去"，完成相关并购超过20起，交易金额近70亿美元，主要并购方向是模具的智能化、电动化和轻量化。

3. 模具工业将进一步促进产业升级

现代模具是制造产业转变增长方式、产业结构调整的关键支撑，模具工业在产业升级方面的重要性将进一步提升。

(1) 汽车行业领域：模具装备是推进汽车产品升级换代、节能环保型汽车研发生产和汽车自主品牌发展的重要保障。

(2) 家电行业领域：家电零件成型依靠扳金冲压、塑料、发泡、吸附等各类模具，模具制造的水平是实现我国家电转型升级(如低噪音、节能节水、多间室)的技术保证。

(3) 航空装备领域：钣金装备、飞机内饰件模具成套技术的研究开发及产业化对航空制造、减轻飞机的自重、节约燃油等具有关键作用。

(4) 电子专用装备及新兴产业配套领域：IT模具中电脑周边模具、媒体数码产品模具、光电通信产品模具、网络产品模具、钟表礼品模具等的需求越来越大。

(5) 医疗器械制造领域：精密、超精密模具具有举足轻重的地位。

(6) 轨道交通领域：动车组走行核心部件超高速(300 千米以上/小时)精密轴承模具核心技术，铁路重载货车和城市轨道交通车辆用轴承、齿轮传动装置，高速动车组用齿轮箱精密铸造模具等是轨道交通发展的必需。

2.2 模具材料的生产现状和发展趋势

模具材料主要是模具钢，模具钢的产量近 20 年来增长很快，领先于其他钢类。

2.2.1 国外模具钢的发展状况

随着我国改革开放的深入发展，外国模具钢已在我国钢材市场占有一定比重，特别是沿海地区，外国模具钢占有国内模具市场相当大的份额。了解国外模具材料发展状况及国内市场销售国外模具钢的情况，有利于进行模具材料及热处理的选用。

1. 国外模具钢种类的发展

模具钢根据用途可以分为冷作模具钢、热作模具钢和塑料模具钢三大类。各工业发达国家的国家标准中都列出了本国标准，并不断更新充实。随着模具工作条件愈发苛刻，各国还相继发展了不少适应新要求的新钢种。

目前，各国使用量较大的模具钢集中在十几种通用型模具钢上。本书主要介绍冷作模具钢、热作模具钢和塑料模具钢三大类模具钢的发展情况。

1) 冷作模具钢

冷作模具钢是应用比较广泛的一类模具钢，主要用于制造剪切、冲压、冷挤压、冷徽、压印、辊压等用途的模具，一般要求具有高的硬度、强度和耐磨性，一定的韧性和热硬性，以及良好的工艺性能。国外通用型冷作模具钢有：低合金油淬模具钢 01(9CrWMnV)，中合金空淬模具钢 A2(Cr5Mo1V)和高碳高铬模具钢 D3(Cr12)、D2(Cr12Mo1V1)等。

为了满足冷作模具的特殊要求，各国有针对性地发展了一批新型的模具钢及模具材料，主要有：

(1) 高韧性、高耐磨性模具钢。Cr12 型模具钢，耐磨性很好，但是韧性差，抗回火软化能力不足。近 30 年来，国外相继发展了一些高韧性、高耐磨性模具钢，其碳铬含量低于 Cr12 型模具钢，增加了钼、钒合金的含量，钢中形成了大量 MeC 型高弥散度碳化物，其耐磨性优于 Cr12Mo1V1 钢，韧性和抗回火软化能力则高于 Cr12 型。比较有代表性的钢号有：日本大同特殊钢公司的 DC53(Cr8Mo2VSi)，日本山阳特殊钢公司的 QCM8(8Cr8Mo2VSi)，美国钒合金钢公司的 Vasco Die(8Cr8Mo2V2Si)，分别用于冷挤压模具、冷冲模具及高强度螺栓的滚螺纹模具上，并取得了良好的使用效果。

(2) 低合金空淬微变形模具钢。这类钢的特点是合金含量较低，一般小于 5%(质量分数)，但是淬透性和淬硬性都较好，ϕ100 mm 的轴类都可以空冷淬透，淬火后变形小、工艺性好，价格低，主要用于制造精密复杂模具。新研制的低合金空淬微变形模具钢有：日本大同特殊钢公司的 G04，日本日立金属公司的 ACD37，美国的 A4(Mn2CrMo)、A6(7Mn2CrMo)等。

(3) 火焰淬火模具钢。20 世纪 70 年代，国外开始研发一些适应火焰淬火需要的冷作模具钢。由于采取氧乙炔喷嘴进行局部加热空冷淬火，难以严格地控制和测定温度，因此，要求火焰淬火模具钢具有淬火加热温度宽、淬透性好等特点。火焰局部加热淬火具有工艺简便、可以缩短模具制造周期、节约能源、降低制造费用等特点，已经广泛地应用于冲压、冷镦、下料、剪切等冷作模具。

火焰淬火模具钢研发很快，代表性的钢号有：大同特殊钢公司的 G05，日本日立金属公司的 HMD1、HMD5，日本爱知制钢公司的 SX105V(7CrSiMnMoV) 和日本山阳特殊钢公司的 QF3 等。

(4) 粉末冶金冷作模具材料。采用粉末冶金工艺生产的高碳高合金模具材料，由于钢液雾化形成的微细钢粉凝固很快，完全可以避免一般工艺生产的高碳冷作模具钢在浇注后缓慢凝固、产生粗大碳化物和偏析等缺陷。因此，粉末冶金模具钢具有磨削性能好、韧性好、等向性好、热处理工艺性能好等特性。

由于粉末冶金模具钢具有良好的特性，近几十年来在国外发展较快，而且发展了一系列的粉末冶金模具钢钢号，如美国增祸钢公司发表的 CPM9V、CPM10V、CPM440V 等，德国发表的 320CrVMo13.5 等。这些钢中含有大量弥散度高、硬度高的 MeC 型碳化物，其耐磨性能介于硬质合金和高合金冷作模具钢之间。由于粉末冶金模具钢韧性好，因此制成的模具寿命可以与硬质合金模具相似；由于其工艺性能好，因此适于制造形状复杂、工作条件苛刻的长寿命模具，其使用寿命可比模具钢模具提高几倍甚至几十倍。

2) 热作模具钢

热作模具要求钢在模具的较高工作温度下具有良好的强度、硬度、耐磨性、抗冷热疲劳性能、抗氧化性和抗特殊介质的腐蚀性能，用于制造锻压、热挤压、压铸、热镦锻和高温超塑成型用的模具。

国外通用的热作模具钢有三种类型：低合金热作模具钢，如 55NiCrMoV6 和 56NiCrMoV7 等；中合金热作模具钢，如 H13(4Cr5MoSiV1) 和 H11(4Cr5MoSiV)；钨系、钼系热作模具钢，如 H21(3Cr2W8V)、H10(4Cr3Mo3SiV) 等。

为了适应热作模具发展的需要，国外相继开发了一些新型热作模具钢及模具材料，主要可分为以下几种类型：

(1) 高淬透性特大型锻压模具钢。通用型的锻压模具钢如 5CrNiMo、5CrNiMoV 等，由于淬透性的限制，一般只适于制造厚度为 300~400 mm 的模具，而大型锻压设备有时模具重达几十吨，随着模具截面的增大，要求进一步提高模具材料的淬透性，以使模具的心部能够得到较高的、均匀的性能。国外发展了一系列提高合金含量的高淬透性模具钢，代表性的钢号有国际标准 ISO 中的 40NiCrMoV7、法国 NF 标准中的 40NCD16 等，适于制造模块截面较大的大型锻压模具，其淬透性能高于通用型锻压模具钢。

(2) 高热强性模具钢。由于热作模具的工作温度不断提高，工作条件日益苛刻，传统的高热强性热作模具钢 H21(3Cr2W8V) 已不能适应要求，国外陆续研制开发了一些新型热作模具钢，其代表性钢号有以下四种类型：

① 中合金高热强性热作模具钢。一般是在 H10(4Cr3Mo3SiV) 和 H13(4Cr5MoSiV1) 钢的基础上增加 W、Mo、Co、Nb 等合金元素，提高其高温性能。如美国的 H10A(3Cr3Mo3Co3V)

钢、瑞典的 QR080(3Cr3Mo2VMn)钢，该类钢与 3Cr2W8V 钢比较具有更高的高温强度和抗回火软化能力，在生产中使用效果良好。

② 沉淀硬化型热作模具钢。沉淀硬化型热作模具钢碳含量较低，一般在 2%(质量分数)左右，另外含有锭、钒、钼、铝等一些沉淀硬化的合金元素，模具淬回火后，组织为板条状马氏体，具有良好的韧性和切削加工性，可以进行型腔加工。模具在使用过程中，与高温工件接触，模具表面被工件加热到钢的沉淀硬化温度(500～600℃)，使其工作表面合金碳化物和金属间化合物析出，模具表面的硬度可提高到 45～48 HRC，从而提高了模具型腔表面的耐磨性而心部仍保持原有的组织和高韧性，模具的使用寿命得到提高。

沉淀硬化型热作模具钢的代表性钢号有：日本大同特殊钢公司的 DH76(2Cr3Ni3V)，日本日立金属公司的 YHD3、YHD26、YHD28。

③ 奥氏体型热作模具钢。奥氏体型热作模具钢是为了适应工作温度达 700～800℃的热作模具的需要而研制的，因为当工作温度超过 650℃时，一般的热作模具钢就会产生回火现象，钢的热强性急剧下降，而奥氏体型热作模具钢经固溶时效处理后，在 700～800℃仍能保持较好的强度，可以用于制造高温工作条件的模具。这类钢的缺点是导热性差、热膨胀系数大、抗冷热疲劳性能较差，不宜用于急热急冷条件下工作的模具，如采用水冷却的模具。这类钢代表性的钢号有：日立金属公司的 5Mn18Cr10V2 钢、日本大同特殊钢公司的 5Mn15Ni5Cr8Mo2V2 钢等。

④ 基体钢和低碳高速钢。基体钢是降低高速钢的碳含量，其化学成分只相当于淬火后的高速钢基体组织的成分。该类钢由于淬火后过剩碳化物数量少、细小均匀，所以钢的韧性和抗热疲劳性能得到改善，既可以用于热作模具材料，也可用于制造高性能的冷作模具。这类钢的代表性钢号有：美国钒合金钢公司的 Vasco MA(5Cr4W3Mo2V)等。

低碳高速钢是为了改善高速钢的韧性和抗疲劳性而研制的，将高速钢的碳含量降至0.3%(质量分数)，在降低部分热硬性和耐磨性的情况下，改善其韧性和抗冷热疲劳性能。这类钢的代表性钢号有：美国 ASTM 标准钢号 H25(3Cr4W15V)、H26(5W18Cr4V)、H42(6W6Mo5Cr 4V2)等。低碳高速钢和基体钢一样，综合性能较好，既可以用于热作模具材料，也可以用于制作高性能的冷作模具。

(3) 高温热作模具材料。随着一些新的热加工技术的发展，上述热作模具钢不能满足需要时，就必须研制新型高温模具材料做高温热作模具材料，如铁基高温合金、镍基高温合金和难熔合金。

日本日立金属公司近年来研制出一种镍基铸造合金 Nimowal，专门用于镍基高温合金材料等温锻造模具，在 1050℃的高温强度下可以与钼基难熔合金相近，且抗氧化性良好，可以作为在大气下对高性能镍基高温合金进行等温锻造的模具材料。

美国常用的用于等温模具的锻态镍基高温合金有 WasPaloy、Udimet700、Astroloy、IN718、Unitemp，铸态高温镍基合金有 IN10、IN713C、IN713LC、MAR-M200 等，其超塑性温度高达 950～1100℃。在 1000℃以下使用的模具，一般采用高热强性的锻态或铸态的镍基高温合金制造；在 1000℃以上工作的模具，一般采用铝基或钨基难熔合金制造。美国常用的三种等温模压模具用的铝基合金是 TZM、TZC、MHC 等，该类合金在 1000℃以上的高温下仍具有较高的热强性。

3) 塑料模具钢

随着塑料制品的迅速推广应用,塑料模具的生产和技术在近 30 年来取得了迅速发展,塑料模具用钢也取得迅速发展。国际上一些工业先进的国家,塑料模具的总产值已占模具总产值的近 40%,而且这个比例还在不断上升,塑料模具钢也已形成一个专用钢系列。如美国 ASTM 标准中的 P 系列包括 7 个钢号,其他国家一些特殊钢公司也都研发了塑料模具专用钢系列,如日本日立金属公司就列入了 15 个钢号。

国外新型塑料模具钢主要有:

(1) 预硬型塑料模具钢。精密复杂的塑料模具无论采用何种热处理技术都无法保证模具不变形。预硬型塑料模具钢是在冶金厂时即进行了预先的调质热处理,得到了模具要求的硬度和性能,然后把模具加工成型不再进行热处理,从而保证精密复杂模具的精度。代表性的钢有:瑞典 ASSAB 公司的 718 钢(3Cr2NiMo)、美国的 P20 钢、日本的 PDSS 等。

(2) 时效硬化型塑料模具钢。对于精密、复杂、长寿命的塑料模,为了避免在热处理过程中产生变形,研发了一系列的时效硬化型塑料模具钢。这类钢代表性的钢号有:美国的 P21(2Ni4AlCrV),日本大同特殊钢公司的 NAK55(2Ni3AlCuMo5)、NAK80 等。这类钢经固溶处理后,硬度为 30 HRC 左右,然后由用户加工成模具,成型后进行时效处理,由于金属间化合物的析出,使模具的硬度提高到 40~50 HRC。这类钢由于时效温度低、变形小而有规律,适用于制造形状复杂、尺寸精度要求高、超镜面以及大型的塑料模具。

(3) 耐蚀塑料模具钢。在生产会产生化学腐蚀介质的塑料制品(如聚氯乙烯、含氟塑料、阻燃塑料等)时,模具材料必须具有较好的抗蚀性能,一般采用马氏体不锈钢和沉淀硬化型不锈钢,代表性的钢号有:国际标准 ISO 中的 110CrMol7,瑞典 ASSAB 公司的 STAUAX (4Cr13)、S-136,德国蒂森克鲁伯公司的 GS083 等。

(4) 无磁塑料模具钢。无磁塑料模具钢适用无磁性的粉末压铸模和要求无磁性的塑料模具,代表性的钢号有:日本日立金属公司的 HPM75 钢、日本大同特殊钢公司的 NAK301 钢等。

2. 国外模具材料的发展趋势

随着模具工作条件日益苛刻,对模具钢的质量水平,特别是模具钢的纯净度、等向性提出了更高的要求。国外普遍采用纯净度高的模具钢,而且多采用电渣重熔,以进一步提高钢的纯净度、致密度、等向性和均匀性,减少偏析。为了提高模具钢的等向性,对于技术要求高的模具钢还采取交叉轧制或镦粗拔长工艺。

模具钢有不少特殊要求,所以国外模具钢的生产趋向于集中,有些大的模具钢生产企业实行了跨国合并。为了更好地竞争,一些大的钢铁公司都建立了完善的、技术先进的模具钢生产线和模具钢科学研究基地,形成了几个世界著名的模具生产和科研中心,以跟上迅速发展的模具制造业。

总的来说,国外模具制造业日益向标准化、系列化、通用化、高效率、短制造周期发展。为了适应模具制造业发展的需要,模具材料也向多品种化、制品化和精料化的方向发展。

1) 多品种化

国外为适应模具扁平的需要,扁钢和中厚板的生产数量逐年增加,如日本 1997 年扁钢产量已占合金工具钢总产量的30%以上。

2) 制品化

国外特殊钢生产企业为了满足模具制造业的生产需要，大力开发模具钢的深加工，提供高附加值的模具制品，如经过精加工和淬回火处理的模块、模架、模板及各种标准化配件。模具生产企业只需对选购的模块的型腔或刃口部分进行加工，然后组装在标准模架上即可，所以生产效率高、交货周期短、制造费用低，能较好地满足模具用户的需要。

3) 精料化

国外特殊钢生产企业为模具制造业提供无氧化、无脱碳层、尺寸精度高的多种精密模具材料。如美国ASTM合金工具钢标准专门对一些钢材制定了详细规定，为用户提供高精度的模具材料。

2.2.2 我国模具钢的发展状况

模具工业是制造业中的一项基础产业，同时又是高新技术产业。近年来，我国的模具工业发展迅速，对模具材料的性能要求越来越高，长期以来沿用的传统钢种已不能满足模具工业发展的需要。我国冶金战线的科技工作者在大力提高模具钢产量(我国合金工具钢产量已居世界前列，2002年模具钢产量已达14.9万吨)以及引进国外先进技术的基础上，结合我国资源情况和特点，开发研制了一批性能优良的新型模具钢，而且在提高冶金质量、对国外优良钢种进行国产化方面做了大量工作。其中一部分新钢种在生产中获得推广应用，有些新钢种已纳入我国模具钢新标准(如GB/T 1299—2014、YB/T 94—1997、YB/T 107—2013等)中，使我国模具钢的钢种系列得到补充和逐步完善，基本上形成了我国特色的模具钢系列。

1. 冷作模具钢的发展状况

我国传统上常用的冷作模具钢有：低合金钢，如CrWMn、9Mn2V、9SiCr、GCr15、60Si2Mn等；高合金钢，如Cr12、Cr12MoV、高速钢W18CrV、不锈钢3Cr13等，在一些机械厂仍把碳素工具钢T10A当作常用模具材料。这些低合金模具钢虽有适当的淬透性和耐磨性，但在热加工和热处理过程中仍存在一定的问题，如模具使用寿命不高等。高碳高铬模具钢虽然有较高的硬度和耐磨性，但热处理后其碳化物偏析仍较严重，易导致方向性变形和强韧性降低，甚至造成模具热处理后断裂。由于这些老钢种存在一些问题，不能满足模具工业发展的需要，国内先后开发和研制了一批新型冷作模具钢。

1) 低合金冷作模具钢

近年来我国研制了一些新型低合金冷作模具钢，这些钢的主要特点是合金总量低、淬透性好、淬火温度低、热处理畸变小、强韧性高，并且有适当的耐磨性，如GD(6CrNiMnSiMoV)钢、CH(7CrSiMnMoV)钢、DS(6CrMnNiMoVWSi)钢和CrNiWMoV钢等。GD钢中加入少量Ni、Si，既强化了基体又提高了低温回火抗力；Mo和V的加入可细化晶粒，用于制造易崩刃、易断裂的模具，有较高的使用寿命。DS钢是一种抗冲击冷作模具钢，其韧性显著优于常用的高韧性刀片用工具钢。CH钢的成分与日本的SX105V钢相同，是一种火焰淬火模具钢，常用于制造汽车等生产线上用的模具零件。火焰淬火时，加热模具刃口切料面，硬化层下有一个高韧性的基体作衬垫，从而获得较高的使用寿命。

2) 高韧性高耐磨性模具钢

我国传统上应用较多的是 Cr12 型系列，它们都是莱氏体钢，其共晶碳化物偏析严重，影响韧性，也导致模具的各向异性，常因碳化物偏析严重引起热处理后断裂。

为了改善 Cr12 型冷作模具钢的碳化物偏析，提高韧性并进一步提高耐磨性，国内冶金工作者做了大量研发工作，先后开发了多种高韧性高耐磨性模具钢，如 LD(7Cr7Mo2V2Si)钢、GM(9Cr6W3Mo2V2)钢、ER5(Cr8MoWV3Si)钢，以及 Cr8MoV2Ti 钢、8Cr7Mo3W2V 钢等。与 Cr12 型模具钢相比，这类新开发的钢适当降低了 C 和 Cr 的含量，以改善碳化物偏析，还适当增加了 W、Mo 和 V 的含量，以增加二次硬化的能力和提高其耐磨性。与 Cr12 型模具钢相比，这些新型模具钢既有高的强韧性，又有良好的耐磨性，用其制造的模具使用寿命有所提高。

3) 基体钢

基体钢是为了改善高速钢碳化物分布不均匀和韧性较差等问题而研制开发的。基体钢一般指其成分与高速钢淬火组织中基体组织化学成分相同的钢。近年来我国研制的一些基体钢，如 65Nb(6Cr4W3Mo2VNb)钢、CG-2(6CrMo3Ni2WV)钢、012Al(5Cr4Mo3SiMnVAl)钢、LM1(65W8Cr4VTi) 钢、LM2(6Cr5Mo3W2VSiTi) 钢、RM2(5Cr4W5Mo2V) 钢、5Cr4Mo2W2VSi 钢等。这些基体钢的主要特点是其碳含量稍高于高速钢基体的碳含量，以增加一次碳化物和提高耐磨性。一些钢中还加入少量的强碳化物形成元素 Nb 和 Ti，以形成比较稳定的碳化物，阻止淬火加热时晶粒长大并改善钢的工艺性能。基体钢中共晶碳化物数量少且细小均匀分布，韧性相对提高，其抗弯强度、疲劳抗力也有所改善，但耐磨性低于高速钢。基体钢主要用于要求高强度和足够韧性的冷挤压、冷镦等模具，有些基体钢还可用于热作模具钢。

4) 无磁高强度模具钢

电子工业的发展，对无磁模具钢的需求量大大增加，传统的无磁模具钢 7Mn15Cr2Al3V2WMo 是一种高强度奥氏体型无磁模具钢，其磁导率低，并具有良好的强度和耐磨性，但由于其有冷作硬化现象，切削加工比较困难，为此，国内科技工作者研发了一些新型无磁模具钢，有 A18(18Mn12Cr18NiN)、WCG(8Mn15Cr18)、50Mn(50Mn18Cr4WN)等，这几种钢磁导率较低，强度较高，并具有良好的可切削加工性能。

5) 钢结硬质合金

用硬质合金制造模具，在不受冲击、韧性要求不高的情况下，性能比钢要好，寿命很长，但成本较高；更为困难的是由于受制造条件的限制，难以制造形状复杂的模具。

20 世纪 60 年代，我国开始研究钢结硬质合金，它是一种介于合金钢和硬质合金之间的新型材料，具有优良的耐磨性。与硬质合金相比，钢结硬质合金可以切削、锻造、焊接、热处理，并且具有韧性和综合力学性能较好、成本较低的特点。

我国研制的钢结硬质合金有以 TiC 为硬质相的 GT35、R5、DT、Ti 等，和以 WC 为硬质相的 TLMW50、GW50、GJW50 等。

2. 热作模具钢的发展状况

热作模具可分为热锻模、热挤压模、压铸模三大类，传统上这些模具用钢主要是 5CrMnMo、5CrNiMo 和 3Cr2W8V 三个钢号。

5CrMnMo 主要用于厚度不大于 250 mm 的小型热锻模，5CrNiMo 主要用于 300～400 mm 厚度的大中型热锻模。对于更大截面或更高温度的热锻模，这两种钢的淬透性和淬硬性都达不到要求，热稳定性也差，制造的模具寿命较低。

3Cr2W8V 钢广泛应用于制造黑色和有色金属的热挤压模和 Cu、Al 合金的压铸模。这种钢由于钨含量高，其高温强度、硬度较高，热稳定性高，使用温度达 650℃。但该钢导热性低，抗热疲劳性能较差，模具的使用寿命不高。3Cr2W8V 钢的截面尺寸对钢的韧性影响也很大，在高温下抗氧化和抗熔融金属的冲蚀性能也较低，目前，国外已经较少应用，国内也开始引进和开发新的钢种。

早在 20 世纪 80 年代初，我国就引进了国外通用的铬系热作模具钢 H13(4Cr5MoSiV1)。H13 钢具有良好的冷热疲劳性，在使用温度不超过 600℃时可代替 3Cr2W8V 钢，模具使用寿命有较大提高。因此，H13 钢迅速在我国得到推广应用，其产量超过了 3Cr2W8V 钢。

另外，我国对热锻模和较高温度模具用钢也进行了研制，开发了多种新型高性能热作模具钢，主要有：

1) 中小型热锻模用钢

热锻模由于与被加热到高温的锻件接触，模具型腔表面温度有时高达 400℃以上，局部温度甚至能达到 600℃以上，传统的热锻模具钢 5CrMnMo、5CrNiMo 的高温性能难以达到要求，其淬透性也不能满足大截面锤锻模的要求。为解决此问题，通过对国内外锻模钢的分析、对比和研究，国内较早开发的有 2Cr3Mo3VNb、ER8(4Cr3Mo2MnVB) 等 3Cr-3Mo 型和 3Cr-2Mo 型高强度热作模具钢，后又开发了 3Cr3Mo3VNb。在 3Cr-3Mo 钢中加入 V、Nb 可细化晶粒，降低过热敏感性。这些新研制的热作模具钢淬火温度范围宽、淬透性好、高温强度高，并且具有良好的塑韧性、热稳定性、抗冷热疲劳和抗热磨损等性能，在中小热锻模上使用，比 5CrMnMo、5CrNiMo 钢制造的模具寿命有较大提高。

2) 大截面热锻模用钢

对于制造模块厚度大于 400 mm 的大型和特大型热锻模，5CrMnMo、5CrNiMo 钢的热稳定性、抗热疲劳性、淬透性严重不足。国内在 5CrNiMo 钢的基础上适当降低碳含量，提高了 Cr、Mo 的含量，并加入适量的 V 和 Si，先后开发了 45Cr2(45Cr2NiMoVSi)、5Cr2(5Cr2NiMoVSi)、B2(3Cr2MoVNi) 和 3Cr2MoWVNi 等大截面热锻模用钢，其热稳定性、淬透性和使用寿命都有了较大提高。与 5CrNiMo 相比，45Cr2 和 5Cr2 钢提高了淬透性、高温强度、热稳定性，而冲击韧性相当；此外钢的抗热磨损和抗热疲劳性能也优于 5CrNiMo 钢。45Cr2 钢的 C 和 Si 较 5Cr2 钢稍有降低，更适宜作锤锻模。这类钢用于制造 40 000 kN 以上的机械压力机锻模和 30 kN 以上的锤锻模，使用寿命为 5CrNiMo 和 5CrNiMoV 钢锻模的 1.5～2 倍。

3) 热挤压模具钢

高热强性模具钢一般用于热挤压模、压型模等。由于模具和高温工件长期接触，使模具本身温度升高，易造成模具型腔(凹模)塌陷、磨损、表面氧化和热疲劳，因此要求模具钢具有较高的高温强度、硬度和热稳定性，良好的耐磨性和抗氧化性能，较高的抗热疲劳性能和断裂韧度。

特别受关注的是铜铝合金挤压模，特别是铜合金热挤压模的底模和穿针孔。由于模具长时间与被加热到高温的工件接触，使模具的使用条件极其恶劣。原来选用 4Cr5MoSiV1 钢和 3Cr2W8V 钢制造，使用寿命较低；4Cr5MoSiV 高温性能(>600℃)不好；高钨钢(3Cr2W8V)有脱碳倾向，模具磨损较快，黏模严重，易出现模具早期疲劳裂纹，再加上冶金质量问题，3Cr2W8V 钢中元素偏析严重，共晶碳化物数量增加，易造成模具脆裂报废。这些都严重影响铜挤压模的使用寿命。

经过对比研究，我国先后开发研制了提高此类模具使用寿命的新钢种，如 HD(4Cr3Mo2NiVNbB)钢、Y4(4Cr3Mo2MnVNbB)钢等，用于铜合金挤压模，使用寿命为 3Cr2W8V 钢模具的 2 倍左右。

铝合金热挤压模对钢的韧性要求较高，国内引进的中合金铬系热作模具钢 H13(4Cr5MoSiV1) 已成为首选的模具用钢，国内研制的高强韧性热作模具钢 HM1(3Cr3Mo3W2V)、HM3(3Cr3Mo3VNb)也是较好的铝合金热挤压模用钢。

4) 压铸模具钢

金属压铸工艺生产效率高，降低了生产成本，节约了原材料，生产的铸件性能较好，近几十年来已得到广泛的应用。压铸模具的工作表面直接与液态金属接触，承受高压、高速流动的液态金属的冲蚀和加热，以及随后的急冷，因此对模具钢的高温强度、韧性、耐冷热疲劳性能要求较高。传统上用 3Cr2W8V 钢制造压铸模，正如我们前面所说的 3Cr2W8V 钢在抗冷热疲劳性能等方面较差，模具使用寿命不高。为此，国内先后开发了几种新型压铸模具用钢，如 Y4(4Cr3Mo2MnVNiB)、Y10(4Cr5Mo2MnVSi)等。其中，Y4 钢是铜合金压铸模具用钢，使用寿命较 3Cr2W8V 钢有明显提高，该钢种也可用于热挤压模；Y10 钢是铝合金压铸模用钢，也较 3Cr2W8V 钢使用寿命长。国际上通用的 H13(4Cr5MoSiV1) 在铝合金压铸模应用上也是首选钢种。

另外，国内研制的沉淀硬化钢 PH(2Cr3Mo2NiVSi)、低碳高速钢和基体钢(如 6W6Mo5Cr4V 钢、6Cr4W3Mo2VNb 钢、65W8Cr4VTi 钢、5Cr4W5Mo2V 钢等)，以及奥氏体热作模具钢等，在热作模具的应用上都取得了较好的成效，模具的使用寿命有所提高。

3. 塑料模具钢的发展状况

过去，我国无专用的塑料模具钢，一般塑料模具用结构钢 45 钢和 40Cr 钢经调质后制造，由于模具硬度低、耐磨性差、表面粗糙度值高，模具寿命较低；精密塑料模具及硬度要求高的模具采用 CrWMn、Cr12MoV 等合金工具钢制造，不仅机械加工性能差，而且难以加工复杂的型腔，更无法解决热处理变形问题。

随着塑料工业的快速发展，我国塑料模具工业也跳跃式发展，其产值已跃居模具工业总产值的首位，相对应的塑料模具用钢量已占全部模具用钢量的 60%。但是，塑料模具钢在国内的发展比较滞后，至今仍未能形成完整的塑料钢种系列。近年来，在引进国外塑料模具钢的同时，国内先后开发研制了十余种新型塑料模具钢，这类钢大致可分为以下几类：

1) 预硬化型塑料模具钢

该类钢一般为中碳低合金钢，在钢厂经过锻打后制成模块，预先热处理至模具要求硬度，把钢调至 30～35 HRC 供使用单位制造模具，从而可避免由于热处理而引起的模具变形和裂纹问题。预硬化塑料模具钢主要用于制作形状复杂的大、中型精密塑料模具。我国开发应用较早的预硬化型塑料模具钢有 3Cr2Mo、3Cr2MnNiMo，目前已纳入我国合金工具钢标准(GB/T 1299—2014 工模具钢)，目前许多钢厂都在生产。另外，上海宝钢公司开发的B25、B30 等，也属于预硬化型塑料模具钢。这些钢在我国已得到广泛应用，使模具的加工质量和使用寿命有所提高。

预硬化塑料模具钢使用硬度一般在 30～42 HRC，尤其在高硬度区间(>35 HRC)，可加工性能较差。为了改善预硬化型塑料模具钢的加工性能，往往在预硬钢中加入易切削元素 S、Ca、Pb、Sb 等。我国先后开发研制了一些易切削预硬化型塑料模具钢，如 5NiSCa(5CrNiMnMoVSCa)、8Cr2S(8Cr2MnWMoVS)、P20BSCa(40CrMnVBSCa)、SM1(Y55CrNiMnMoVS)等钢，使钢在高硬度下的切削加工性能得到显著改善。预硬化易切削塑料模具钢不仅可用于制造大、中型精密塑料模具，也可以用于制造精密复杂的冷作模具。

工模具钢

2) 时效硬化型塑料模具钢

对于形状复杂、精密、要求使用寿命较长的塑料模具，为了避免其在淬火热处理过程中产生变形，时效硬化型塑料模具钢受到了关注。该类钢一般碳含量不高，钢中含有Ni、Al、Mo、Ti、Cu 等合金元素，经固溶处理后硬度较低(一般≤32 HRC)，很容易进行加工，加工成型后再进行低温时效热处理，就能获得要求的综合力学性能和耐磨性。由于时效温度较低，时效处理后模具变形极小，所以时效后不需再进行切削加工，就可得到精度很高的模具成品，使用寿命高于预硬型塑料模具钢，适于制作要求高镜面的热塑性塑料制品模具。

我国先后开发研制的时效硬化型塑料模具钢有：PMS(1Ni3Mn2CuAlMo)、06Ni(06Ni6CrMoVTiAl)、SM2(20CrNi3AlMnMo)、25CrNi3MoAl 等。其中 SM2 钢中含有0.1%(质量分数)的 S，改善了其加工性能，是一种易切削时效硬化型塑料模具钢。

3) 非调质塑料模具钢

国内在开发研究非调质塑料模具钢方面较为滞后，近几年才开发研制出来。非调质塑料模具钢的特点是不经调质处理，锻轧后即可达到预硬化硬度，有利于节约能源、降低生产成本、缩短生产周期。

我国开发的新钢种有：FT(2Mn2CrVTiSCaRe)、2Cr2MnMoVS、2Mn2CrVCaS、B20、B30 等。2Cr2MnMoVS 钢在空冷条件下，100 mm 厚的截面上硬度可达 40HRC 以上。非调质塑料模具钢 FT(2Mn2CrVTiSCaRe)中加入了 S、Ca、Re 作为易切削元素，比 S-Ca 复合系易切削模具钢有更好的切削性能。低碳 MnMoVB 系非调质贝氏体型大截面塑料模具钢(B30)，钢中加入 S、Ca 作为易切削元素，工业试生产表明 400 mm 厚板坯热轧后空冷，硬度沿截面分布较均匀。

由于在模具制造过程中，非调质塑料模具钢不需热处理(淬火、回火)，避免了因热处理可能产生的变形开裂等问题，改善了劳动条件，减少或避免了热处理造成的污染，具有较好的经济效益和社会效益，在模具制造业中得到推广应用。

4) 冷挤压成型塑料模具钢

一些复杂的塑料模具型腔采用冷挤压的方法，在淬硬的制品上直接压制出来，省去型腔的切削加工，这对于成批生产的模具是一种十分经济的加工方法。模具加工后经过渗碳、淬火、低温回火后，具有高硬度、高耐磨性的表面和韧性良好的心部组织，可以制造各种要求表面高耐磨性、心部韧性好的模具。这就需要渗碳型塑料模具钢。

另外，耐磨、受冲击大的塑料模具零件，要求表面高硬度、心部韧性好，通常也采用渗碳型塑料模具钢。

冷挤压成型塑料模具钢，又称渗碳型塑料模具钢。渗碳型塑料模具钢的碳含量很低，一般为质量分数 0.1%～0.2%，塑性变形抗力很小，软化退火后硬度≤160 HBW，复杂型腔≤130 HBW，以便进行型腔的冷挤压。过去我国一般采用低碳钢和低碳合金钢，如 15、20、20Cr、12CrNi2、12CrNi3、20Cr2Ni4 和 20CrMnTi 等钢。我国近年来研制了冷挤压成型塑料模具专用钢 LJ(0Cr4NiMoV)，该钢冷挤压成型后经渗碳、淬火和低温回火后，表面硬度达 58～62 HRC，心部硬度为 28 HRC，模具耐磨性好，无塌陷及表面剥落现象，可用于制造形状复杂和承受载荷较高的塑料成型模具。

5) 耐蚀塑料模具钢

一些塑料工厂生产批量较大的聚氯乙烯、氟化塑料、阻燃塑料等产品时，模具将受到化学性腐蚀，因此，模具材料需具有防蚀性能和较好的耐磨性，需选用耐蚀塑料模具钢制造，国内常用的钢种有：3Cr13、4Cr13、2Cr13、9Cr18、0Cr17Ni4CuNb 等。国内近年来新开发研制的耐蚀塑料模具钢有 PCR(0Cr16Ni4Cu3Nb)钢，这是一种马氏体沉淀硬化不锈钢，这种新型耐蚀塑料模具钢在含有卤素元素的介质中，其耐蚀性能明显比 0Cr17Ni4CuNb 钢好，并且有较好的综合力学性能。

4. 国内模具材料的发展趋势

近几十年来，我国模具钢生产技术发展很快，目前，我国模具钢产量已跃居世界前列，建成了不少先进的生产工艺装备，推广应用了炉外精炼、电渣重熔等工艺技术，一些特殊钢企业采用新工艺、新技术生产的模具钢已达到国外同类钢的水平，并形成了我国的模具钢系列。

但是，总体看来，我国模具钢的生产技术、产品质量等与发达国家相比还存在一定差距，很多制造大型、精密、复杂、长寿命模具的钢材还需进口。因此，我国模具钢制造企业应该大力发展、推广高性能的模具钢品种，大力生产、推广高纯净度、高精度、高均匀性、质量稳定的模具材料，结合模具工业的发展，形成我国新的模具钢系列，以满足高性能、长寿命的模具生产需要，加快发展步伐，使我国在模具钢的产量上、模具钢的生产技术上和品种质量上都达到世界先进水平。

2.3　模具热处理及表面强化技术的应用及发展

模具使用过程中，需要承受较大的拉伸、压缩和剪切载荷，经常处于复杂的应力状态，还要受到周期性的冲击载荷的作用，经常在高温状态下伴随着强烈的机械磨损的恶劣条件工作，因此，模具必须要具有相当高的机械强度、高温硬度，足够的韧性，良好的耐磨性和抗咬合能力，才能保证较高的寿命，这都需要合理的选材并采用恰当的热处理工艺和高超的热处理操作技术来实现。热处理赋予模具必要的强度、韧性和耐磨性，大幅度提高模具的寿命。

随着科学技术的飞跃发展，热处理技术也有了飞速发展。人们对传统热处理工艺进行了革新，发展了一批新的工艺，如结构钢亚温淬火、零保温加热工艺、锻造余热回火等，不仅节约了能源，而且提高了产品质量。同时，不断采用新工艺能提高热处理技术水平，如真空热处理技术、模具的预硬化技术、离子热处理、可控气氛热处理、流态化热处理、形变热处理、强韧化热处理、电子束热处理、激光热处理、氮基气氛热处理、复合热处理、各种化学热处理复合渗及电子计算机在热处理工艺中的应用等，不仅有效地解决了热处理过程中存在的变形、开裂、淬硬三大难题，而且大大提高了模具的使用寿命。

我国常用的冷作模具钢，如 Cr12、CrWMn、Cr12MoV 等，常因碳化物分布的不均匀导致模具在使用中崩刃和开裂。常用的热作模具钢，如 3Cr2W8V、5CrMnMo、5CrNiMo 等，存在的主要问题是其热强性或冷热疲劳性能常不能满足使用要求，精密复杂塑料模具常因热处理变形而影响其精度。为了改善这些钢的强韧性，进一步提高其耐磨性，减少精密复杂模具热处理变形，我国热处理工作者在模具钢的强韧性热处理工艺、表面强化热处理和预硬化技术等方面做了大量研究工作，并在生产中取得了良好的效果。

2.3.1 模具钢的强韧化热处理技术

高碳冷作模具钢共晶碳化块度大，其形态、粒度不均匀分布是导致模具在使用时崩角和脆裂的重要原因。采用热处理工艺，改善共晶碳化物的形态、粒度和分布，是热处理工艺研究的重要课题。强韧化热处理的目的就是改善碳化物分布的不均匀性，细化碳化物的颗粒并改善其形貌，细化晶粒和韧化基体。针对不同的钢种、不同的工作条件，应采取不同的工艺方法。

1. 锻造余热淬火——双细化工艺

Cr12 型钢的碳化物偏析一般比较严重，特别是在规格尺寸较大时，应反复进行锻拔，使大块碳化物破碎，以减少偏析，改善分布，在停锻后稍作停留，让奥氏体得到回复并开始再结晶，然后立即淬火，既可抑制奥氏体晶粒的聚集长大，也可抑制碳化物的重新集聚和角状化，可获得比较满意的碳化物粒度和形态，然后在 750℃ 回火，最终热处理后碳化物分布降到 1.5 级，接近均匀分布，晶粒度为 12 级。而直接取样，不锻造，最终热处理后检测，碳化物不均匀度分布为网系 6 级，晶粒度为 8.5 级。常规锻造、锻后空冷、常规等温退火，最终热处理后检测，碳化物不均匀分布为带系 4 级，晶粒度为 10 级。

许多钢可以采用锻后余热淬火、高温回火、最终热处理的双重淬火工艺，以改善碳化物的分布，细化碳化物，提高模具的韧性基体，从而提高模具的寿命。

2. 固溶双细化工艺

固溶双细化工艺完全利用热处理方法，使碳化物细化、棱角圆整化，同时使奥氏体晶粒超细化。该工艺的主要措施是高温固溶和循环细化。高温固溶可以改善碳化物的形态和粒度；循环细化的目的在于使奥氏体晶粒超细化。

通过将钢加热到超过 Ac_{cm} 点以上的高温，使二次碳化物充分固溶，同时改善未溶碳化物的形状，然后淬火和高温回火，使碳化物弥散析出，之后再进行最终淬火和回火。CrWMn、Cr12MoV 模具的固溶双细化热处理工艺见表 2-1。

表 2-1　CrWMn、Cr12MoV 模具的固溶双细化热处理工艺

钢号及模具	原用热处理工艺	模具寿命(原)	固溶双细化热处理工艺	模具寿命(新)
CrWMn 模具	760℃×6 h 球化退火、830℃油淬，170℃回火，60～64 HRC	600 件	1080℃×1 h 油淬，700℃×1h 回火，800℃油淬，550℃回火	5000～10 000 件
Cr12MoV 模具	860℃×3 h 球化退火、1020～1040℃油淬，250℃回火，58～62 HRC	几百件	1120℃油淬，760℃回火，960℃油淬，1020～1040℃油淬，400℃回火 2 次，57～58 HRC	2000 多件

Cr12 钢系未固溶前，晶粒度为 8.5 级，经高温固溶后，晶粒度为 9.5 级，循环细化后晶粒度为 11.5 级，最终热处理后晶粒度可细化到 12.5 级。碳化物粒度细化，锋利尖角全部变圆，其冲击韧度可成倍提高，模具使用寿命可以翻几倍，工序虽然增加，单位成本虽有所上升，但总的经济效益仍然较高。

3. 高温淬火

3Cr2W8V 这类合金度比较高的热作模具钢，采用高温淬火热处理工艺，可以使大量合金碳化物在加热时充分溶解，充分发挥各合金元素的作用，淬火后得到比较多的合金固溶度高的板条马氏体组织，通过高温回火后，有更多的高度弥散的合金碳化物析出，可以提高钢的热稳定性、断裂韧度和冷热疲劳性能，使模具的使用寿命有所提高。

生产实践表明，H13(4Cr5MoSiV1)钢的淬火温度从 1030℃提高到 1100～1160℃时(采用相同的回火工艺)，可以提高模具的硬度、强度、断裂韧度、冷热疲劳性能和回火稳定性。

4. 降温淬火

一些厂家对高速钢和基体钢采用"低淬低回"的工艺比较好，淬火温度偏低可大大提高模具的韧度，尽管模具的硬度略有降低，但对提高因折断或疲劳破坏的模具寿命极为有利。有些人单一强调模具硬度越高，使用寿命越长，这种观点是片面的。硬度虽略有降低，但只要韧性有所提高，模具的使用寿命也会有所增加。例如，W18Cr4V、W6MoSCrV2 高速钢，Cr12、Cr12MoV 合金冷作模具钢和 7Cr7Mo2V2Si 钢，可适当降低其淬火温度，一方面可以得到细小的晶粒，另一方面在基体中可以获得一部分板条马氏体，从而改善钢的塑韧性，减少脆性开裂倾向，提高模具使用寿命。

5. 复相热处理工艺(模具钢的等温淬火)

所谓复相热处理，指模具钢在 Ms 点温度附近等温淬火，可以得到下贝氏和马氏体的组织，适量的下贝氏体分布在高强度马氏体的基体上，可以提高钢的强韧性。等温淬火产生的内应力减少，减少了工件的变形和开裂，而且在不降低强度的同时，能大幅度地提高模具的韧性，模具使用寿命有较大提高。模具钢的复相热处理工艺实例见表 2-2。

表 2-2　模具钢的复相热处理工艺

钢号及模具	原热处理工艺	模具寿命(原)	复相热处理工艺	模具寿命(新)
Cr12 冷冲模	980℃加热油淬，180℃回火 2 次，硬度 62 HRC	不稳定 <4000 件	1030℃加热，280℃×2 h 等温淬火，200℃回火，60～61 HRC	10～12 万次
W6MoSCr4V2 冷挤压模	1190℃油淬，560℃回火 3 次	很低	1190℃加热，180℃×1.5 h 等温淬火，560～570℃回火 3 次，>63 HRC	10 000 件
9SiCr 滚丝模	830℃油淬，250℃回火 2 次	22 000 件	850℃加热，210℃等温淬火，250℃回火 2 次	70 000 件

2.3.2　模具钢的真空热处理技术

随着模具质量的要求愈来愈高，一般热处理方法很难达到要求，模具零件真空热处理已是高精度模具提高产品质量的重要途径。模具钢经真空热处理后，表面不氧化，不脱碳，淬火变形小，表面硬度均匀，钢的断裂韧度有所提高，模具的使用寿命普遍有所提高，一般可提高 40%～400%，甚至更高。模具真空热处理技术在我国已得到较为广泛的应用。

近十几年来，我国各地普遍开发、应用真空热处理的新技术、新工艺，目前应用的真空热处理设备有：真空退火炉、真空油淬火炉、真空高压气冷炉、真空高压气冷分级或等温淬火炉、真空回火炉、真空渗碳炉、真空渗氮炉、真空渗金属炉等。

2.3.3　模具钢的深冷热处理技术

模具钢在淬火冷至室温后，总保留有一定数量的残余奥氏体。为了减少或消除淬火组织中的残余奥氏体，应在淬火后 1 h 内进行冷处理，以提高模具的硬度、耐磨性和尺寸稳定性等。

深冷处理是指在−130℃以下对模具进行处理的一种方法，常用液氮(−196℃)为制冷剂。近年来的研究工作表明，模具钢经深冷处理以后，可以提高其力学性能，而且使用寿命也显著提高。模具钢的深冷处理可以在淬火后进行，也可以在淬火回火后进行，深冷热处理后应进行一次回火。

2.3.4　模具钢的表面强化技术

为了提高模具的使用寿命，不仅需要高质量、性能好的模具材料，还应该采取合理的热处理工艺来提高它的使用性能，但常规的总体淬火已很难满足模具高的表面耐磨性和基体的强韧性要求。表面强化技术不仅能提高模具表面的耐磨性及其他性能，而且能使基体保持足够的强韧性，这对改善模具的综合性能、节约合金元素、大幅度降低成本、充分发挥材料的潜力以及更好地利用新材料都是十分有效的。

生产实践表明，表面强化技术是提高模具质量和延长模具使用寿命的重要措施。常用的表面强化技术有以下几种：

1. 化学热处理

化学热处理是将模具加热到一定温度与介质发生化学反应，使其表面按需要渗入一定量的其他元素，从而改善其表层的化学成分、组织与性能，有效地提高模具表面的耐磨性、耐蚀性、抗氧化和抗咬合等性能，使模具的寿命有显著的提高。几乎所有的化学热处理工艺均可用于模具热处理。

1) 渗碳和碳氮共渗

渗碳是目前机械工业中应用最广泛的一种化学热处理方法，其工艺特点是将中低高碳的低合金模具钢和中高碳的高合金钢模具在增碳的活性介质中(渗碳剂)加热到 $900\sim930\,℃$，使碳原子渗入模具表面层，继之以淬火并低温回火，使模具的表层和心部具有不同的成分、组织和性能。渗碳又分为固体渗碳、液体渗碳、气体渗碳，近期又发展到可控气氛渗碳、真空渗碳、苯离子渗碳等。

碳氮共渗是模具零件表层同时渗入碳氮的热处理过程。

3Cr2W8V 钢压铸模具先渗碳再经 1150 ℃淬火，550 ℃回火两次，表面硬度可达 $58\sim61HRC$，使用寿命可提高 $1.8\sim3$ 倍。65CrW3Mo2VNb 等基体钢有高的强韧性，但其表面的耐磨性常常较差，用这类钢制造的模具进行渗碳或碳氮共渗，可显著提高其使用寿命。

2) 渗氮或氮碳共渗

将氮渗入钢表面的过程称为钢的氮化。氮化能使模具零件获得比渗碳更高的表面硬度、耐磨性能、疲劳性能、红硬性和耐蚀性能，因为氮化温度较低(500～570 ℃)，氮化后模具零件变形较小。

渗氮方法有固体渗氮、液体渗氮、气体渗氮。目前正在广泛应用离子渗氮、真空渗氮、电解催渗渗氮、高频渗氮等新技术，不仅缩短了渗氮时间，还可获得高质量的渗氮层。

氮碳共渗是在含有活性炭、氮原子的介质中同时渗入氮和碳，并以渗氮为主的低温氮碳共渗工艺(530～580 ℃)。氮碳共渗的渗层脆性小，共渗时间比渗氮时间大为缩短。压铸模、热挤压模经氮碳共渗后，可显著提高其热疲劳性能。

采用 500～650 ℃高温回火的合金钢模具，均可在低于回火温度的范围内或在回火的同时进行表面渗氮或氮碳共渗热处理。

生产实践表明，经过渗氮和氮碳共渗的合金钢模具，使用寿命均有较大幅度提高。

3) 氧氮共渗、硫氮共渗、硫氮碳共渗、稀土催渗和多元共渗

在气体渗氮的同时，通入含氧介质(一般是空气，体积分数在 5%以下)，可实现模具钢的氧氮共渗，它兼有渗氮和蒸汽处理的结果。由于氧降低了氢分压，提高了氮原子活性，加快了渗入速度，因此氧氮共渗的化合物层和扩散层的厚度比相应的酒精—氨作渗剂的氮碳共渗层要厚，特别是化合物层要厚 50%～100%，而且没有脆性，模具氧氮共渗后，其使用寿命比氮碳共渗有大幅度提高。氧氮共渗温度为 540～590℃，保温时间 1～3 h。

气体硫氮共渗是在渗氮炉内进行，渗剂为氨(体积分数为 30%～50%)和硫化氢(体积分数为 0.02%)。气体硫氮碳共渗则采用通氨滴硫脉溶液，共渗温度一般为 540～570℃，共渗时间为 1～3 h。硫与铁形成的化合物 FeS 和 FeS_2 覆盖在模具表层，可以降低摩擦因数，有效地提高表面抗咬合和抗擦伤的能力。此工艺在模具上使用后，模具使用寿命有明显提高。

近年来已发展了氧、硫、硼、碳、氮五元共渗工艺，五元共渗后，能在模具表面形成碳化物、硫化物、氧化物、硼化物和氮化物，使模具表层的硬度明显提高，扩散层中则渗入了氮和碳，硬度也有所提高，能大幅提高模具的使用寿命。

许多单位的生产实践表明，在化学热处理时加入少量稀土元素，有较明显的催渗效果，加速碳、氮、硼等活性轻原子的产生，可改变工件表面的化学成分和结构，改善材料性能，提高渗剂的使用，从而发展了稀土氮共渗、稀土氮碳共渗等新工艺，减少了渗氮和氮碳共渗的时间，提高了产品质量，增加了模具使用寿命。

4) 渗硼和渗金属

渗硼是模具制造行业常用的一种高温化学热处理工艺。按所用介质的物理状态划分，渗硼可分为固体渗硼、液体渗硼、气体渗硼、膏剂渗硼和电解渗硼等。固体渗硼的温度为 800～950℃，保温时间 2～6 h，硼化物层的厚度为 0.10～0.20 mm，固体渗硼后表层的硬度高达 1400～2800 HV，优点是设备简单、操作方便、工件表面易清洗，因而应用广泛。渗硼层较脆，扩散层较薄，对渗层的支撑力强，为此，可采用硼氮共渗或硼碳氮共渗，以加强过渡区，使其硬度变化平缓。稀土元素可明显提高渗硼速度，使渗硼层组织均匀致密，提高其与基体间的结合力。渗硼后的零件可进行渗硼后的热处理以求渗层与基体性能的合理配合。

渗硼热处理工艺常应用于各种冷作模具上，由于耐磨性的提高，模具的使用寿命可提高数倍或十余倍。采用中碳钢渗硼有时可取代高合金钢制作模具。渗硼也可应用于热作模具，如热挤压模等。

随着工业的发展，对钢材的性能提出了更多的特殊要求。采用渗金属的化学热处理方法，可使模具的表面获得特殊性能，以满足使用要求。渗金属包括渗铬、渗钒、渗铌、渗钛等，这些工艺均可应用于处理冷作模具和热作模具。熔盐渗金属法(熔盐碳化物覆层工艺和 TD 法)，可在钢的表面获得一系列高硬度碳化物，渗层硬度高达 1800～3200 HV，可使模具的使用寿命提高几倍乃至十几倍。

2. 高能束表面强化技术

以极大密度的能量瞬时供给模具表面,使其发生相变硬化、熔化快速凝固和表面合金化效果的热处理称高能束表面强化技术(也称高密度能表面强化),其热源通常是指激光、电子束、离子束等。其共同特点是:加热速度快、工件变形小、不需冷却介质、可控性能好、便于实现自动化处理。国内常采用激光表面相变硬化、小尺寸电子束和中等功率的离子注入来提高模具的表面硬度,并取得了较好的效果。

3. 模具表面气相沉积强化

气相沉积按形式的基本原理可分为化学气相沉积(CVD)和物理气相沉积(PVD)。气相沉积在模具表面覆盖一层厚度为 0.5~10 μm 的过渡族元素(Ti、V、Cr、W、Nb 等)的碳、氮、氧、硼化合物或单一的金属及非金属涂层。

气相沉积层具有很高的硬度、低的摩擦因数和自润滑性能,抗磨粒磨损性能良好,并有很强的抗蚀能力和良好的抗大气氧化能力,是一种很有前途的新型模具表面强化技术。

CVD 是采用化学方法使反应气体在模具基材表面发生化学反应形成覆盖层的方法,可获得超硬耐磨镀层,是提高模具使用寿命的有效途径。

PVD 是将金属、合金或化合物放在真空室中蒸发(或称溅射),使这些气相原子或分子在一定条件下在模具表面上沉积的工艺。物理气相沉积可分为真空蒸镀、阴极溅射镀和离子镀三类,它具有处理温度低、沉积速度快、无公害等特点,十分适合模具的表面强化,可大大提高模具的使用寿命。

2.3.5　模具钢的预硬化技术

精密复杂的塑料模具,尺寸精度和表面粗糙度的要求都很高,模具加工好以后无论采用何种热处理都无法保证模具不变形。为了保证模具的精度,而且又使模具具有一定的力学性能,可在模具机械加工前进行预先热处理,使之达到使用时的硬度(较低硬度 25~30HRC,较高硬度 40~50 HRC),然后把模具加工成型不再进行热处理,从而保证精密复杂模具的精度,这就是模具钢的预硬化技术。

目前,国内外都采用在钢厂对一些钢按需要进行热处理,并以预硬钢的形式供应市场。采用预硬化模具材料,可以简化模具制造工艺,缩短模具制造周期,降低生产成本,提高模具的制造精度。可以预见,随着加工技术的进步,预硬化模具材料会用于更多的模具类型,会有更大的发展。

复习与思考题

2-1　简述国外模具材料的发展趋势。

2-2　简述我国模具材料的发展趋势。

2-3 简述我国模具热处理及表面强化技术的应用及发展趋势。

2-4 通过在互联网上查阅经验数据，填写表2-3中的空白栏。

表2-3 冷冲模工作零件常用材料及热处理

模具类型		常用材料	热 处 理	硬度/HRC	
				凸模	凹模
冲裁模	形状简单、冲裁板料厚度<3 mm	T8A、T10A、9Mn2V、Cr6WV、GCr15、45#	淬火、回火		
	形状复杂、冲裁板料厚度>3 mm，要求耐磨性高	CrWMn、9SiCr、Cr12、Cr12MoV、Cr4W2MoV、D2	淬火、回火		
弯曲模	一般弯曲模	T8A、T10A	淬火、回火		
	要求耐磨性高、形状复杂、生产批量大的弯曲模	CrWMn、Cr12、Cr12MoV、Cr12Mo1V1	淬火、回火		
	热弯曲模	5CrNiMo、5CrMnMo、H13、3Cr2W8V	淬火、回火		
拉伸模	一般拉伸模	T8A、T10A、GCr15	淬火、回火		
	要求耐磨性高、生产批量大的拉伸模	Cr12、Cr12MoV、YG8、YG15、D2	淬火、回火、不热处理		
	不锈钢拉伸模	W18Cr4V、YG8、YG15、D2	淬火、回火、不热处理		
	热拉伸模	5CrNiMo、5CrMnMo、H13、3Cr2W8V	淬火、回火		
冷挤压模	钢件冷挤压模	GCr15、CrWMn、Cr12MoV、W18Cr4V、Cr4W2MoV、D2	淬火、回火		
	铝、锌件冷挤压模	CrWMn、Cr12、Cr12MoV、W6Mo5Cr4V2、65Cr4W3MoVNb、D2	淬火、回火		
	滚压模	9Cr2Mo、Cr12MoV、D2	淬火、回火		

2-5 通过在互联网上查阅经验数据，填写表2-4中的空白栏。

表 2-4 塑料模具结构零件常用材料及热处理

零件类型	零件名称	材料牌号	热处理方法	硬 度
模体(模架)零件	支承板，浇口板，锥模套	45	淬火、回火	
	动、定模板，动、定模座板	45	调质	
	固定板	45	调质	
		Q235		
	推件板	T10A，T8A	淬火、回火	
		45	调质	
浇注系统零件	主流道衬套，拉料杆，拉料套，分流锥	T10A，T8A	淬火、回火	
导向零件	导柱	20	渗碳、淬火	
	导套	T10A，T8A	淬火、回火	
	限位导柱，推板导柱，推板导套，导钉	T10A，T8A	淬火、回火	
抽芯机构零件	斜导柱，滑块，斜滑块	T10A，T8A	淬火、回火	
	楔形块	T10A，T8A	淬火、回火	
		45	淬火、回火	
推出机构零件	推杆，推管	T10A，T8A	淬火、回火	
	推块，复位杆	45	淬火、回火	
	挡块	45	淬火、回火	
	推杆固定板	45，Q235		
定位零件	圆锥定位件	T10A	淬火、回火	
	定位圈	45		

项目三 模具材料的性能、质量检验与选用

◎ **学习目标**

- 了解模具材料的性能与质量检验。

◎ **主要知识点**

- 模具与模具材料的分类。
- 模具钢的分类。
- 模具钢的冶金生产工艺。
- 模具钢的热加工工艺。
- 模具材料的性能要求。
- 模具材料的质量检验。
- 我国模具钢的技术要求。
- 模具材料的选用原则。

3.1 模具与模具材料的分类

1. 模具分类

按国家标准 GB/T 4863—2008《机械制造工艺基本术语》的定义,所谓模具(die, mould, pattern)是指用以限定生产对象的形状和尺寸的装置。根据国家标准 GB/T 8845《模具 术语》的定义,模具(die, mould, tool)是将材料成形(成型)为具有特定形状与尺寸的制品、制件的工艺装备,包括冲模、塑料模、压铸模、锻模、粉末冶金模、拉制模、挤压模、辊压模、玻璃模、橡胶模、陶瓷模、铸造模等类型。这种分类方法虽然较为严密,但与模具材料的选用缺乏联系。为了便于模具材料的选用,按照模具的工作条件,也可将模具分为冷作模具、热作模具、成型模具三大类。

(1) 冷作模具。冷作模具包括冷冲压模、冷挤压模、冷镦模、拉丝模等。

(2) 热作模具。热作模具包括热锻模、热精锻模、热挤压模、压铸模、热冲裁模等。

(3) 成型模具。成型模具包括塑料模、橡胶模、陶瓷模、玻璃模、粉末冶金模等。

机械制造工艺基本术语　　　　　　　模具 术语

2. 模具材料的分类

　　模具的加工对象由原来的金属材料扩大到塑料、橡胶、玻璃、陶瓷、纸张等许多领域。模具用途很广,品种繁多,工作条件各异,而且模具中各个零件所承受的应力不同,失效因素也不同。有的要求有高的强度、韧度;有的要求有高的抗磨损性或耐腐蚀性;有的要求具备极高的表面加工性能和表面光亮度等。因此,制造模具及其零件的原材料很多,如钢、铸铁、非铁金属及其合金、高温合金、硬质合金、钢结硬质合金、有机高分子材料、无机非金属材料、天然或人造金刚石等。广义而言,像木材、陶瓷、石膏、型砂等也可算作制造模具的原材料。常用的模具材料如图 3-1 所示。

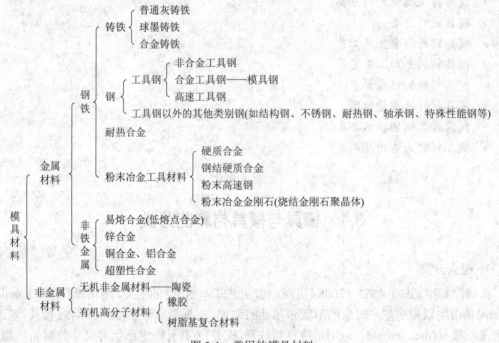

图 3-1　常用的模具材料

3. 模具钢的分类

　　钢是最主要的制造模具的原材料,用量大、应用面广,价廉易得,且可通过热处理改变它的诸多性能,软、硬、刚、韧均可适当调整来满足不同的需要。

　　钢的分类我国已有标准明确规定(GB/T 13304.1—2008《钢分类 第 1 部分:按化学成分分类》、GB/T 13304.2—2008《钢分类 第 2 部分:按主要质量等级和主要性能或使用特性的分类》)。钢按化学成分分为非合金钢、低合金钢、合金钢三类。非合金钢、低合金钢和合金钢合金元素规定含量界限值见表 3-1。

表 3-1　非合金钢、低合金钢和合金钢合金元素规定含量界限值

合金元素	合金元素规定含量界限值(质量分数)/%		
	非合金钢	低合金钢	合金钢
Al	<0.10	—	≥0.10
B	<0.0005	—	≥0.0005
Bi	<0.10	—	≥0.10
Cr	<0.30	0.30～<0.50	≥0.50
Co	<0.10	—	≥0.10
Cu	<0.10	0.10～<0.50	≥0.50
Mn	<1.00	1.00～<1.40	≥1.40
Mo	<0.05	0.05～<0.10	≥0.10
Ni	<0.30	0.30～<0.50	≥0.50
Nb	<0.02	0.02～<0.06	≥0.06
Pb	<0.40	—	≥0.40
Se	<0.10	—	≥0.10
Si	<0.50	0.50～<0.90	≥0.90
Te	<0.10	—	≥0.10
Ti	<0.05	0.05～<0.13	≥0.13
W	<0.10	—	≥0.10
V	<0.04	0.04～<0.12	≥0.12
Zr	<0.05	0.05～<0.12	≥0.12
La 系(每一种元素)	<0.02	0.02～<0.05	≥0.05
其他规定元素 (S、P、C、N 除外)	<0.05	—	≥0.05

因为海关关税的目的而区分非合金钢、低合金钢和合金钢时，除非合同或订单中另有协议，表中
Bi、Pb、Se、Te、La 系和其他规定元素(S、P、C 和 N 除外)的规定界限值可不予考虑。

注 1：La 系元素含量也可作为混合稀土含量总量。

注 2：表中"—"表示不规定，不作为划分依据。

钢分类　第 1 部分：按化学成分分类

钢分类　第 2 部分：按主要质量等级和主要性能或使用特性的分类

非合金钢是按钢的主要质量等级分类和主要性能或使用特性分类。按钢的主要质量等级分类，非合金钢可分为普通质量非合金钢、优质非合金钢、特殊质量非合金钢等三类。

低合金钢是按钢的主要质量等级分类和主要性能或使用特性分类。按钢的主要质量等级分类，低合金钢可分为普通质量低合金钢、优质低合金钢、特殊质量低合金钢等三类。

合金钢是按钢的主要质量等级分类和主要性能或使用特性分类。按钢的主要质量等级分类，合金钢可分为优质合金钢、特殊质量合金钢。

非合金钢的主要分类及举例　　　低合金钢的主要分类及举例　　　合金钢的分类

GB/T 1299—2014《工模具钢》(替代了 GB/T 1299—2000《合金工具钢》和 GB/T 1298—2008《碳素工具钢》)规定：钢按用途分为刃具模具用非合金钢、量具刃具用钢、耐冲击工具用钢、轧辊用钢、冷作模具用钢、热作模具用钢、塑料模具用钢、特殊用途模具用钢等八类；钢按使用加工方法分为压力加工用钢 UP 和切削加工用钢 UC 两类，压力加工用钢 UP 又分为热压力加工用钢 UHP 和冷压力加工用钢 UCP；钢按化学成分分为

工模具钢

非合金工具钢(牌号头带"T"，即为原碳素工具钢)、合金工具钢、非合金模具钢(牌号头带"SM")、合金工具钢等四类。

刃具模具用非合金钢的牌号及化学成分见表 3-2。耐冲击工具用钢的牌号及化学成分见表 3-3。冷作模具用钢的牌号及化学成分见表 3-4。热作模具用钢的牌号及化学成分见表 3-5。塑料模具用钢的牌号及化学成分见表 3-6。特殊用途模具用钢的牌号及化学成分见表 3-7。钢中残余元素含量见表 3-8。

表 3-2　刃具模具用非合金钢的牌号及化学成分

序号	统一数字代号	牌号	化学成分(质量分数)/%		
			C	Si	Mn
1-1	T00070	T7	0.65~0.74	≤0.35	≤0.40
1-2	T00080	T8	0.75~0.84	≤0.35	≤0.40
1-3	T01080	T8Mn	0.80~0.90	≤0.35	0.40~0.60
1-4	T00090	T9	0.85~0.94	≤0.35	≤0.40
1-5	T00100	T10	0.95~1.04	≤0.35	≤0.40
1-6	T00110	T11	1.05~1.14	≤0.35	≤0.40
1-7	T00120	T12	1.15~1.24	≤0.35	≤0.40
1-8	T00130	T13	1.25~1.35	≤0.35	≤0.40

表3-3　耐冲击工具用钢的牌号及化学成分

序号	统一数字代号	牌号	化学成分(质量分数)/%						
			C	Si	Mn	Cr	W	Mo	V
3-1	T40294	4CrW2Si	0.35~0.45	0.80~1.10	≤0.40	1.00~1.30	2.00~2.50	—	—
3-2	T40295	5CrW2Si	0.45~0.55	0.50~0.80	≤0.40	1.00~1.30	2.00~2.50	—	—
3-3	T40296	6CrW2Si	0.55~0.65	0.50~0.80	≤0.40	1.10~1.30	2.20~2.70	—	—
3-4	T40356	6CrMnSi2Mo1V	0.50~0.65	1.75~2.25	0.60~1.00	0.10~0.50	—	0.20~1.35	0.15~0.35
3-5	T40355	5Cr3MnSiMo1	0.45~0.55	0.20~1.00	0.20~0.90	3.00~3.50	—	1.30~1.80	≤0.35
3-6	T40376	6CrW2SiV	0.55~0.65	0.70~1.00	0.15~0.45	0.90~1.20	1.70~2.20	—	0.10~0.20

表3-4　冷作模具用钢的牌号及化学成分

序号	统一数字代号	牌号	化学成分(质量分数)/%									
			C	Si	Mn	P	S	Cr	W	Mo	V	Nb	Co
5-1	T20019	9Mn2V	0.85~0.95	≤0.40	1.70~2.00	a	a	—	—	—	0.10~0.25	—	—
5-2	T20299	9CrWMn	0.85~0.95	≤0.40	0.90~1.20	a	a	0.50~0.80	0.50~0.80	—	—	—	—
5-3	T21290	CrWMn	0.90~1.05	≤0.40	0.80~1.10	a	a	0.90~1.20	1.20~1.60	—	—	—	—
5-4	T20250	MnCrWV	0.90~1.05	0.10~0.40	1.05~1.35	a	a	0.50~0.70	0.50~0.70	—	0.05~0.15	—	—
5-5	T21347	7CrMn2Mo	0.65~0.75	0.10~0.50	1.80~2.50	a	a	0.90~1.20	—	0.90~1.40	—	—	—
5-6	T21355	5Cr8MoVSi	0.48~0.53	0.75~1.05	0.35~0.50	≤0.030	≤0.015	8.00~9.00	—	1.25~1.70	0.30~0.55	—	—
5-7	T21357	7CrSiMnMoV	0.65~0.75	0.85~1.15	0.65~1.05	a	a	0.90~1.20	—	0.20~0.50	0.15~0.30	—	—
5-8	T21350	Cr8Mo2SiV	0.95~1.03	0.80~1.20	0.20~0.50	a	a	7.80~8.30	—	2.00~2.80	0.25~0.40	—	—
5-9	T21320	Cr4W2MoV	1.12~1.25	0.40~0.70	≤0.40	a	a	3.50~4.00	1.90~2.60	0.80~1.20	0.80~1.10	—	—
5-10	T21386	6Cr4W3Mo2VNb	0.60~0.70	≤0.40	≤0.40	a	a	3.80~4.40	2.50~3.50	1.80~2.50	0.80~1.20	0.20~0.35	—
5-11	T21836	6W6Mo5Cr4V	0.55~0.65	≤0.40	≤0.60	a	a	3.70~4.30	6.00~7.00	4.50~5.50	0.70~1.10	—	—
5-12	T21830	W6Mo5Cr4V2	0.80~0.90	0.15~0.40	0.20~0.45	a	a	3.80~4.40	5.50~6.75	4.50~5.50	1.75~2.20	—	—
5-13	T21209	Cr8	1.60~1.90	0.20~0.60	0.20~0.60	a	a	7.50~8.50	—	—	—	—	—

序号	统一数字代号	牌号	化学成分(质量分数)/%										
			C	Si	Mn	P	S	Cr	W	Mo	V	Nb	Co
5-14	T21200	Cr12	2.00~2.30	≤0.40	≤0.40	a	a	11.50~13.00	—	—	—	—	—
5-15	T21290	Cr12W	2.00~2.30	0.10~0.40	0.30~0.60	a	a	11.00~13.00	0.60~0.80	—	—	—	—
5-16	T21317	7Cr7Mo2V2Si	0.68~0.78	0.70~1.20	≤0.40	a	a	6.50~7.50	—	1.90~2.30	1.80~2.20	—	—
5-17	T21318	Cr5Mo1V	0.95~1.05	≤0.50	≤1.00	a	a	4.75~5.50	—	0.90~1.40	0.15~0.50	—	—
5-18	T21319	Cr12MoV	1.45~1.70	≤0.40	≤0.40	a	a	11.00~12.50	—	0.40~0.60	0.15~0.30	—	—
5-19	T21310	Cr12Mo1V1	1.40~1.60	≤0.60	≤0.60	a	a	11.00~13.00	—	0.70~1.20	0.50~1.10	—	≤1.00

a: 钢中残余元素的含量在 GB/T 1299—2014 规定范围之内。

表 3-5 热作模具用钢的牌号及化学成分

序号	统一数字代号	牌号	化学成分(质量分数)/%										
			C	Si	Mn	P	S	Cr	W	Mo	Ni	V	Al	Co
6-1	T22345	5CrMnMo	0.50~0.60	0.25~0.60	1.20~1.60	a	a	0.60~0.90	—	0.15~0.30	—	—	—	—
6-2	T22505	5CrNiMo[b]	0.50~0.60	≤0.40	0.50~0.80	a	a	0.60~0.80	—	0.15~0.30	1.40~1.80	—	—	—
6-3	T23504	4CrNi4Mo	0.40~0.50	0.10~0.40	0.20~0.50	a	a	1.20~1.50	—	0.15~0.35	3.80~4.30	—	—	—
6-4	T23514	4Cr2NiMoV	0.35~0.45	≤0.40	≤0.40	a	a	1.80~2.20	—	0.45~0.60	1.10~1.50	0.10~0.30	—	—
6-5	T23515	5CrNi2MoV	0.50~0.60	0.10~0.40	0.60~0.90	a	a	0.80~1.20	—	0.35~0.55	1.50~1.80	0.05~0.15	—	—
6-6	T23535	5Cr2NiMoVSi	0.46~0.54	0.60~0.90	0.40~0.60	a	a	1.50~2.00	—	0.80~1.20	0.80~1.20	0.30~0.50	—	—
6-7	T23208	8Cr3	0.75~0.85	≤0.40	≤0.40	a	a	3.20~3.80	—	—	—	—	—	—
6-8	T23274	4Cr5W2VSi	0.32~0.42	0.80~1.20	≤0.40	a	a	4.50~5.50	1.60~2.40	—	—	0.60~1.00	—	—
6-9	T23273	3Cr2W8V	0.30~0.40	≤0.40	≤0.40	a	a	2.20~2.70	7.50~9.00	—	—	0.20~0.50	—	—
6-10	T23352	4Cr5MoSiV	0.33~0.43	0.80~1.20	0.20~0.50	a	a	4.75~5.50	—	1.10~1.60	—	0.30~0.60	—	—

续表

序号	统一数字代号	牌号	化学成分(质量分数)/%											
			C	Si	Mn	P	S	Cr	W	Mo	Ni	V	Al	Co
6-11	T23353	4Cr5MoSiV1	0.32~0.45	0.80~1.20	0.20~0.50	a	a	4.75~5.50	—	1.10~1.75	—	0.80~1.20	—	—
6-12	T23354	4Cr3Mo3SiV	0.35~0.45	0.80~1.20	0.25~0.70	a	a	3.00~3.75	—	2.00~3.00	—	0.25~0.75	—	—
6-13	T23355	5Cr4Mo3SiMnVA1	0.47~0.57	0.80~1.10	0.80~1.10	a	a	3.80~4.30	—	2.80~3.40	—	0.80~1.20	0.30~0.70	—
6-14	T23364	4CrMnSiMoV	0.35~0.45	0.80~1.10	0.80~1.10	a	a	1.30~1.50	—	0.40~0.60	—	0.20~0.40	—	—
6-15	T23375	5Cr5WMoSi	0.50~0.60	0.75~1.10	0.20~0.50	a	a	4.75~5.50	1.00~1.50	1.15~1.65	—	—	—	—
6-16	T23324	4Cr5MoWVSi	0.32~0.40	0.80~1.20	0.20~0.50	a	a	4.75~5.50	1.10~1.60	1.25~1.60	—	0.20~0.50	—	—
6-17	T23323	3Cr3Mo3W2V	0.32~0.42	0.60~0.90	≤0.65	a	a	2.80~3.30	1.20~1.80	2.50~3.00	—	0.80~1.20	—	—
6-18	T23325	5Cr4W5Mo2V	0.40~0.50	≤0.40	≤0.40	a	a	3.40~4.40	4.50~5.30	1.50~2.10	—	0.70~1.10	—	—
6-19	T23314	4Cr5Mo2V	0.35~0.42	0.25~0.50	0.40~0.60	≤0.020	≤0.008	5.00~5.50	—	2.30~2.60	—	0.60~0.80	—	—
6-20	T23313	3Cr3Mo3V	0.28~0.35	0.10~0.40	0.15~0.45	≤0.030	≤0.020	2.70~3.20	—	2.50~3.00	—	0.40~0.70	—	—
6-21	T23314	4Cr5Mo3V	0.35~0.40	0.30~0.50	0.30~0.50	≤0.030	≤0.020	4.80~5.20	—	2.70~3.20	—	0.40~0.60	—	—
6-22	T23393	3Cr3Mo3VCo3	0.28~0.35	0.10~0.40	0.15~0.45	≤0.030	≤0.020	2.70~3.20	—	2.60~3.00	—	0.40~0.70	—	2.50~3.00

a：钢中残余元素的含量在 GB/T 1299—2014 规定范围之内。

b：经供需双方同意，允许钒含量小于 0.20%。

表 3-6 塑料模具用钢的牌号及化学成分

序号	统一数字代号	牌号	化学成分(质量分数)/%												
			C	Si	Mn	P	S	Cr	W	Mo	Ni	V	Al	Co	其他
7-1	T10450	SM45	0.42~0.48	0.17~0.37	0.50~0.80	a	a	—	—	—	—	—	—	—	—
7-2	T10500	SM50	0.47~0.53	0.17~0.37	0.50~0.80	a	a	—	—	—	—	—	—	—	—
7-3	T10550	SM55	0.52~0.58	0.17~0.37	0.50~0.80	a	a	—	—	—	—	—	—	—	—
7-4	T25303	3Cr2Mo	0.28~0.40	0.20~0.80	0.60~1.00	a	a	1.40~2.00	—	0.30~0.55	—	—	—	—	—

续表

序号	统一数字代号	牌号	化学成分(质量分数)/%												
			C	Si	Mn	P	S	Cr	W	Mo	Ni	V	Al	Co	其他
7-5	T25553	3Cr2MnNiMo	0.32~0.40	0.20~0.40	1.10~1.50	a	a	1.70~2.00	—	0.25~0.40	0.85~1.15				—
7-6	T25344	4Cr2Mn1MoS	0.35~0.45	0.30~0.50	1.40~1.60	≤0.030	0.05~0.10	1.80~2.00	—	0.15~0.25					
7-7	T25378	8Cr2MnWMoVS	0.75~0.85	≤0.40	1.30~1.70	≤0.030	0.08~0.15	2.30~2.60	0.70~1.10	0.50~0.80		0.10~0.25			
7-8	T25515	5CrNiMnMoVSCa	0.50~0.60	≤0.45	0.80~1.20	≤0.030	0.06~0.15	0.80~1.20	—	0.30~0.60	0.80~1.20	0.15~0.30			Ca:0.002~0.008
7-9	T25512	2CrNiMoMnV	0.24~0.30	≤0.30	1.40~1.60	≤0.025	≤0.015	1.25~1.45	—	0.45~0.60	0.80~1.20	0.10~0.20			
7-10	T25572	2CrNi3MoAl	0.20~0.30	0.20~0.50	0.50~0.80	a	a	1.20~1.80	—	0.20~0.40	3.00~4.00		1.00~1.60		
7-11	T25611	1Ni3MnCuMoAl	0.10~0.20	≤0.45	1.40~2.00	≤0.030	≤0.015	—	—	0.20~0.50	2.90~3.40		0.70~1.20		Cu:0.80~1.20
7-12	A64060	06Ni6CrMoVTiAl	≤0.06	≤0.50	≤0.50	a	a	1.30~1.60	—	0.90~1.20	5.50~6.50	0.08~0.16	0.50~0.90		Ti:0.90~1.30
7-13	A64000	00Ni18Co8Mo5TiAl	≤0.03	≤0.10	≤0.15	≤0.010	≤0.010	≤0.60	—	4.50~5.00	17.5~18.5		0.05~0.15	8.50~10.0	Ti:0.80~1.10
7-14	S42023	2Cr13	0.16~0.25	≤1.00	≤1.00	a	a	12.00~14.00	—		≤0.60				—
7-15	S42043	4Cr13	0.36~0.45	≤0.60	≤0.80	a	a	12.00~14.00	—		≤0.60				—
7-16	T25444	4Cr13NiVSi	0.36~0.45	0.90~1.20	0.40~0.70	≤0.010	≤0.003	13.00~14.00	—	0.15~0.30		0.25~0.35			
7-17	T25402	2Cr17Ni2	0.12~0.22	≤1.00	≤1.50	a	a	15.00~17.00	—		1.50~2.50				
7-18	T25303	3Cr17Mo	0.33~0.45	≤1.00	≤1.50	a	a	15.50~17.50	—	0.80~1.30	≤1.00				
7-19	T25513	3Cr17NiMoV	0.32~0.40	0.30~0.60	0.60~0.80	≤0.025	≤0.005	16.00~18.00	—	1.00~1.30	0.60~1.00	0.15~0.35		—	
7-20	S44093	9Cr18	0.90~1.00	≤0.80	≤0.80	a	a	17.00~19.00	—	—	≤0.60	—	—	—	—
7-21	S46993	9Cr18MoV	0.85~0.95	≤0.80	≤0.80	a	a	17.00~19.00	—	1.00~1.30	≤0.60	0.07~0.12	—	—	—

a: 钢中残余元素含量在 GB/T 1299—2014 规定范围之内。

表 3-7 特殊用途模具用钢的牌号及化学成分

序号	统一数字代号	牌号	化学成分(质量分数)/%													
			C	Si	Mn	P	S	Cr	W	Mo	Ni	V	Al	Nb	Co	其他
8-1	T26377	7Mn15Cr2Al3V2WMo	0.65~0.75	≤0.80	14.50~16.50	a	a	2.00~2.50	0.50~0.80	0.50~0.80	—	1.50~2.00	2.30~3.30	—	—	—
8-2	S31049	2Cr25Ni20Si2	≤0.25	1.50~2.50	≤1.50	a	a	24.00~27.00	—	—	18.00~21.00					
8-3	S51740	0Cr17Ni4Cu4Nb	≤0.07	≤1.00	≤1.00	a	a	15.00~17.00			3.00~5.00			Nb:0.15~0.45		Cu:3.00~5.00
8-4	H21231	Ni25Cr15Ti2MoMn	≤0.08	≤1.00	≤2.00	≤0.030	≤0.020	13.50~17.00		1.00~1.50	22.00~26.00	0.10~0.50	≤0.40	—		Ti:1.80~2.50 B:0.001~0.010
8-5	H07718	Ni53Cr19Mo3TiNb	≤0.08	≤0.35	≤0.35	≤0.015	≤0.015	17.00~21.00		2.80~3.30	50.00~55.00		0.20~0.80	Nb+Ta[b]:4.75~5.50	≤1.00	Ti:0.65~1.15 B≤0.006

a：钢中残余元素含量在 GB/T 1299—2014 规定范围之内。

b：除非特殊要求，允许仅分析 Nb。

表 3-8 钢中残余元素含量

组别	冶炼方法	化学成分(质量分数)/%，不大于				
		P		S	Cu	Cr	Ni
1	电弧炉	高级优质非合金工具钢	0.030	高级优质非合金工具钢	0.020		
		其他钢类	0.030	其他钢类	0.030		
2	电弧炉+真空脱气	冷作模具用钢 高级优质非合金工具钢	0.030	冷作模具用钢 高级优质非合金工具钢	0.020	0.25	0.25	0.25
		其他钢类	0.025	其他钢类	0.025		
3	电弧炉+电渣重熔 真空电弧重熔(VAR)	0.025		0.010		

供制造铅浴淬火非合金钢丝时，钢中残余铬含量不大于 0.10%，镍含量不大于 0.12%，铜含量不大于 0.20%，三者之和不大于 0.40%。

3.2　模具钢的生产加工工艺

3.2.1　模具钢的冶金生产工艺

模具钢的冶炼主要有平炉、电弧炉、真空感应炉、电渣重熔及炉外真空处理等几种方法。目前,我国模具钢的生产主要采用电弧炉冶炼。随着炉外处理技术的发展,炉外处理生产的模具钢数量将会越来越多。

1. 电炉冶炼

电炉炼钢的钢水化学成分容易控制,因而钢材质量好,可冶炼高级优质特殊钢材。最常用的有电弧炉和感应炉两种,约 90%的模具钢是用电弧炉冶炼的,所以电炉炼钢一般指电弧炉炼钢。电弧炉炼钢的基本原理是利用石墨电极与废钢或钢液之间产生电弧,用电弧热进行熔炼,工厂中常用的是三相交流电弧炉。

2. 电渣重熔

电渣重熔生产的模具钢,其内部组织均匀,等向性能好,碳化物细小且分布均匀,提高了模具钢材的质量。电渣重熔用自耗电极是由电炉冶炼的,电极可以是锻造的,也可以是铸态的。熔炼之前,在结晶器底盘上放同一钢种的底垫,然后放入碎钢屑和混合好的固态熔剂。熔炼开始,形成熔池后,电极以一定速度上升,熔化的钢液由下而上不断凝固。在熔渣的保护下,钢液被精炼,进行去硫及排除金属夹杂物的反应过程。熔渣的性能和用量对重熔钢的质量有重要影响,熔渣一般采用 CaF_2-Al_2O_3 渣系。

重熔钢锭获取从表面到中心的柱状组织,由于顺序结晶,结晶组织均匀致密,消除了缩孔和疏松缺陷。重熔钢只需较小的锻造比(2~3)即能破碎铸态组织或细化组织,重熔钢锭表面无缺陷且光滑,无须表面加工即可改锻或轧制。

4Cr5MoSiV1 重熔钢和电炉钢锻材性能的比较见表 3-9,可以看出,重熔钢的等向性能优异。实际应用表明,重熔钢模块在较小吨位的锤锻模上应用,与锻制的模块比较,寿命相当。但因重熔钢模块节约了锻造费用,使用重熔钢模块经济效益较好。

表 3-9　4Cr5MoSiV1 重熔钢和电炉钢锻材性能的比较

冶炼方式	方向	抗拉强度 σ_b / MPa	断后伸长率 δ_5 / %	断面收缩率 ψ / %	V 形缺口冲击韧度 α_K/(J·cm^{-2})
电渣重熔	横向	1620	4.15	2.75	4.0
	纵向	1660	3.75	3.00	5.1
	横向/纵向	0.98	0.90[①]	0.92	0.78
电炉钢锻材	横向	1540	7.64	30.1	2.75
	纵向	1610	12.7	50.1	4.63
	横向/纵向	0.96	0.60	0.60	0.60
①:纵向/横向之值。					

3. 炉外精炼

随着工业技术的发展，对模具钢的质量要求越来越高，因而国外对模具钢，特别是大截面模具钢多采用炉外精炼工艺。此工艺的特点是将钢液从炉内移至炉外另一个装置中继续完成去氢、脱硫以及去夹杂等工序，进行合金成分的调整和均匀化，改善缺口冲击韧度和横向性能，缩短炉内精炼时间。常用的炉外精炼方法有真空炉外处理及喷射冶金等技术。

3.2.2 模具钢的热加工工艺

1. 钢锭锻轧

经不同方法冶炼的模具钢浇注成所需钢锭，经过锻造或轧制生产出所需要的毛坯。钢锭锻轧的目的是：

(1) 将钢锭加工成使用单位所要求的模具毛坯形状、尺寸或锻轧成各种规格的圆钢。

(2) 破坏钢锭的铸态组织，焊合内部疏松、裂纹、气孔及其他缺陷。

(3) 提高钢锭的致密性。

(4) 破碎共晶碳化物，改善非金属夹杂物及碳化物的形态及分布均匀性。

(5) 提高钢锭的等向性能。

2. 钢坯改锻

目前我国模块标准化程度很低，虽已有标准 JB/T 5900—1991《通用锻制模块毛坯尺寸及计重方法》，但生产企业按此标准供应的很少，绝大部分仍供应圆钢。由于该标准技术内容落后、实用性差，2008 年 1 月 23 日，中华人民共和国国家发展和改革委员会公告 2008 年(第 9 号)明令废止，不再使用。由于模具钢含碳量及合金量很高，经钢厂锻轧后，钢坯中共晶碳化物不均匀度仍较大，偏析严重。使用单位从冶金厂购进的钢材首先应检验共晶碳化物的分布，如果不均匀度大于 3 级，则应进行改锻，最好采取多向锻拔，以便击碎碳化物并改善锻件的方向效应。

通用锻制模块毛坯尺寸及计重方法

3. 锻轧工艺

常用合金模具钢的锻轧工艺见表 3-10。锻轧工艺的关键是锻造温度范围的选择，包括加热温度、始锻温度和终锻温度。提高始锻温度，有利于钢锭内部孔隙缺陷的焊合，成分均匀性好，但会使晶粒变粗，影响模具钢的力学性能。终锻温度低会导致锻件心部形成十字裂纹，但终锻温度高也会使晶粒继续长大而形成粗晶。

此外，消除疏松、枝状晶和碳化物等缺陷必须要保证一定的锻造比。锻造比的确定与模具类型有关。在热作模具钢中，为改善等向性能，一般规定锻造比大于 4；对高合金莱氏体冷作模具钢，要改善碳化物的大小及分布均匀性，需要更大的锻造比。随着钢锭尺寸的增大，锻造比还应该加大。

表 3-10　常用合金模具钢的锻轧工艺

钢种	加热温度/℃		始锻温度/℃		终锻温度/℃		冷却方式	
	钢锭	钢坯	钢锭	钢坯	钢锭	钢坯	钢锭	钢坯
9SiCr	1150~1210	1100~1150	1100~1150	1050~1100	800~880	800~850	缓冷	缓冷
9Cr2	1170~1200	1120~1180	1130~1150	1100~1130	≥850	≥850	缓冷	缓冷
5CrW2Si	1180~1200	1150~1180	1150~1170	1120~1150	≥850	≥800	缓冷	缓冷
Cr12	1140~1160	1120~1140	1100~1120	1080~1120	900~920	880~920	缓冷	缓冷
Cr12MoV	1100~1180	1050~1160	1050~1120	1000~1060	850~900	850~900	缓冷	缓冷
Cr6WV	1100~1160	1060~1120	1050~1120	1000~1080	850~900	850~900	缓冷	缓冷
9Mn2V	1140~1180	1080~1120	1100~1150	1050~1100	800~850	800~850	缓冷	缓冷
MnCrWV	1130~1180	1120~1150	1080~1130	1080~1100	≥800	≥800	缓冷	缓冷
CrWMn	1150~1200	1100~1150	1100~1150	1050~1100	800~880	800~850	空冷或缓冷	空冷或缓冷
6W6Mo5Cr4V	1100~1180	1100~1140	1100~1150	≥900		≥850	缓冷	缓冷
Cr2Mn2SiWMoV	1140~1160	1120~1140	1040~1060	1020~1040	≥900	≥850	缓冷	缓冷
5CrMnMo	1140~1180	1100~1150	1100~1150	1050~1100	800~880	800~850	缓冷	缓冷
5CrNiMo	1140~1180	1100~1150	1100~1150	1050~1100	800~850	800~850	缓冷	缓冷
4CrMnSiMoV	1160~1180	1100~1150	≥850		≥850		缓冷	缓冷
3Cr2W8V	1150~1200	1130~1160	1100~1150	1080~1120	850~900	850~900	缓冷	缓冷
4Cr5MoVSi	1140~1180	1120~1150	1100~1150	1070~1100	≥900	850~900	缓冷	缓冷
4Cr5MoV1Si	1140~1180	1120~1150	1100~1150	1070~1100	850~900	850~900	缓冷	缓冷
5Cr4Mo2W2VSi	1150~1180	1130~1160	1100~1150	1080~1120	≥900	≥850	缓冷	缓冷
4Cr3Mo3W2V	1170~1200	1150~1180	1100~1150	1050~1100	≥900	≥850	缓冷	缓冷
W18Cr4V	1220~1240	1180~1220	1120~1140	1120~1140	≥950	≥950	缓冷	缓冷
W6Mo5Cr4V2	1180~1190	1140~1150	1080~1100	1040~1080	≥950	≥900	缓冷	缓冷

4. 锻轧工艺应用

Cr12 型冷模钢的塑性很差，共晶碳化物的分布对使用性能影响极大。通常，为进一步降低共晶碳化物级别，冶金厂供给的模具坯料需经使用单位多次反复墩拔改锻后才能使用。如某模具配件厂用 Cr12 钢作冲模，毛坯尺寸 90 mm，不经锻造而由轧材直接加工成模具应用，共晶碳化物为 5 级以上，模具的使用寿命只有几件到几十件，最高仅 3000 件，均以崩刃、纵向开裂或碎裂等形式脆性失效。后采用 60 mm 的较小尺寸坯料，经锻粗到 90 mm 作冲模，共晶碳化物为 3~4 级，且碳化物分布均匀，模具的使用寿命达 8000 件以上。

5. 锻造缺陷及预防

模具钢锻造中产生的主要缺陷是裂纹和开裂。裂纹的形式多种多样，形成裂纹的原因也是多方面的。一种是冶金缺陷造成的，如缩孔、偏析、折叠、气泡以及夹杂等；另一种是锻造工艺不当造成的。模具钢，尤其是高碳、高合金模具钢，变形抗力大、塑性差、导热性低、锻造温度范围窄以及淬透性高等都给锻造增加了难度。因此，对模具钢的锻轧工艺必须严格掌握，锻造后应缓冷并及时退火。

因锻造工艺不当而发生的问题及防止措施如下：

(1) 由于加热不当而引起的锻造开裂。

① 加热温度过高或不均匀，导致锻件整体或局部过热、过烧，使晶粒粗化、晶界氧化或熔化，造成锻件碎裂或表面龟裂。

② 升温速度过快，造成锻件表面与内部温差过大，从而产生很大热应力，引起锻件开裂。

③ 加热温度偏低或保温时间太短，造成内、外温差大，从而产生较大热应力，导致心部开裂或因变形抗力大、塑性下降而使锻件棱角或平面上出现横向开裂。

防止措施：严格执行锻造加热规范，防止过热、过烧。对高合金模具钢锻坯，装入时炉温不能太高，最好冷炉装入或至少炉温在 700℃时装入，或先在炉门口烘烤，保温一段时间，逐步将坯料推入炉内的加热区。锻件在燃油、气、煤的反射炉中，正确的加热方法是使锻件与火口保持一定距离，不让火焰直接喷射在锻件上，并经常翻动锻件，保持锻件温度均匀，防止局部过热。对已发现有过热或短时过烧的锻件，应马上从炉内拉出空冷，待温度稍低些再进行锻造。

(2) 由于锻打变形不当而引起的裂纹。

若锤击力过猛，一次变形量过大，变形速度过快，锻件表层与心部变形量相差过大，使内部拉应力增加，则易在内部或前后端面产生十字裂纹。若变形大且过猛，会造成锻件心部温升产生过热而开裂。

锻打时应掌握轻、重、轻三段原则，即先、后轻打，中间可重打。拔长时应掌握每次压下量在 10%～20%的范围内，不能过大或过小。墩粗时，应防止侧面形成过大的鼓形或歪斜。

(3) 终锻温度不当影响锻件质量。

终锻温度，特别是最后一火的停锻温度高低将直接影响模具锻坯的质量。终锻温度过高，在锻件冷却过程中晶粒会继续长大，因而降低钢的力学性能。如高速钢模具，若终锻温度高于 9500℃，易造成粗晶组织，在最后一火变形量较小时，易出现萘状断口，产生裂纹。而对于中碳高合金热模钢，如 3Cr2W8V 等，过高的停锻温度会使其析出的碳化物呈链状、带状或网状分布，使其力学性能显著下降。若停锻温度过低，在低温塑性差的情况下，锤击力过猛会使锻件当即锻裂，过低的停锻温度也会产生较大的残余应力而导致锻件开裂。

终锻温度一般应稍高于 A_{r3} 或 A_{r1} 的温度，以保证锻造在塑性和应力状态均较均匀的单相区进行。

(4) 锻后冷却不当对锻件质量的影响。

某些冷作模具钢，如 Cr12 及 LD 钢等，由于合金含量高，淬透性好，自高温空冷即可发生马氏体转变，在内应力及变形残余应力的共同作用下，锻后若不缓冷常易发生纵向开裂。对这类模具钢锻后必须缓冷，如砂冷、灰冷、炉冷或锻后及时退火。

某些模具钢既有冷裂倾向，又易析出网状碳化物，如 CrWMn、3Cr2W8V、GR 钢等。若锻后缓冷，虽避免了开裂倾向，但却可能析出呈链状、网状或带状严重的碳化物，不仅影响到模具使用寿命，而且也可能直接产生裂纹。对这类钢在停锻温度至 650℃左右时应空冷或风冷，而在 650℃以下时必须缓冷。

(5) 锻后出现白点(发裂)。

锻后出现白点(发裂)主要发生在中碳低合金大截面模块(如 5CrNiMo 钢等),有时也发生在低碳中合金时效钢。主要原因是钢中含氢量过多,又由于锻后在低温(150~250℃)冷速过快,在钢中发生脆性破裂而形成白点(发裂)。白点的存在,降低了钢的力学性能,并可能发生淬火开裂等破坏事故。

防止白点产生的关键是减少钢中的含氢量,在炼钢、浇注及钢锭扩散退火时予以解决。但对这类钢锻造后必须缓冷到 100℃以下或室温才可,如果已发现白点产生,则应增加锻造比,由大截面改锻成小截面,设法使发纹锻合,否则白点钢应予以判废。

3.3　模具材料的性能要求与质量检验

3.3.1　模具材料的性能要求

1. 模具材料的使用性能要求

模具的工作条件不同,对模具材料的性能要求也不同。一般来讲,冷冲压模具要求其材料具有高强度、良好的塑性和韧性、高的硬度及耐磨性;冷挤压模具要求其材料具有高强度、高韧性、高淬透性以及良好的耐磨性、热稳定性和切削加工性;热作模具钢要求在工作温度下保持高的强度和韧性、良好的抗蚀性、热稳定性和优良的热疲劳抗力。

1) 强度

模具在使用时承受拉压、振动、扭转和弯曲等应力,重负荷的模具往往由于强度不够、韧性不足,造成模具局部塌陷、断裂而发生早期失效。因此,使模具材料保持足够的强度,有利于延长模具的使用寿命。

屈服点是衡量模具钢塑性变形抗力最常用的强度指标。对模具材料要求具有高的屈服点,当模具的工作应力超过模具材料的相应屈服点时,模具就会产生塑性变形,用其加工出来的工件尺寸和形状就会发生变化,产生废品,模具也就因此失效。

为了确保模具在使用过程中不会因发生过早塑性变形而失效,模具材料的屈服点必须大于模具的工作应力。热作模具的工作对象是高温软化状态的坯料,故所受的工作应力要比冷作模具小得多。热作模具与高温坯料接触的部分会受热而软化,因此热作模具的表面层需有足够的高温强度。而冷作模具材料的断裂抗力指标是室温下的抗拉强度、抗压强度和抗弯强度等。

2) 韧性

韧性是材料在冲击载荷作用下抵抗产生裂纹折断、崩刃的一种特性,反映了模具的脆断抗力,常用冲击韧度 α_k 来评定。许多模具(如冷作模具的凸模,锤用热锻模具、冷墩模具、热墩锻模具等)要承受冲击载荷的作用。除了要求钢材具有较高的强度外,还要有足够的韧性,材料的韧性越高,脆断的危险性越小,热疲劳强度也越高。

3) 硬度和热硬性

硬度是模具材料的主要性能指标。模具在高应力的作用下工作必须具有足够的硬度,才能保持原有形状和尺寸不变。通常硬度可以间接地反映零件的强度、塑性、韧性、疲劳抗力和耐磨性等力学性能指标。因此，模具材料的各种性能要求在图样上只通过标注硬度来表示。冷作模具硬度一般要求为 60 HRC 左右，热作模具硬度一般在 42～50 HRC 范围内，塑料模具硬度通常在 45～60 HRC 范围内。

热硬性是指模具材料在受热或高温条件下保持高硬度的能力。多数热作模具和某些冷作模具都要求具有一定的热硬性。

4) 耐磨性

模具的失效通常都是由磨损引起的，决定模具使用寿命的重要因素往往是模具材料的耐磨性。模具在使用时会承受相当大的压应力和摩擦力，这就要求模具材料能够在强烈摩擦下仍保持精度不变。

冷作模具的磨损形式通常是磨粒磨损和勃着磨损，而热作模具的磨损形式主要是氧化磨损。磨损形式不同，影响耐磨性的因素也各不相同。一般情况下，当冲击载荷较小时，耐磨性与硬度成正比关系；当冲击载荷较大时，表面硬度越高并非耐磨性愈好，超过一定的硬度值之后耐磨性反而下降。

5) 抗疲劳性

抗疲劳性是反映材料在交变载荷作用下抵抗疲劳破坏的性能指标。模具工作时承受着机械冲击和热冲击的交变应力。对于热作模具，大多数在急冷、急热条件下工作，必然发生不同程度的冷、热疲劳，往往是在型腔表面形成浅而细的裂纹，它的迅速传播和扩展导致灾难性事故而使模具报废。提高材料的抗疲劳性，可有效地推迟疲劳裂纹的形成与扩展。

2. 模具钢的常规力学性能

模具钢的性能是由模具钢的成分和热处理后的组织所决定的。模具钢的基本组织是由马氏体基体以及在基体上分布的碳化物和金属间的化合物等构成。模具钢的性能应该满足某种模具完成额定工作量所具备的性能，但因各类模具服役条件及所完成的额定工作量指标均不相同，故对模具性能要求也不同。又因为不同钢的化学成分和组织对各种性能的影响不同，即使同一牌号的钢也不可能同时获得各种性能的最佳值，一般某些性能的改善会损失其他的性能。因而，模具工作者常根据模具工作条件及工作定额要求选用模具钢及最佳处理工艺，使之达到主要性能最优，而其他性能损失最小的目的。

模具钢的使用性能是通过力学性能、热处理来达到的。模具钢的常规力学性能有以下几种：

1) 强度

强度是表征材料抵抗变形抗力和断裂抗力的性能指标。

评价冷作模具钢塑性变形抗力的指标主要是常温下的屈服点 σ_s 或屈服强度 $\sigma_{0.2}$，评价热作模具材料塑性变形抗力的指标应为高温屈服点或高温屈服强度。为了确保模具在使用过程中不会因发生过量塑性变形而失效，模具材料的屈服点必须大于模具的工作应力。热作模具的加工对象是高温软化状态的坯料，故所受的工作应力要比冷作模具的工作应力小得多。但热作模具与高温坯料接触的部分会受热而软化，因此，模具的表面层须有足够的高温强度。

反映冷作模具材料的断裂抗力指标的是室温下的抗拉强度、抗压强度和抗弯强度等，但这些指标仅反映模具的表面或内部不存在任何裂纹时的静载断裂抗力。热作模具的断裂失效不完全由模具材料抗拉强度不足所致，大多数热作模具在发生断裂之前，由于冷热疲劳出现许多表面裂纹。许多热作模具的断裂，属于表面热疲劳裂纹扩展所造成的断裂。因此，在考虑热作模具的断裂抗力时，还应包括断裂韧度的因素。

影响强度的因素较多。钢的含碳量与合金元素含量，晶粒大小，金相组织，碳化物的类型、形状、大小及分布，残余奥氏体量，内应力状态等都对强度有显著影响。

2) 硬度

硬度表征了钢对变形和接触应力的抗力。测硬度的试样很容易制备，车间、试验室都有硬度计，因此，硬度是很容易测定的一种性能。由于硬度与强度也有一定关系，因此可通过硬度与强度的换算关系得到材料硬度值。按硬度范围划定的模具类别，如高硬度(52~60 HRC)一般用于冷作模具，中等硬度(40~52 HRC)一般用于热作模具。

钢的硬度与成分和组织均有关系，通过热处理，硬度可以在很宽范围内改变。如新型模具钢 012A1 和 CG-2，采用低温回火处理后硬度为 60~62 HRC，采用高温回火处理后硬度为 50~52 HRC，可用来制作硬度要求不同的冷、热作模具。因而这类模具钢可称为冷作、热作兼用型模具钢。

模具钢中除马氏体外，还存在更高硬度的其他相，如碳化物和金属间化合物等。常见碳化物及合金相的硬度值见表 3-11。

表 3-11　常见碳化物及合金相的硬度值

相	硬度/HV
铁素体	约 100
马氏体：$w_C 0.2\%$	约 530
$w_C 0.4\%$	约 560
$w_C 0.6\%$	约 920
$w_C 0.8\%$	约 980
渗碳体(Fe_3C)	850~1100
氮化物	1000~3000
金属间化合物	500

模具钢的硬度主要取决于马氏体中溶解的含碳量(或含氮量)，马氏体中的含碳量取决于奥氏体化温度和时间。当温度和时间增加时，马氏体中的含碳量增多，马氏体硬度会增加，但淬火加热温度过高会使奥氏体晶粒粗大，淬火后残留奥氏体量增多，又会导致硬度下降。因此，为选择最佳淬火温度，通常要先作出该钢的淬火温度-晶粒度-硬度关系曲线。

马氏体中的含碳量在一定程度上与钢的合金化程度有关，尤其当回火时表现更明显。随回火温度的增高，马氏体中的含碳量会减少，由于弥散的合金碳化物析出及残留奥氏体向马氏体的转变，因此当钢中合金含量越高时，所发生的二次硬化效应越明显，硬化峰值越高。

常用硬度测量方法有以下几种：

(1) 洛氏硬度(HR)。洛氏硬度是最常用的一种硬度测量法，测量简便、迅速，数值可以从表盘上直接读出。洛氏硬度常用的有 3 种，即 HRC、HRA 和 HRB。三种硬度所用的硬度头、试验力及应用范围见表 3-12。

表 3-12 洛氏硬度试验规范

硬度符号	硬度头规格	试验力/N	应用范围
HRC	120°金刚石圆锥	1471	20～70
HRA	120°金刚石圆锥	588.4	20～88
HRB	φ1.588 mm 钢球	980.6	20～100

(2) 布氏硬度(HB)。用淬火钢球作硬度头，加上一定试验力压入工件表面，试验力卸掉以后测量压痕直径大小，再查表或计算，便得出相应的布氏硬度值。

布氏硬度测试主要用于退火、正火、调质等模具钢的硬度测定。

(3) 维氏硬度(HV)。采用的压头是具有正方形底面的金刚石角锥体，锥体相对两面间的夹角为136°，硬度值等于试验力与压痕表面积之比值。此法可以测试任何金属材料的硬度，但最常用于测定显微硬度，即金属内部不同组织的硬度。

三种硬度大致有如下的关系：1 HRC≈1/10 HB，1 HV≈1HB(当<400 HBS 时)。

3) 耐磨性

冷作模具材料的耐磨性指标可采用常温下的磨损量或相对耐磨性来表示。热作模具的型腔表面由于高温而软化，同时还要经受高温氧化腐蚀和脱落下的氧化铁屑的研磨，因此热作模具的磨损属于热磨损，需要特殊的热磨损试验方法才能测出其热磨损抗力。

在模具中常遇到的磨损形式有磨料磨损、黏着磨损、氧化磨损和疲劳磨损等。不同的磨损形式影响模具材料耐磨性的因素各不相同。

在磨料磨损的条件下，影响耐磨性的主要因素有硬度和组织。当冲击载荷较小时，耐磨性与硬度成正比关系，即可以用硬度来判断钢的耐磨性好坏；当冲击载荷较大时，耐磨性还受强度和韧性的影响，此时，表面硬度不是越高越好，而是存在着一个合适的硬度范围，硬度超过一定值后，耐磨性反而下降。钢的基体组织中，铁素体耐磨性最差，马氏体耐磨性较好，下贝氏体耐磨性最好。对于淬火回火钢，一般认为，在含有少量残余奥氏体的回火马氏体基体上均匀分布着细小的碳化物组织，其耐磨性为最好。在冲击力较大的情况下，细晶马氏体由于强韧性高，因而耐磨性较好。钢中碳化物的性质、数量和分布状态对耐磨性也有显著影响。特殊合金碳化物的硬度和耐磨性要高于合金渗碳体和普通渗碳体，碳化物数量增多并与基体结合牢固时，耐磨性增加。但碳化物过于粗大或基体中呈不均匀分布，则会使耐磨性下降。淬火钢的耐磨性一般随其含碳量的增加而提高，一方面是由于马氏体硬度的增加，另一方面是来自未溶碳化物数量的增加。

对于黏着磨损的情况，影响材料耐磨性的因素也比较复杂。一般脆性材料和高熔点材料的抗黏着能力较强，减小材料的摩擦因数可以提高耐黏着磨损性，提高材料的硬度有助于减小摩擦因数。试验表明：材料硬度在 550～750 HV 范围内(且最好>700 HV)对抗黏着磨损较合适。采用一定的表面处理(如渗硫、氮碳共渗等)可以在金属材料表面形成一层与基体金属不同的化合物层或非金属层，降低了摩擦因数，可有效地减轻黏着磨损。当钢的组织为细致的下贝氏体或回火马氏体加均匀分布的细小合金碳化物时，耐黏着磨损性较好，而过多的残余奥氏体被认为是不利的因素。

氧化磨损是最广泛存在的磨损类型，同时也是各类磨损中磨损速率最小的一种。氧化磨损速率主要取决于金属表层的扩散速度、所形成氧化膜的性质和氧化膜与基体金属的结合强度。致密、非脆性且不易剥落的氧化膜能显著提高磨损抗力,提高金属表层硬度,增加表层塑性变形抗力,从而减轻氧化磨损。

钢的耐疲劳磨损性主要取决于冶金质量。钢中存在的疏松、气孔、白点和非金属夹杂等缺陷都可能成为疲劳裂纹源。在炼钢过程中应用真空脱氧、电渣重熔和真空熔炼等方法可以大大减少气孔和夹杂物,从而提高钢的耐疲劳磨损性。

4) 塑性

断裂前金属材料产生永久变形的能力称为塑性。模具钢塑性较差,尤其是冷变形模具钢,其在很小的塑性变形时即发生脆断。模具材料塑性的好坏,通常用断后伸长率和断面收缩率两个指标来衡量。

断后伸长率是指拉伸试样拉断后长度增加的相对百分数,以 δ 表示。断后伸长率数值越大,表明钢材塑性越好。热作模具钢的塑性明显高于冷作模具钢。

断面收缩率是指拉伸试样经拉伸变形和拉断后,断面部分截面的缩小量与原始截面之比,以 Ψ 表示。塑性材料拉断后有明显的缩颈,所以 Ψ 值较大。而脆性材料拉断后几乎没有缩小,即没有缩颈产生,其 Ψ 值很小,说明脆性材料的塑性较差。

5) 韧性

韧性是材料在冲击载荷作用下抵抗产生裂纹的一个特性,反映了模具的脆断抗力,常用冲击韧度 α_k 来评定。

对于受强烈冲击载荷的模具,如冷作模具的冲头、锤用热锻模具、冷镦模具和热镦模具等,考虑模具材料的韧性是十分重要的,它是模具钢的一个重要性能指标。材料的韧性越高,脆断危险性越小,热疲劳强度也越高。

冷作模具材料因多在高硬度状态下使用,在此状态下 α_k 值很小,很难相互比较,因而常根据静弯曲挠度的大小比较其韧性的高低。工作时承受巨大冲击载荷的模具,须把冲击韧度作为一项重要的性能指标。如通常要求锤锻模具用钢的 α_k 值不应低于 30 J/cm^2,而压力机模具用钢的冲击韧度可低于锤锻模用钢。对于某些热作模具材料和高强度冷作模具钢,有时还需考虑其断裂韧度。

模具材料的化学成分、晶粒度、碳化物以及夹杂物的组成、数量、形貌、尺寸和分布情况,金相组织以及微观偏析等都会对材料的韧性带来影响。模具材料的韧性往往和耐磨性、硬度是互相矛盾的,因此,常根据模具的具体工作情况选择合理的模具材料,并采用合理的精炼、热加工和热处理、表面强化工艺使模具材料得到耐磨性和韧性等综合性能。

为了提高钢的韧性,必须采取合理的锻造及热处理工艺。锻造时应尽量打碎碳化物,并减少或消除碳化物偏析,热处理淬火时应防止晶粒过于长大,冷却速度不要过高,以防产生内应力。模具使用前或使用过程中应采取一些措施减少内应力。

6) 抗热性能

冷作模具在强烈摩擦时,局部的温升有时甚至可达 400℃以上(冷挤压模),而热作模具对加热到高温的固体或液体材料进行加工时,模具的温升更高,例如锤锻模可达 500~600℃,热挤压模可达 800~850℃,压铸模可达 300~1000℃。由于经常受到高温作用,因此要求模具材料有一定的抗热性能,尤其是热作模具,这是它的主要性能之一。抗热性能包括以下几个方面:

(1) 热稳定性。热稳定性表示钢在受热过程中保持金相组织和性能的稳定能力。通常钢的热稳定性用回火保温 4 h、硬度降到 45 HRC 时的最高加热温度表示。这种方法与材料的原始硬度有关。对于因耐热不足而堆积塌陷失效的热作模具，可以根据热稳定性预测模具的寿命水平。

(2) 耐回火性。耐回火性指随回火温度升高，模具材料的强度和硬度下降快慢的程度，也称回火抗力或抗回火软化能力，通常以钢的回火温度-硬度曲线来表示，硬度下降慢表示耐回火性高或回火抗力大。耐回火性与回火时的组织变化也是相联系的，它与钢的热稳定性共同表示钢在高温下的组织稳定性程度，表示模具在高温下的变形抗力。

7) 耐蚀性

部分塑料模和压铸模在工作时受到被加工材料的腐蚀，会加剧型腔表面磨损，所以这些模具材料应具有相应的耐腐蚀性。合金化或进行表面处理是提高模具钢耐腐蚀性的主要方法。

3. 模具材料的工艺性能要求

在模具的总成本中，特别是对于小型精密复杂模具，模具钢的费用往往只占总成本的 10%～20%，有时甚至低于 10%，而机械加工、热加工、表面处理、装配和管理等费用要占总成本的 80% 以上，所以，模具钢的加工工艺性能就成为影响模具成本的一个重要因素，也是提高模具质量和使用寿命的关键所在。经常遇到的加工工艺性能有以下几种：

1) 冷加工工艺性能

冷加工工艺性能包括切削、磨削、抛光、冷挤压和冷拉等工艺性能。模具制品有时对表面质量、表面粗糙度和抛光性能要求很高，这就要求钢材的质量更高，模具钢杂质少、组织均匀以及无纤维方向，并采取一些措施，改善钢的工艺性能，降低模具的制造费用。

为了改善模具钢的可加工性和磨削性，在模具钢精炼的后期应对钢液进行变性处理，通过加入变性剂(如 Si、Ca 和稀土元素等)形成富钙硫化物或稀土硫化物，使硫化物球化，抑制硫对钢的力学性能的不利影响，保留和发挥其对钢的可加工性和磨削性的有利影响，使易切削模具钢得到进一步发展。

有些模具钢，如高钒高速钢、高钒高合金模具钢，其磨削性很差、磨削比很低，不便于磨削加工。近年来改用粉末冶金生产，可以使钢中的碳化物细小、均匀，完全消除了普通工艺生产的高钒模具钢中的大颗粒碳化物，不但使这类钢的磨削性大为改善，而且改善了钢的塑性、韧性等性能。

有些模具要求很低的表面粗糙度，如要求镜面抛光的塑料模具和一些冷作模具，就要采用抛光性能很好的模具材料。这类钢种往往要求采用电渣重熔或真空电弧重熔等工艺进行精炼，得到高纯净度的钢材，以适应镜面抛光的要求。

为了简化工艺，提高模具的制造效率，对批量生产的模具可以采用冷挤压工艺压制型腔，即用淬硬的凸模将模具的型腔直接压制出来。这就要求模具材料具有良好的冷变形性能，如塑料模中的低碳低硅钢就具有良好的冷变形性能。

2) 热加工工艺性能

热加工包括锻造、铸造以及焊接等。热加工工艺性能包括热塑性和热加工温度范围等。根据模具的不同制造工艺，可提出不同的加工性能要求，这些性能受到模具钢的化学成分、冶金质量、组织状态等因素的影响。在生产过程中必须严格控制热加工的工艺参数。

(1) 可锻性。锻造不仅减少了模具钢的机械加工余量，节约了钢材，而且改善了模具钢的内部组织缺陷，如碳化物偏析等，所以锻造质量的好坏直接影响模具的质量。

(2) 铸造工艺性能。为了简化生产工艺，近年来国内外致力于发展采用铸造工艺生产出接近模具形状的铸造毛坯。如我国已经研究采用铸造工艺生产一些冷作模具、热作模具和玻璃成型模具，并相应地发展了一些铸造模具用钢。对这类材料，要求具有良好的铸造工艺性能，如流动性和收缩率等。

(3) 焊接性。有些模具要求在工作条件最苛刻的部分堆焊上特种耐磨和耐蚀材料，有些模具力求在使用过程中采用堆焊工艺进行修复后能够重新使用，对这些模具就要求选用焊接性好的模具材料，以简化焊接工艺。焊接性好可以避免焊前预热和焊后处理工艺。为了更好地适应焊接工艺的需要，相应地发展了一批焊接性良好的模具材料。

3) 热处理工艺性能

热处理工艺性能实际上也是一种热加工工艺性能。在模具失效的案例中，热处理不当造成的失效占总失效的 40%左右。热处理工艺性能的好坏对模具的质量有较大影响，一般要求材料热处理后有足够的淬硬性和淬透性，而且变形小、淬火温度范围宽、过热敏感性小、脱碳敏感性低等。

(1) 淬硬性和淬透性。淬硬性主要取决于钢的含碳量，淬透性主要取决于钢的化学成分、合金元素含量和淬火前的组织状态。大部分要求高硬度的冷作模具对淬硬性要求较高；大部分热作模具和塑料模具对硬度的要求并不太高，往往更多地考虑其淬透性，特别是一些大截面、深型腔模具。为了使模具的心部能得到良好的组织和均匀的硬度，就要选用淬透性好的模具钢。另外，对于形状复杂、要求精度高又容易产生热处理变形的模具，为了减少其热处理变形，往往采用冷却能力弱的淬火介质(如油冷、空冷、加压淬火或盐浴等温淬火等)，这就需要采用淬透性较好的模具材料，以得到满意的淬火硬度和淬硬层深度。

(2) 淬火变形和开裂倾向。淬火变形和开裂是热处理三大难题中的两个，可见其重要性。模具在热处理时要求其变形程度小，特别是一些形状复杂的精密模具，淬火后难以修整，更要求淬火、回火后的变形程度小，一般选用微变形模具钢。模具零件淬火开裂倾向与模具材料成分、原始组织状态、工件几何形状以及热处理工艺有很大的关系。

(3) 氧化脱碳敏感性。模具在加热过程中，如果产生氧化、脱碳现象，就会改变模具的形状和性能，影响模具的硬度、耐磨性和使用寿命，导致模具早期失效。脱碳敏感性主要取决于钢的化学成分，特别是碳质量分数。

有些 Mo 含量高的模具钢，由于容易氧化、脱碳，在一段时间内限制了其推广应用，直到热处理工艺装备发展以后，采用特种热处理工艺，如真空热处理、可控气氛热处理、盐浴热处理等，才有效防止了氧化、脱碳，使这类模具钢顺利得到推广应用。

4. 模具钢的冶金质量要求

高的冶金质量才能发挥钢的基本特性。模具钢的内部冶金质量与它的基本性能具有同等的重要意义，在研究性能的同时，必须研究冶金质量影响因素。一般较常遇到的模具钢的内在质量问题有以下几个方面：

(1) 化学成分的均匀性。模具钢通常是含有多元素的合金钢，钢在锭模中从液态凝固时，由于选向结晶的缘故，钢液中各种元素在凝固的结构中分布不均匀而形成偏析，这种化学成分的偏析将造成组织和性能的差异，它是影响钢材质量的重要因素之一。降低钢的偏析度，可以有效地提高钢的性能。近些年来，国内外很多冶金厂都致力于研究生产成分均匀、组织细化的钢材。

(2) 有害元素的含量。硫和磷在钢凝固过程中形成磷化物和硫化物而在晶界沉淀，因而产生晶间脆性，使钢的塑性降低，过高的 P、S 含量，会使钢锭在轧制时易产生裂纹，而且会大大降低钢的力学性能。日本的松田幸纪等人研究了 P、S 含量对含 $w(Cr)5\%$ 热作模具钢(H13)的韧性和热疲劳性能的影响，结果表明，如将 $w(P、S)$ 的含量从 0.025% 和 0.010% 降到 0.005% 和 0.001% 时，其热疲劳裂纹的长度和数量将减少一半。日立金属公司将 SKD61 钢中的 $w(P)$ 含量从 0.03% 降到 0.001%，可使钢在 45HRC 时的冲击韧度由 39.2 J/cm^2 提高到 127.5 J/cm^2。此外，降低钢中的 P、S 含量还可以有效地提高钢的等向性。

(3) 钢中的非金属夹杂物。质量良好的钢材不仅化学成分要符合技术标准的规定，并且钢中的非金属夹杂物的含量也要尽可能地少，因为非金属夹杂物在钢中所占的体积虽然很小，但对钢材的性能影响却很大。减少钢中的非金属夹杂物是炼钢的主要任务之一。通常所指的钢中的非金属夹杂物主要是指铁及其他合金元素与氧、硫、氮等作用所形成的化合物，如 FeO、MnO、Al_2O_3、SiO_2、FeS、MnS、AlN、VN 等，以及在炼钢和浇注时带入的耐火材料，后者的成分也主要是 Si、Al、Fe、Cr、Ca、Mg 等的氧化物。钢中的非金属夹杂物就其来源可以分为内在夹杂物和外来夹杂物，内在夹杂物是钢在液态及凝固过程中形成的化合物。

钢中的非金属夹杂物在某种意义上可以看成是一定尺寸的裂纹，它破坏了金属的连续性，引起应力集中，在外界应力的作用下，裂纹延伸很容易发展扩大而导致性能降低。塑性夹杂物的存在，随着锻轧过程延展变形，致使钢材产生各向异性。同时夹杂物抛光过程中的剥落，提高了模具的表面粗糙度。因此，对于大型和重要的模具来说，提高钢的纯净度是十分重要的。

(4) 白点。白点是热轧钢坯和大型锻件中比较常见的缺陷，是钢的内部破裂的一种。白点的存在对钢的性能有极为不利的影响，这种影响主要表现在使钢的力学性能降低，热处理时使锻件淬火开裂，或使用时发展成更为严重的破坏事故，所以，在任何情况下，都不能使用有白点的锻件。不同的钢对白点的敏感程度是不同的，一般认为容易发生白点的钢有铬钢、铬铝钢、锰钢、锰铝钢、铬镍铝钢、铬钨钢等。其中以含 $w(C)$ 大于 0.30%、$w(Cr)$ 大于 1%、$w(Ni)$ 大于 2.5% 的马氏体铬镍钢及铬镍铝钢等对白点的敏感性最强。

白点的形成原因是钢中的氢的脱溶析出聚集，在钢的纵断面上形成银亮白色粗晶状的圆形或椭圆形的斑点。它往往使锻件和坯材的内部产生裂纹。模具钢 5CrNiMo、5CrMnMo 等最容易发生白点，增加碳化物元素 Cr、Mo 和 V 后可以降低白点的敏感性。这类钢在生产中一定要注意脱气和加强大锻件的锻后缓冷或去氢退火。

(5) 氧含量。对模具钢一般都未规定钢中允许的气体含量。随着氧含量的增加，氧化物的颗粒和数量都随之增加，钢的耐疲劳性能降低，热裂纹也容易产生。有人曾对 4Cr5MoSiV1 钢进行过试验，氧含量最好不超过 1.5×10^{-5}，如日本山阳特殊钢公司规定高纯净度钢氧含量不大于 1.0×10^{-5}。因此，近年来，为了提高模具的制造质量，国内外的模具钢逐渐在向低氧含量的方向发展。

(6) 碳化物的不均匀度。碳化物是绝大多数模具钢的必需组分,除可溶于奥氏体的碳化物外,还会有部分不能溶于奥氏体的残留碳化物。碳化物的尺寸、形态、分布对模具钢的使用性能等有十分重要的影响。碳化物的尺寸、形状和分布与钢的冶炼方法、钢锭的凝固条件以及热加工变形条件等有关。过共析钢的碳化物可能在晶界形成网状碳化物,或是在加工变形中碳化物被拉长而形成带状碳化物,或者二者兼有。莱氏体模具钢中存在一次碳化物和二次碳化物,在热变形的过程中,网状的共晶碳化物大多可以破碎,碳化物先沿变形方向延伸产生带状,随着变形程度的增加,碳化物变得均匀、细小。

碳化物的不均匀性对淬火变形、开裂、钢材的力学性能的影响较大。表 3-13 中的数据说明,莱氏体钢的尺寸愈大,碳化物的不均匀度愈严重,在淬火后,力学性能更差,其中横向性能下降最多,抗弯强度为纵向的 1/2。碳化物的偏析严重,对重载和带尖齿的模具的寿命影响极大。用 Cr12MoV 钢制搓丝板,如碳化物的不均匀度为 5~6 级,使用寿命很短。

表 3-13　Cr12 钢碳化物偏析对冲击韧性的影响

碳化物均匀度的等级	无缺口冲击韧度/(J/cm^2)			
	α_k			平均值
2 级	24.5	35.8	37.2	32.5
4 级	27.0	30.5	31.9	29.6
6 级	19.9	20.2	20.2	20.7

注: 1. 钢种为 Cr12 钢。
　　2. 试样 1025℃淬火,250℃回火,58~60 HRC。
　　3. 试样均为纵向,尺寸为 10 mm × 10 mm × 55 mm。

(7) 偏析。偏析即钢的成分与组织不均匀性的表现,这是在模具钢的低倍组织的检验中常存在的一种缺陷,是钢锭在凝固过程中形成的,与钢的化学成分和浇注温度等有关。一般分为树枝状的偏析、方形偏析、点状偏析等。由于树枝状的偏析的存在,使钢在各个不同方向的力学性能表现出明显的差异。方形偏析是由于铸锭结晶时,在柱状晶的末端与锭心等轴晶区之间聚集了较多的杂质和孔隙而形成的。严重的方形偏析,对钢材质量的影响是显著的,特别是对切削加工量很大的零件或心部受力的模具零件。偏析除了影响模具钢力学性能的等向性外,对模具的抛光性能也有一定的影响。因此,国外相关的标准中对偏析有严格的规定。

(8) 疏松。疏松是钢的不致密性的表现。疏松多数出现在钢锭的上部及中部,因为在这些地方集中了较多的杂质和气体。疏松缺陷的存在降低了钢的强度和韧性,也严重地影响了加工后表面的粗糙度。在一般的模具钢中,疏松的影响不是特别大,但冷轧辊、大型的模块、冲头和塑料成型模具零件等都对疏松有较严格的要求,如深型腔的锻模和冲头要求疏松不超过 1 级或 2 级,用于表盘或透光件等的塑料模具用钢要求疏松不超过 1 级。

3.3.2　模具材料的质量检验

1. 宏观检验

模具钢的宏观检验是用肉眼或在不大于 10 倍的放大镜下检查钢材表面或断面,以确定钢材组织缺陷及质量的方法。宏观检验的方法分酸浸检验及断口检验两种。

　　(1) 酸浸检验。酸浸检验是常用的、最简单的宏观质量检验方法。酸浸法分热酸浸法和冷酸浸法。热酸浸法可以检查钢中的偏析、疏松、枝晶、白点和发纹等。

　　酸浸法取样部位应有代表性，所取试样必须是钢锭中缺陷最严重的部位，钢锭头、尾部是宏观缺陷比较集中的位置。对一般要求的模具可在头部冒口附近取样，质量要求高时，应该在头部和尾部同时取样。

　　模具的工作部位一般都在钢材中心，因此对钢材中心的致密度要求较高，对中心疏松都要认真检验，并有较严格的规定。对尺寸较大的模具，还应检查枝状晶组织。

　　用酸浸法显示的常见宏观缺陷见表 3-14。

表 3-14　钢材中的常见宏观缺陷

缺陷名称	形成原因	宏观特征
偏析	浇注凝固过程中，由于选择结晶和扩散作用引起某些元素的聚集，造成化学成分不均匀。根据分布的不同位置，可分为锭型、中心和点状偏析等	在酸浸试样上，当偏析是易蚀物质或气体夹杂聚集时，呈颜色深暗、形状不规则、略行凹陷、底部平坦并有很多密集微孔斑点；如为抗蚀元素聚集，则呈颜色浅淡、形状不规则、比较光滑的微凸斑点
疏松	钢在凝固过程中，由于低熔点物质最后凝固收缩和放出气体产生空隙，而在热加工过程中未能焊合。根据其分布情况，可分为中心疏松和一般疏松两类	在横向热酸浸面上，孔隙呈不规则的多边形，底部呈尖窄的凹坑，这种凹坑通常多出现在偏析斑点之内，严重时，有连成海绵状的趋势
夹杂	外来金属夹杂：在浇注过程中，金属条、金属块、金属片落入锭模中或冶炼末期加入的铁合金未熔化	在浸蚀片上，多呈边缘清晰、颜色与周围显著不同的几何形状
	外来非金属夹杂：在浇注过程中，没来得及浮出的熔渣或剥落到钢液中的炉衬和浇注系统内壁的耐火材料	较大的非金属夹杂物很好辨认，而较小的夹杂物腐蚀后剥落，留下细小的呈圆形的小孔
	翻皮：底注钢锭浇注过程中的表面上半凝固的薄膜卷入钢液中去	在酸浸试样上，呈颜色与周围不同、形状不规则的弯曲狭长条带，周边常有氧化物夹杂和气孔存在
缩孔	钢锭或铸件浇注时，心部的液体由于最后冷凝时体积收缩未得到补充，在铸锭头部或铸件中形成宏观孔穴	在横向酸浸试样上，缩孔位于中心部位，其周围常是偏析、夹杂或疏松密集的地方。有时在浸蚀前就可看到洞穴或缝隙，浸蚀后孔穴部分变暗，呈不规则折皱的孔洞
气泡	钢锭浇注过程中所产生和放出的气体造成的缺陷	在横向试样上，呈与表面大致垂直的裂缝，附近略有氧化和脱碳现象。在表面以下的位置存在皮下气泡，较深的皮下气泡称为针孔。在锻轧过程中，这些未氧化也未焊合的气孔被延伸成细管状，横截面上呈孤立的小针孔。在横截面上类似于排列规律的点状偏析，但颜色较深者为内部蜂窝气泡

缺陷名称	形成原因	宏观特征
白点	一般认为是氢和组织应力的作用，钢中的偏析和夹杂也有一定的影响，属于裂缝的一种	在横向热酸浸试样上，呈细短裂缝；在纵向断口上则是粗晶状的银亮白点
裂缝	轴心晶间裂缝：当枝状组织较严重时，大尺寸钢坯沿枝状组织主、枝干间产生裂缝	在横截面上，轴心位置沿晶间开裂，呈蛛网状，严重时呈放射状开裂
	内裂：由于锻轧工艺不当而产生的开裂	
折叠	钢材或钢锭的表面斑疤凹凸不平及尖端的棱角，在锻轧中叠附在钢材上，或由于孔型设计或操作不当生成耳子，在继续轧制时叠合而成	在横向热酸浸试样上，与钢的表面呈斜交的裂缝，附近有较严重的脱碳，缝内常夹有氧化物鳞屑

(2) 断口检验。断口检验也是一种重要的宏观分析手段，可以提供某些损坏的直观证据，从而发现钢材本身和模具制造中的问题。非金属夹杂物、内裂、气泡、缩孔及疏松也可以利用断口进行检验。

国家标准 GB/T 1299—2014《工模具钢》规定：热轧和锻制钢材，表面不得有肉眼可见的裂缝、折叠、结疤和夹杂。如有上述缺陷必须清除，深度在公差之半范围内的其他轻微表面缺陷可不清除；冷拉钢材表面应洁净、光滑，不应有裂纹、折叠、结疤、夹杂和氧化皮。经热处理的冷拉钢材表面允许有氧化色或轻微氧化层；交货状态钢材的断口组织应均匀、晶粒细致，不得有肉眼可见的缩孔、夹杂、分层、裂纹、气泡和白点。根据需方要求，经供需双方协议并于合同中注明，交货状态钢材可检验酸浸低倍组织。在酸浸低倍试片上不得有肉眼可见的缩孔、夹杂、分层、裂纹、气泡及白点。中心疏松及锭型偏析按本标准第 4 级别图评定，其合格级别按双方协议。检验酸浸低倍组织的钢材，不再做断口检验。

2. 显微组织检验

显微组织检验是控制模具钢质量的必要手段之一。通过在光学显微镜或其他显微镜下观察钢材组织，根据有关标准和规定判断质量和生产工艺是否合格或完善，并分析产生某些缺陷的原因。

金相检验取样应有一定的代表性。取横截面试样主要观察从边缘到中心的组织变化、表面缺陷，如脱碳、氧化、过烧、折叠、晶粒度大小的测定等；取纵向试样主要观察非金属夹杂物、晶粒变形程度、带状组织等。

国家标准 GB/T 1299—2014《工模具钢》规定：对退火状态交货的 9SiCr、CrWMn 等钢材，应检验珠光体组织及网状碳化物，并按标准中的评级图予以评定及控制；对热压力加工用钢，不必检验珠光体组织及网状碳化物；对退火状态交货的 Cr12、Cr12MoV、Cr12Mo1V1(D2)、6W6Mo5Cr4V 和 6Cr4W3Mo2VNb 钢，应检验共晶碳化物不均匀度，并按标准中的级别图予以评级及控制；对热轧和锻制钢材，应检验脱碳层，总脱碳层允许深度见表 3-15，经供需双方协议可按工组供应；对冷拉钢材，单边脱碳层不能大于公称尺寸的 1.5%(含硅钢不大于其公称尺寸的 2%)，银亮钢表面不允许有脱碳层，扁钢及截面尺寸大于 150 mm 的钢材总脱碳层按供需双方协议执行。

表 3-15 总脱碳层允许深度

钢材截面尺寸/mm	总脱碳层深度/mm	
	Ⅰ 组	Ⅱ 组
5～150	<0.25%+1%D	<0.20%+2%D[①]

注：① D 为钢材截面公称尺寸。

根据需方要求，对合金工具钢可增加非金属夹杂、晶粒度和淬透性等项目的检验，具体试验方法、试样个数、评级标准以及合格级别等均按供需双方协议执行。

3.3.3 我国模具钢的技术要求

我国的合金工具钢经过几十年的发展，逐渐形成了比较完整的标准系列，现行国家标准是 GB/T 1299—2014《工模具钢》。

1. 钢号系列和化学成分

GB/T 1299—2014《工模具钢》规定的钢号系列和化学成分，见前述表 3-2～表 3-8。

2. 低倍组织

GB/T 1299—2014《工模具钢》规定：钢材应检验酸浸低倍组织，在酸浸低倍试片上不得有肉眼可见的缩孔、夹杂、分层、裂纹、气泡和白点，中心疏松和锭型偏析。圆钢及方钢的低倍缺陷及其合格级别见表 3-16。扁钢的低倍缺陷及其合格级别见表 3-17。非合金工具钢珠光体组织合格级别见表 3-18。非合金工具钢网状碳化物合格级别见表 3-19。冷作模具钢共晶碳化物不均匀度合格级别见表 3-20。非金属夹杂物合格级别见表 3-21。热轧和锻制钢材总脱碳层深度见表 3-22。冷拉钢材总脱碳层深度见表 3-23。超声检测允许缺陷尺寸的极限值见表 3-24。超声检测允许缺陷数量的极限值见表 3-25。超声检测的合格级别见表 3-26。

表 3-16 圆钢及方钢的低倍缺陷及其合格级别

钢材直径或边长/mm	1 组		2 组	
	中心疏松	锭型偏析	中心疏松	锭型偏析
	合格级别，不大于/级			
≤80	2.0	2.0	3.0	3.0
>80～150	2.5	3.0	3.5	3.0
>150～250	3.0	3.0	4.0	4.0
>250～400	3.5	3.0	4.5	4.0
>400	协议	协议	协议	协议

表 3-17　扁钢的低倍缺陷及其合格级别

钢材厚度/mm		1组		2组	
		中心疏松	锭型偏析	中心疏松	锭型偏析
		合格级别，不大于/级			
热轧扁钢	≤60	3.0	3.0	4.0	4.0
	60～120	3.5	3.0	4.5	4.0
	>120	协议	协议	协议	协议
锻制扁钢	160～250	3.0	3.0	4.0	4.0
	>250～400	3.5	3.0	4.5	4.0
	>400	协议	协议	协议	协议

表 3-18　非合金工具钢珠光体组织合格级别

牌　号	合格级别/级
T7、T8、T8Mn、T9	1～5
T10、T11、T12、T13	2～4

表 3-19　非合金工具钢网状碳化物合格级别

钢材公称尺寸/mm	合格级别，不大于/级
≤60	2
>60～100	3
>100	协议

表 3-20　冷作模具钢共晶碳化物不均匀度合格级别 [a]

钢材直径或边长/mm	共晶碳化物不均匀度合格级别	
	1组	2组
	合格级别，不大于/级	
≤50	3	4
>50～70	4	5
>70～120	5	6
>120～400	6	协议
>400	协议	协议

a：扁钢的合格级别由供需双方协商确定。

表 3-21　非金属夹杂物合格级别

非金属夹杂物类别	1组		2组	
	细系	粗系	细系	粗系
	合格级别，不大于/级			
A[a]	1.5	1.5	2.5	2.0
B	1.5	1.5	2.5	2.0
C	1.0	1.0	1.5	1.5
D	2.0	1.5	2.5	2.0

根据需方要求，可检验 DS 类非金属夹杂物，其合格级别由供需双方协商确定。

a：4Cr2Mn1MoS、8Cr2MnWMoVS 和 5CrNiMnMoVSCa 等易切削塑料模具钢不检验 A 类夹杂物。

表 3-22 热轧和锻制钢材总脱碳层深度 单位：mm

钢材直径或边长	总脱碳层深度，不大于	
	1 组	2 组
5～150	0.25+1%D	0.20+2%D
>150	双方协议	

注：D 为钢材截面公称尺寸。

表 3-23 冷拉钢材总脱碳层深度 单位：mm

钢类	分组	总脱碳层深度，不大于
非合金工具钢	≤16 mm	1.5%D
	>16 mm	1.3%D
	高频淬火用	1.0%D
其他	不含硅钢	公称尺寸的 1.5%
	含硅钢	公称尺寸的 2.0%

注：D 为钢材截面公称尺寸。

表 3-24 超声检测允许缺陷尺寸的极限值

缺陷尺寸级别	单个缺陷平底孔直径 [a]/mm	连续缺陷平底孔直径 [b]/mm	连续缺陷最大长度 [c]/mm
A	14	10	80
B	10	7	60
C	7	5	40
D	5	3	30
E	3	2	30

a：根据订货所要求的缺陷尺寸级别，单个缺陷直径的距离应大于或等于所要求的平底孔直径的 5 倍，否则，该缺陷被视为连续缺陷。

b：平底孔缺陷尺寸的级差应为 6 dB 的振幅。

c：如果最大连续缺陷长度超过标准级别，可考虑增加数量等级。例如：缺陷连续长度为 160 mm A 级，则数量等级为 160：80 = 2。

表 3-25 超声检测允许缺陷数量的极限值

缺陷数量级别	单个缺陷数量	连续缺陷数量
	个数，不大于	
a	32	16
b	16	8
c	8	4
d	4	2
e	2	1

表 3-26　超声检测的合格级别

钢材直径、边长或厚度/mm	合格级别	
	1 组	2 组
≤150 ᵃ	E/e	E/d
>150~250	E/d	D/d
>250~400	D/d	C/c
>400	C/c	B/b
a: 在供方满足要求的前提下，可以坯代材或不做超声检查。		

3. 交货状态

国家标准 GB/T 1299—2014《工模具钢》规定：工具钢材一般以退火状态交货，但 SM45、SM50、SM55、2Cr25Ni20Si2 及 7Mn15Cr2Al3V2Mo 钢一般以热轧或热锻状态交货，非合金工具钢可退火后冷拉交货。根据需方要求，并在合同中注明，塑料模具钢材、热作模具钢材、冷作模具钢材及特殊用途模具钢材可以预硬化状态交货。

4. 硬度

国家标准 GB/T 1299—2014《工模具钢》规定：交货状态钢材的硬度值和试样的淬火硬度值应符合表 3-27～表 3-34 的规定。供方若能保证试样淬火硬度值符合表 3-27～表 3-34 的规定时，可不做检验。截面尺寸小于 5 mm 的退火钢材不做硬度试验。根据需方要求，可做拉伸或其他试验，技术指标由供需双方协商规定。

表 3-27　刃具模具用非合金钢交货状态的硬度值和试样的淬火硬度值

序号	统一数字代号	牌号	退火交货状态的钢材硬度，不大于/HBW	试样淬火硬度		
				淬火温度/℃	冷却剂	洛氏硬度,不小于/HRC
1-1	T00070	T7	187	800~820	水	62
1-2	T00080	T8	187	780~800	水	62
1-3	T01080	T8Mn	187	780~800	水	62
1-4	T00090	T9	192	760~780	水	62
1-5	T00100	T10	197	760~780	水	62
1-6	T00110	T11	207	760~780	水	62
1-7	T00120	T12	207	760~780	水	62
1-8	T00130	T13	217	760~780	水	62
非合金工具钢材退火后冷拉交货的布氏硬度应不大于 HBW241。						

表 3-28　量具刃具用钢交货状态的硬度值和试样的淬火硬度值

序号	统一数字代号	牌号	退火交货状态的钢材硬度/HBW	试样淬火硬度		
				淬火温度/℃	冷却剂	洛氏硬度,不小于/HRC
2-1	T31219	9SiCr	197～241[a]	820～860	油	62
2-2	T30108	8MnSi	≤229	800～820	油	60
2-3	T30200	Cr06	187～241	780～810	水	64
2-4	T31200	Cr2	179～229	830～860	油	62
2-5	T31209	9Cr2	179～217	820～850	油	62
2-6	T30800	W	187～229	800～830	水	62

a: 根据需方要求,并在合同中注明,制造螺纹刃具用钢为 HBW187～HBW229。

表 3-29　耐冲击工具用钢交货状态的硬度值和试样的淬火硬度值

序号	统一数字代号	牌号	退火交货状态的钢材硬度/HBW	试样淬火硬度		
				淬火温度/℃	冷却剂	洛氏硬度,不小于/HRC
3-1	T40294	4CrW2Si	179～217	860～900	油	53
3-2	T40295	5CrW2Si	207～255	860～900	油	55
3-3	T40296	6CrW2Si	229～285	860～900	油	57
3-4	T40356	6CrMnSi2MolV[a]	≤229	667℃±15℃预热,885℃(盐浴)或 900℃(炉控气氛)±6℃加热,保温 5～15 min 油冷,58～204℃回火		58
3-5	T40355	5Cr3MnSiMolV[a]	≤235	667℃±15℃预热,941℃(盐浴)或 955℃(炉控气氛)±6℃加热,保温 5～15 min 油冷,56～204℃回火		56
3-6	T40376	6CrW2SiV	≤225	870～910	油	58

注: 保温时间指试样达到加热温度后保持的时间。

a: 试样在盐浴中保持时间为 5 min,在炉控气氛中保持时间为 5～15 min。

表 3-30　轧辊用钢交货状态的硬度值和试样的淬火硬度值

序号	统一数字代号	牌号	退火交货状态的钢材硬度/HBW	试样淬火硬度		
				淬火温度/℃	冷却剂	洛氏硬度,不小于/HRC
4-1	T42239	9Cr2V	≤229	830～900	空气	64
4-2	T42309	9Cr2Mo	≤229	830～900	空气	64
4-3	T42319	9Cr2MoV	≤229	880～900	空气	64
4-4	T42518	8Cr3NiMoV	≤269	900～920	空气	64
4-5	T42519	9Cr5NiMoV	≤269	930～950	空气	64

表 3-31　冷作模具用钢交货状态的硬度值和试样的淬火硬度值

序号	统一数字代号	牌号	退火交货状态的钢材硬度/HBW	试样淬火硬度		
				淬火温度/℃	冷却剂	洛氏硬度，不小于/HRC
5-1	T20019	9Mn2V	≤229	780～810	油	62
5-2	T20299	9CrWMn	197～241	800～830	油	62
5-3	T21290	CrWMn	207～255	800～830	油	62
5-4	T20250	MnCrWV	≤255	790～820	油	62
5-5	T21347	7CrMn2Mo	≤235	820～870	空气	61
5-6	T21355	5Cr8MoVSi	≤229	1000～1050	油	59
5-7	T21357	7CrSiMnMoV	≤235	870～900℃油冷或空冷，150℃±10℃回火空冷		60
5-8	T21350	Cr8Mo2SiV	≤255	1020～1040	油或空气	62
5-9	T21320	Cr4W2MoV	≤269	960～980 或 1020～1040	油	60
5-10	T21386	6Cr4W3Mo2VN[b]	≤255	1100～1160	油	60
5-11	T21836	6W6Mo5Cr4V	≤269	1180～1200	油	60
5-12	T21830	W6Mo5Cr4V2[a]	≤255	730～840℃预热，1210～1230℃(盐浴或控制气氛)加热，保温 5～15 min 油冷，540～560℃回火两次(盐浴或控制气氛)，每次 2 h		64(盐溶) 63(炉控气氛)
5-13	T21209	Cr8	≤255	920～980	油	63
5-14	T21200	Cr12	217～269	950～1000	油	60
5-15	T21290	Cr12W	≤255	950～980	油	60
5-16	T21317	7Cr7Mo2V2Si	≤255	1100～1150	油或空气	60
5-17	T21318	Cr5Mo1V[a]	≤255	790℃±15℃预热，940℃(盐浴)或 950℃(炉控气氛)±6℃加热，保温 5～15 min 油冷；200℃±6℃回火一次，2 h		60
5-18	T21319	Cr12MoV	207～255	950～1000	油	58
5-19	T21310	Cr12Mo1V1[b]	≤255	820℃±15℃预热，1000℃(盐浴)±6℃或 1010℃(炉控气氛)±6℃加热，保温 10～20 min 空冷，200℃±6℃回火一次，2 h		59

注：保温时间指试样达到加热温度后保持的时间。

a：试样在盐浴中保持时间为 5 min，在炉控气氛中保持时间为 5～15 min。

b：试样在盐浴中保持时间为 10 min，在炉控气氛中保持时间为 10～20 min。

表 3-32　热作模具用钢交货状态的硬度值和试样的淬火硬度值

序号	统一数字代号	牌号	退火交货状态的钢材硬度/HBW	试样淬火硬度		
				淬火温度/℃	冷却剂	洛氏硬度/HRC
6-1	T22345	5CrMnMo	197～241	820～850	油	b
6-2	T22505	5CrNiMo	197～241	830～860	油	b
6-3	T23504	4CrNi4Mo	≤285	840～870	油或空气	b
6-4	T23514	4Cr2NiMoV	≤220	910～960	油	b
6-5	T23515	5CrNi2MoV	≤255	850～880	油	b
6-6	T23535	5Cr2NiMoVSi	≤255	960～1010	油	b
6-7	T42208	8Cr3	207～255	850～880	油	b
6-8	T23274	4Cr5W2VSi	≤229	1030～1050	油或空气	b
6-9	T23273	3Cr2W8V	≤255	1075～1125	油	b
6-10	T23352	4Cr5MoSiV[a]	≤229	790℃±15℃预热，1010℃(盐浴)或 1020℃(炉控气氛)±6℃加热，保温 5～15 min 油冷，550℃±6℃回火两次，每次 2 h		b
6-11	T23353	4Cr5MoSiV1[a]	≤229	790℃±15℃预热，1000℃(盐浴)或 1010℃(炉控气氛)±6℃加热，保温 5～15 min 油冷，550℃±6℃回火两次，每次 2 h		b
6-12	T23354	4Cr3Mo3SiV[a]	≤229	790℃±15℃预热，1010℃(盐浴)或 1020℃(炉控气氛)±6℃加热，保温 5～15 min 油冷，550℃±6℃回火两次，每次 2 h		b
6-13	T23355	5Cr4Mo3SiMnVA1	≤255	1090～1120	b	b
6-14	T23364	4CrMnSiMoV	≤255	870～930	油	b
6-15	T23375	5Cr5WMoSi	≤248	990～1020	油	b
6-16	T23324	4Cr5MoWVSi	≤235	1000～1030	油或空气	b
6-17	T23323	3Cr3Mo3W2V	≤255	1060～1130	油	b
6-18	T23325	5Cr4W5Mo2V	≤269	1100～1150	油	b
6-19	T23314	4Cr5Mo2V	≤220	1000～1030	油	b
6-20	T23313	3Cr3Mo3V	≤229	1010～1050	油	b
6-21	T23314	4Cr5Mo3V	≤229	1000～1030	油或空气	b
6-22	T23393	3Cr3Mo3VCo3	≤229	1000～1050	油	b

注：保温时间指试样达到加热温度后保持的时间。

a：试样在盐溶中保持时间为 5 min，在炉控气氛中保持时间为 5～15 min。

b：根据需方要求，并在合同中注明，可提供实测值。

表 3-33　塑料模具用钢交货状态的硬度值和试样的淬火硬度值

序号	统一数字代号	牌号	交货状态的钢材硬度		试样淬火硬度		
			退火硬度，不大于/HBW	预硬化硬度 HRC	淬火温度/℃	冷却剂	洛氏硬度，不小于/HRC
7-1	T10450	SM45	热轧交货状态硬度 155～215		—	—	—
7-2	T10500	SM50	热轧交货状态硬度 165～225		—	—	—
7-3	T10550	SM55	热轧交货状态硬度 170～230		—	—	—
7-4	T25303	3Cr2Mo	235	28～36	850～880	油	52
7-5	T25553	3Cr2MnNiMo	235	30～36	830～870	油或空气	48
7-6	T25344	4Cr2Mn1MoS	235	28～36	830～870	油	51
7-7	T25378	8Cr2MnWMoVS	235	40～48	860～900	空气	62
7-8	T25515	5CrNiMnMoVSCa	255	35～45	860～920	油	62
7-9	T25512	2CrNiMoMnV	235	30～38	850～930	油或空气	48
7-10	T25572	2CrNi3MoAl	—	38～43	—	—	—
7-11	T25611	1Ni3MnCuMoAl	—	38～42	—	—	—
7-12	A64060	06Ni6CrMoVTiAl	255	43～48	850～880℃固溶，油或空冷 500～540℃时效，空冷		实测
7-13	A64000	00Ni18Co8Mo5TiAl	协议	协议	805～825℃固溶，空冷 460～530℃时效，空冷		协议
7-14	S42023	2Cr13	220	30～36	1000～1050	油	45
7-15	S42043	4Cr13	235	30～36	1050～1100	油	50
7-16	T25444	4Cr13NiVSi	235	30～36	1000～1030	油	50
7-17	T25402	2Cr17Ni2	285	28～32	1000～1050	油	49
7-18	T25303	3Cr17Mo	285	33～38	1000～1040	油	46
7-19	T25513	3Cr17NiMoV	285	33～38	1030～1070	油	50
7-20	S44093	9Cr18	255	协议	1000～1050	油	55
7-21	S46993	9Cr18MoV	269	协议	1050～1075	油	55

表3-34　特殊用途模具用钢交货状态的硬度值和试样的淬火硬度值

序号	统一数字代号	牌号	交货状态的钢材硬度	试样淬火硬度	
			退火硬度/HBW	热处理制度	洛氏硬度，不小于/HRC
8-1	T26377	7Mn15Cr2Al3V2WMo	—	1170～1190℃固溶，水冷 650～700℃时效，空冷	45
8-2	S31049	2Cr25Ni20Si2	—	1040～1150℃固溶，水或空冷	a
8-3	S51740	0Cr17Ni4Cu4Nb	协议	1020～1060℃固溶，空冷 470～630℃时效，空冷	a
8-4	H21231	Ni25Cr15Ti2MoMn	≤300	950～980℃固溶，水或空冷 720℃+620℃时效，空冷	a
8-5	H07718	Ni53Cr19Mo3TiNb	≤300	980～1000℃固溶，水、油或空冷 710～730℃时效，空冷	a

a：根据需方要求，并在合同中注明，可提供实测值。

5. 脱碳

美国、中国、日本都将脱碳列为必检项目，德国只有脱碳检验的方法，但没有做规定。我国标准规定对脱碳层深度采用线性公式，美国标准和日本标准都是按钢材截面尺寸分组距做出不同规定，显然我国所用线性公式较为科学合理。《工模具钢》(GB/T 1299—2014)标准对脱碳层深度做了具体规定，热轧和锻制钢材总脱碳层深度见表3-22，冷拉钢材总脱碳层深度见表3-23。

6. 高倍组织

我国《工模具钢》(GB/T 1299—2000)标准中规定了珠光体组织、网状碳化物和共晶碳化物不均匀度三套金相评级标准与合格级别。美国标准未做规定，日本与德国标准将此项作为双方协议项目。《工模具钢》(GB/T 1299—2000)规定对珠光体组织、网状碳化物、共晶碳化物不均匀度进行检验。

1) 珠光体组织

(1) 退火状态交货的9SiCr、Cr2、CrWMn、9CrWMn、Cr06、W和9Cr2钢应检验珠光体组织，并按GB/T 1299—2000标准所附第一级别评定，合格级别为1～5级。制造螺纹刃具用的9SiCr退火钢材，其珠光体组织合格级别为2～4级。

(2) 退火状态交货的CrWMn、Cr2、Cr06和9SiCr钢应检验网状碳化物，并按GB/T 1299—2000标准所附第二级别评定。截面尺寸不大于60 mm^{2}的CrWMn、Cr2、Cr06和9SiCr钢材，其合格级别不大于3级。制造螺纹刃具用的不大于60°的9SiCr退火钢材，其网状碳化物的合格级别不大于2级。

2) 共晶碳化物不均匀度

退火状态交货的Cr12、Cr12MoV、Cr12Mo1V1、6W6Mo5Cr4V和6Cr4W3Mo2VNb钢应

检验共晶碳化物不均匀度，并按 GB/T 14979—1994《钢的共晶碳化物不均匀度评定法》标准的第四级别评定，其合格级别应符合表 3-35 的规定。

表 3-35 对共晶碳化物合格级别的规定(摘自 GB/T 14979—1994)

钢材直径或边长/mm	共晶碳化物不均匀度合格级别/级≤	
	I 组	II 组
≤50	3	4
50～70	4	5
70～120	5	6
>120	6	协议

钢的共晶碳化物
不均匀度评定法

7. 钢材的表面质量

1) 供压力加工用的热轧和锻制钢材

供压力加工用的热轧和锻制钢材，表面不得有内眼可见的裂纹、折叠、结疤和夹杂。如有上述缺陷必须清除，清除深度从钢材实际尺寸算起，应符合表 3-36 的规定，清除宽度不小于深度的 5 倍。深度在公差之半范围内的其他轻微表面缺陷可不清除。美国、日本等国的标准均有相应的规定。如日本标准规定，钢材应加工良好，不得有影响使用的缺陷。德国标准规定，表面状态应按加工余量不同的等级交货，在加工余量范围内允许存在表面缺陷和边缘脱碳。

表 3-36 热轧和锻制钢材表面缺陷允许清除的深度

钢材直径或边长/mm	同截面允许清除深度
≤80	公差之半
80～140	公差
>140	钢材截面尺寸的公差

2) 供切削加工用的热轧和锻制钢材

供切削加工用的热轧和锻制钢材，表面允许有从钢材公称尺寸算起深度不大于表 3-37 规定的缺陷。

表 3-37 切削用钢材表面局部缺陷允许深度

钢材截面尺寸/mm	局部缺陷允许的深度
<80	公差之半
≥80	公差

3) 冷拉钢材

冷拉钢材表面应洁净、光滑，不应有裂纹、折叠、结疤、夹杂和氧化铁皮。经热处理的冷拉钢材表面允许有氧化色或轻微氧化层。9 级和 10 级精度的冷拉钢材表面，不得有任何缺陷。11 级和 12 级精度的冷拉钢材表面，允许有深度不大于从实际尺寸算起的该公称尺寸公差的麻点、个别划痕、发纹、凹面等缺陷。银亮钢应符合 GB/T3207 的规定。

在冷拉钢材方面，美国的标准规定的较严，即表面缺陷在允许公差范围内清除之后才符合要求。

8. 特殊要求

根据需方的要求，供需双方协议，合金模具钢可以增加其他的检验项目，评级的标准、试验方法和合格的标准由双方协商，主要有非金属夹杂物、晶粒度、淬透性等。

近些年来，随着模具工业的发展，对模具钢提出了更高的要求，非金属夹杂物的检验已经非常普遍。另外，对锻材应该规定探伤，尤其是 Cr12 型的冷作模具钢、热作模具钢等，应尽早纳入标准。

3.4　模具材料的选用原则

3.4.1　满足模具的使用性能和工艺性能

材料的选择和使用，一直是制造业的一个难题，因为影响因素多，彼此关系复杂。

在模具及其零件的设计、制造过程中，选择何种原材料是至关重要的，因为材料是产品的基础。模具设计时，如果材料不确定，就无法安排制造、装配的加工路线和加工工艺方法，也就无法估算成本。材料影响着模具产品的功能适用性、耐用度(寿命)、可靠性(安全)。选用材料是设计师的职责。在选择原材料时，听取材料工程师、工艺师(尤其是热处理工程师)、材料供应部门的意见和建议是有益的。有时三方面需要共同工作，商讨选材影响因素的利弊得失，择优而选定。

在对模具材料的了解、熟悉、掌握和使用中，最主要的是使用。使用包括两方面：一是用于何处，某种材料制作何种模具零件最好，同样，哪一种模具零件在某种条件下，选择何种材料制作最佳；二是如何进行加工制造，使材料和零件的性能发挥到极致。上述要求，就体现在材料的使用性能和工艺性能两方面。

模具零件品种繁多，性能要求各异，归纳起来，大致有如表 3-38 所示的几点。

表 3-38　模具钢的性能要求

性　能	冷作模具钢	热作模具钢	塑料模具钢
耐磨性	◉	◉	◉
强度	◉	◉	◉
韧度	○	◉	○
硬度	◉	○	○
耐蚀性	○	○	◉
热稳定性	○	◉	◉
抗热疲劳龟裂		◉	
抗氧化性		◉	
组织均匀性各向同性	◉	◉	◉
尺寸稳定性(零件精度保持性)	◉	◉	◉
抗黏着(咬合)性、擦伤性	◉	○	○
热传导性	○	○	◉

续表

性　　能	冷作模具钢	热作模具钢	塑料模具钢
工艺性能			
可加工性(冷、热加工成型性)	◉	◉	◉
镜面性和蚀刻性			◉
淬透性	◉	◉	◉
淬硬性	◉	○	○
焊接性			
电加工性(包括线切割)		○	○

注：1. 钢的良好性能是通过正确、良好的热处理获得的。

　　2. ◉表示主要要求，○表示次要要求，空白表示可以不做要求。

对于具体模具零件而言，以上性能要求有主有次，有的甚至可以不予考虑。表 3-38 是按冷作、热作、塑料三类模具对性能要求的概括性的示意。对于具体零件而言，虽然耐磨性都是主要性能要求，但不同零件对其高耐磨的要求程度和磨损的性质特征有所不同。

模具工作时受温度的影响，如热作模具、塑料模具和某些冷作模具，在这种情况下，其力学性能如强度、硬度、韧度、疲劳等都含有高温力学性能的要求。

所谓可加工性，这里也是广义的，所以也可称为制造性、生产性，包括模具制造过程中所有的制造工艺性，如冷、热塑性变形成型性，可加工性，抛光性，蚀刻性，铸造性和焊接性等。比如，铸钢模具零件，铸造性是重要的；切削加工成型的，则可加工性是主要的；要求镜面的，抛光性很重要。

热处理工艺性，对模具零件而言，是一项极为重要的工艺性能要求，因为几乎所有的模具重要零件都需经热处理改善性能。但是如果采用钢厂已处理过的预硬化钢或非调质钢，制造过程中根本没有热处理工序，那么热处理工艺性就不必考虑了。如最终要进行渗氮等表面强化处理，则又当别论。热处理工艺性包括的内容也很多，如淬透性、淬硬性、回火稳定性、热处理变形倾向性、渗氮、渗碳等化学热处理的接受能力，氧化、脱碳、开裂敏感性等。

应该注意到，模具材料的这些性能的判断是通过有条件的、标准的试验方法获得的，它与具体零件的实际服役条件和性能要求还有一定距离。

零件对这些性能的要求，不仅有主次和程度高低的不同，而且有些性能彼此之间还是矛盾的，如硬度愈高，则强度和耐磨性(在一定条件下)也愈高，可是韧性就下降。如果零件既要求高的耐磨性又因受到冲击要求高的韧性，则需要在某一方面作出牺牲，找出一个兼顾的平衡点。

塑料模具用材料近年来发展迅速，新材料日新月异，在模具材料选择和使用方面，不像冷作、热作模具那样成熟。

3.4.2　选材的经济性

模具零件材料选择，首先要满足使用性能要求和工艺性能要求，这是毋庸置疑的。在这个前提下，还有一个较大的选择空间，因为能满足要求的材料有多种，最终选择哪一种，决定于经济性。在计划经济时代，原材料由国家统一调拨，加之科技人员的经济观念比较薄弱，以追求设计完善为唯一目标，往往不计成本。到了市场经济时代，这种设计理念必然导致产品缺乏市场竞争力。一个企业的一切技术经济活动，它的最终目标也是现实目标，就是盈利。无利可图的产品及企业必然被淘汰。

模具选材应从广义经济性或称综合经济性着手，即除了材料的采购价格外，还须考虑包装、运输、保管、特殊要求等附加费用。如果更进一步，还须考虑由于"用料考究"而使模具寿命延长及制品质量提高、使制造成本降低、生产率提高等所创造的经济效益。一套模具选材，应考虑从设计、制造、生产、使用、维修直到失效过程中的各种经济因素，包括价格、品牌、品质、标准化、广告、供料形态、服务质量、通用性等。

1. 价格

模具材料的价格，以往被作为选材经济性的唯一指标或因素，现在看来，是片面的理解。

除"名义价格"或市场价格或供应商的报价之外，还有许多费用，如原材料从市场购得或从订货到进厂检验、保管、损耗所需的费用，材料由于不同的加工、不同的品位(质)、不同的尺寸、不同的包装、运输等都有附加费用，也应计算在材料价格之内。例如，模具钢4Cr5MoSiV1(H13)，经过电渣重熔精炼的钢比一般电炉熔炼的钢要提价34%左右(目前每吨要加价33 000元左右)；即使是优质钢和高级优质钢(即带A的)，后者也要加价6%；钢材定尺，加价14%。一般加价项目有十余项，有些还需要供需双方协议定价。可见，同一钢号，不同质量、尺寸、热处理、锻造的价格相差很大。这些还仅是同一生产厂的价格，若是不同国家，不同地区，不同生产厂，其价格差异就更大了，问题也就更复杂了。

为了使人们对价格高低有个概念，国外有些国家通过模具行业协会统计出两个指标：一是价格比，即同一组性能、用途相近的钢，以某一通用材料为基准，相互比较，可排列出价格高低次序，价格高低就可比较出来，虽然是个相对数据，但高低一目了然，利于选择；二是市场性，其意为市场供应状况，采购(或订购)是否方便(采购费用高低)。在市场经济条件下，模具材料的价格是随市场供求关系的变化而波动的，所以，"价格比"参数和"市场性"参数也只是在某一地区、某一时段内有效，我国目前还没有权威机构定期发布这些数据来指导用户进行选购。

据国外统计，模具的材料费用约占模具总成本的10%~15%，而加工费用占80%以上。此点容易引起误解，以为材料价格在选材经济性方面不太重要。事实上，材料对加工费用影响极大，因为加工的难易决定于材料的工艺性，选材不当，工艺性差，或加工周期长，则加工费用明显提高。在计算成本时可以分开计算，但在评估成本时，两者是不可分割的。

原来，提到选材经济性原则时，提出经济上合理，这比单纯追求"价廉"前进了一步。但何谓"合理"？可以认为，合理即综合经济性好。优质优价是普遍规律，若采用优材，虽然材料名义价格贵，但其创造的经济效益好，就是"合理"了。

2. 品牌和名牌

现在有一个术语，大家都比较熟悉，即"性价比"。价廉物美是人们追求的目标，但价廉和物美是一对矛盾，是相对的统一，是特例。普遍的规律是优质优价。俗话说"便宜无好货，好货不便宜。"盲目迷信高价即好货当然是不对的。人们希望找到一个物美但价格又可接受的合理平衡点，使两者有最佳、最合理的结合，这是考虑购物经济性的原则。

但是，钢材的性能难以用眼观、手摸等人的感观器官去识别，虽然供应商有质保单、合格证等文件说明，可这些文件即使是真实的，也只能表明它是合格品，是符合协议标准的产品，而且这些文件上提供的性能数据是根据标准试样(一般均是小尺寸)和方法测定的值，试样尺寸和试验条件与实际情况还有一定的差距。专业技术人员都知道同一钢号不同厂家生产的产品即使都是合格品，但仍然有质量上好和更好的差别。生产企业和供应商为了占领市场，精益求精，不断提高质量、改善售前售后服务，使自己的产品优于其他同类产品；用户在实际使用和比较中，认定某一牌号是优良的、信得过的、接近"价廉物美"原则的，这就形成了品牌或名牌，在采购时，往往认定某一品牌。

在选择模具材料时，"品牌效应"是十分显著的。我国模具材料的生产和销售，在过去的计划经济时代都按国家统一的标准生产，只有一种标准牌号并以国家规定的统一价格销售，计划调拨，用户只知道钢号，也无权选择，只要是合格品就满意了。现在，我国正在向市场经济过渡，尤其是加入 WTO 后，市场竞争相当激烈，外国模具材料也进入中国市场，用户的选择权和范围也扩大了。在这种形势下，我国模具材料生产企业和代理商也重视品牌效应，纷纷打出自己的牌子，注册商标，最根本的是提高产品质量和服务质量，创立中国的名牌。

我国已出现这种现象：设计师除了在模具零件图样上的材料栏内标明某一钢号，还在备注栏内注明采用某国家某一标准的某一钢号。也有相反的情况，注明不得采用某一厂家的某一牌号(因是劣质品)。如果选材者对模具材料的市场、行情、质量、采购等不熟悉的话，认准名牌或品牌产品比较保险。在价格上，品牌、名牌要贵一些，但是，如果不慎购进伪劣产品或质量低的产品，在生产过程中频频出现废品、返修品，或造成模具质量下降，则损失更大。

3. 品质

我国钢的分类按品质分，有：普通钢、优质钢、高级优质钢(带 A)、特级优质钢(带 E)和超级优质钢(带 C)等。作为模具重要零件(工作零件或成型零件)的原材料，主要是合金工具钢和高速工具钢，都是特殊质量钢。所谓特殊质量钢，是指在生产过程中需要特别严格控制质量和性能的钢，其质量控制的指标在其所属的标准中有规定，在钢号的表示上有代表符号表明，如 A、E、C 等。外国钢号不标质量等级，而标注所用精炼方法或作了某种改进、改良，如 ESR 表示经电渣重熔，VAR 表示经真空自耗重熔，VIM 表示经真空感应炉熔炼，mod 表示作某种改进，等等。

质量愈高，价格愈贵。在选材时，要掌握"恰如其分，用得其所"，如：

(1) 清楚这些不同质量的意义何在，它们的区别和特征如何？它们对零件和模具的使用性能和工艺性能的影响如何？

(2) 简单的经济分析。运用何种质量的钢最经济，若有利就可基本选定了。

在国外，模具钢生产厂自己不经营销售业务，都委托代理商，往往以工厂企业牌号或商业牌号出售。据说从模具钢生产企业或其代理商那里购得的企业牌号的模具钢，其质量比国家标准、行业标准的标准钢号更好，这是完全可能的，因为厂商为了争取用户，往往采用更严格的企业标准。如今，有人把商业牌号套成对应的国家或行业标准牌号，一方面由于商业牌号国人还不太熟悉，另一方面客观上也混淆了两者的区别，应引起注意。从权威性上来说，国家标准或行业标准当然比企业标准高；但从指标上严格来说，企业标准比国家或行业标准规定得高，否则，达不到国家或行业标准，它就无法进入市场，会被认为是"伪劣商品"，也就更谈不上市场竞争力了。

4. 标准和标准化

利用各类标准和依靠标准化工作选材，是行之有效和可靠的方法。标准以科学、技术和实践经验的综合成果为基础，经有关方面协商一致，由主管机构批准，以特定形式发布，作为共同遵守的准则和依据。所谓标准化，是指在经济、技术、科学及管理等社会实践中，对重复事物和概念通过制订、发布和实施标准，达到统一，以获得最佳秩序和社会效益。

模具的选材工作也不例外，利用标准和实现标准化，可以获得最佳的经济社会效益。我国在模具设计、材料、制造等诸方面已经建立了一系列成套的标准。在选材时可以参照标准推荐的材料，结合自身条件和经济性要求，从中选择合适的、经济的、符合自身生产条件的模具零件材料，比一般教科书、工具书上推荐的更可靠、更具体。当然标准也不是十全十美的，随着科技和生产的发展，标准经常定期修订，以日趋完善。所以要利用最新标准，不能利用过时的、已作废的标准。为了促进科技的发展，除了有关人身安全、环卫的重要标准是强制执行外，一般的技术标准都是推荐性标准。某些外国的国家标准和行业、团体标准通常是自愿采用的。

我国已制定了几个模具用钢及热处理技术条件行业标准：《塑料模具钢模块》(YB/T 129—2017)、《锻模 热锻模用钢 技术条件》(JB/T 8431—2017)、《冲模 冲模用钢 技术条件》(JB/T 6058—2017)、《锻模 冷锻模用钢 技术条件》(JB/T 7715—2017)。

塑料模具钢模块

锻模 热锻模用钢 技术条件

冲模 冲模用钢 技术条件

锻模 冷锻模用钢 技术条件

因此，不仅要注意钢号，而且要注意它属于哪个标准。如我国的SM3Cr2Mo源于美国的P20(其他国家也类似)，但是我国的合金工具钢标准与美国不完全相同，即使化学成分完全相同，也不能等同看待。

不仅选择原材料应尽可能选择标准材料，模具中的许多零件，尤其是结构零件，其尺寸和结构特征也被标准化了，如模架部件，导柱和定位零件，浇口系统的套类零件，推出系统的推杆、推套、脱模板等以及紧固件，甚至型芯或镶件等也已经被标准化成标准零件了。以压铸模为例,其标准零件用材可参见压铸模零件的国家标准 GB/T 4678.1~19—2003,设计时应优先选用,选材也不必操心了。

压铸模零件 第1部分:模板　　压铸模零件 第2部分:圆形镶块　　压铸模零件 第3部分:矩形镶块

压铸模零件 第4部分:带肩导柱　　压铸模零件 第5部分:带头导柱　　压铸模零件 第6部分:带头导套

压铸模零件 第7部分:直导套　　压铸模零件 第8部分:推板　　压铸模零件 第9部分:推板导柱

压铸模零件 第10部分:推板导套　　压铸模零件 第11部分:推杆　　压铸模零件 第12部分:复位杆

压铸模零件 第13部分:推板垫圈　　压铸模零件 第14部分:限位钉　　压铸模零件 第15部分:垫块

压铸模零件 第16部分:扁推杆　　　　压铸模零件 第17部分:推管

压铸模零件 第18部分:支承柱　　　　压铸模零件 第19部分:定位元件

选用标准零件的优越性,除降低设计成本外,还有:

(1) 提高模具零件的通用性、互换性。

(2) 大大缩短制造周期，降低制造成本，减少制造工作量。

(3) 不需要昂贵的仓储费用、管理费用。

(4) 失效模具可以分拆，其中部分零件可再次利用。

(5) 便于计算成本，专业制造厂容易对外报价。

5. 广告

人们购物受广告的影响是正常的，模具材料选购也不例外，利用广告等宣传获取信息，以便选材、采购。一个成熟的市场经济是遵守法制的诚信市场，广告对选材是有很大帮助的。广告的特点首先是快捷迅速，针对性强，介绍的性能、工艺特点指标等内容准确、翔实；其次是可靠，虚假或夸大失实的广告若让用户上当受骗受到损失，骗人者要受到法律制裁的，受害者可获得赔偿。但是，模具钢的最佳性能是通过最佳热处理获得的，所以，谨慎的厂家会在广告中提醒用户注意这一点。此外，广告还提供市场性信息、采购渠道、当时当地的价格等信息，这是工具书、教科书所远远不及的。因此，设计师、工艺师、材料工作者不能忽视这一信息渠道。

6. 型材、精料和制品

现代模具零件制造有铸造成型、挤压成型和切削加工成型等多种方法。目前切削加工成型仍然是主要方法。模具制造费用占模具总费用(成本)的 80%以上，如何简化加工、减少加工量是制造业者所关注的。为了使模具制造厂减少切削加工量，缩短生产周期，模具材料供应企业为用户提供"近终形产品"，即钢厂提供各种规格尺寸的板材、丝材、扁钢、模块或经过精加工(扒皮)的模块、经过严格检测的精加工品等，或者提供易切削的或者预硬化的模具钢，或者提供微合金化非调质钢，以免去或减少用户自己热处理。我国制定《塑料模具钢模块》(YB/T 129—2017)、《塑料模具钢　第 1 部分：非合金钢》(GB/T 35840.1—2018)、《塑料模具钢　第 2 部分：预硬化钢棒》(GB/T 35840.2—2018)、《塑料模具钢　第 3 部分：耐腐蚀钢》(GB/T 35840.3—2018)等行业标准，就是向这个方向发展的结果。今后还将有更多的"近终形"产品供应模具制造业，以降低模具制造成本。

塑料模具钢　第 1 部分：非合金钢

塑料模具钢　第 2 部分：预硬化钢棒　　　　塑料模具钢　第 3 部分：耐腐蚀钢

7. 服务质量

现在，模具材料是买方市场，材料制造厂或供应商不仅要提供品质优良的商品，而且售前和售后还要为用户服务，如提供采购咨询服务、热处理配套服务，在制造和使用过程中出现问题，还帮助用户进行事故或失效分析，或提供配套刀具、标准件等多元化服务。在材料供应上，买卖双方配合默契，一旦用户需要，供方一接到通知，便在最短时间内及时送货上门，用户真正做到模具原材料零库存。这些服务，虽然要收取一定的费用，但为用户节约的费用、时间、精力大大超过了这些服务费用。因此，选购材料时，除了注意品牌、质量外，技术服务质量也不可忽视。总之，今后的模具材料供应商是集材料管理、采购协调、及时供货、逻辑咨询于一体的面向用户的服务性企业和材料分配者，用户也要熟悉、利用、适应这种新模式。模具材料的供需关系不再是过去那种原始的、简单的交易、"卖买"关系了。

8. 通用性

模具材料的通用性是指该材料具备多种性能和用途，适用于不同的模具零件，因而市场供应量充足，市场性好，价格也相对便宜。但它不是"万能钢"，从单项特性比较，它比具有特性的专门用钢就会逊色些，但也能满足基本要求。模具材料一般用量不大，如果一个企业采用的材料品种、规格太多太杂，在管理上就会很不方便，利用率也不高；量大而广，库存积压，采购成本也会增加。通用性材料一般应用历史悠久，积累了较多的生产和使用经验，性能数据比较丰富和完整，因此比较成熟，有利于借鉴，为我所用。

9. 其他因素

(1) 模具的生产制品的数量对选材也有影响。如某些塑料生活用品，其款式、品种、花样变化很快，不断地在更新换代，因此不一定需要有很长的使用寿命，此时可选用低档便宜的材料。反之，生产批量很大时，要求模具有长寿命(总寿命)，维修周期也要长，此时用高档材料是节约的，直观的材料费用虽然大，但综合经济效益好。

(2) 模具的生产制品材质和特性对选材也有影响，如受腐蚀作用的塑料模具零件，当然要用耐蚀钢或可渗氮、镀铬(但要无公害工艺)等钢种。又如钢铁、铜合金的压铸模，铜合金、钴及镍合金的热挤压模具零件由于工作温度很高，一般的热作模具钢难以胜任，不得不采用昂贵的钨基、镍基高温合金。生产磁性塑料制品时，要求在强磁场中不产生磁感应的冷作模具、塑料模具，就应采用无磁模具钢。

(3) 模具大小。小型模具零件重量很轻，材料费用所占总成本的比例相对要小得多，可以选用高档的、工艺性好的材料以节约制造费用；反之，大尺寸、大重量的零件(一个零件有几吨或几十吨重)则要选用经济的、强度重量比大的材料，如高强度钢或超高强度材料。

(4) 人类进入 21 世纪，针对全球性资源环境问题，一门新学科——环境材料学兴起，并迅速发展，"环境材料"成为时髦材料。环境材料的特征是：具有优异的使用性能和工艺性能；在生产过程中，资源和能源的消耗少；有害排放少，废弃物易于实现再生循环，使材料领域实现可持续发展。模具材料同样在向这一方向发展，如清华大学贝钢公司的 Y82 贝氏体非调质模具钢，上海宝钢的 B30、B25 贝氏体非调质塑料模具钢。预硬化钢并不是不要热处理，只是把处理工序放在钢厂预先进行。而 B30 钢是通过微合金化和控轧控冷的机械热处理获得优异的性能，节约合金资源，减少污染和能耗，且与预硬化钢一样免除了在模具制造厂热处理，符合"绿色度"概念，即"绿色技术""绿色制造""绿色材料""绿色热处理"等，值得重视和大力提倡。

(5) 在当今信息时代，利用计算机技术，通过模具数据库和专家系统选材也是发展方向。在我国不仅已提到议事日程且已达到实用化阶段，相信随着发展会逐步完善。

从当今世界范围的模具材料发展情况看，模具材料的品种、规格、质量和数量都可以基本满足现代模具工业的需要。对于一个具体的模具零件而言，都可以找到几种甚至更多种材料满足其性能要求，因而存在一个在几种材料中选择最佳的问题。它们的差异也许仅仅在于好和更好之间而已。当今促进模具材料发展的最主要原动力是经济因素，即追求利润最大化，包括材料生产者的利益、模具制造者的利益、模具使用者的利益和模具制品消费者的利益。

为何现在强调选材经济性，也有历史原因。因为过去计划经济时代，口头上重视而实际重视不够。当时没有这种强烈的要求，客观上也没有条件，经济信息闭塞，设计者不知道也无法知道材料的价格、购货渠道和采购成本。因此，现在要特别强调模具设计者(唯一有权选择材料的人)应树立经济观念。

选材经济性无疑是极重要的，可是单靠设计者单方面努力还不够，整个经济制度、市场机制也应配套发展。如有关权威机构定期发布可靠的、准确的市场信息；消灭伪劣模具材料进入市场；各地建立模具配料中心，使用户真正做到原材料"零库存"和得到相应的服务；开展电子商务，降低采购成本；建立包括有经济数据在内的模具材料选材数据库和选材专家系统，供选材利用等。这些机制有利于促进模具选材水平提高，促进我国模具材料工业的发展。

对于模具工作零件的选材，可通过以下方式选用：

(1) 尽可能选用优材、好料、精品。除非大型、特大型模具或特殊情况，一般模具零件的材料费用所占比例不大，而优质材料带来的潜在好处(如工艺性好，使加工费用降低；模具品质优良，使模具寿命长、制品质量好)完全能补偿或大大超过材料昂贵费用的差额。与先进工业国家比，我国的选材水平和质量是比较低的，一方面是由于我国"好钢"少，另一方面是对经济性概念理解片面。

(2) 广义经济性或叫综合经济性是选材的决定性因素。选材过程是一个价值分析(找性价平衡点)和经济分析(追求最大利润化)的过程。

(3) 充分利用标准和标准件，而且是最新(现行)标准。采用过时的、落后的、已被淘汰的标准，将误人误己。

(4) 现阶段，模具零件选材主要依靠经验，包括借鉴他人和前人的经验。不同专家推荐的材料，可信也不可信。可信是因为它是专家的经验之谈；不可信是各自的时代、环境、具体生产条件不同。在选材问题上，不结合自身条件考虑，生搬硬套，按媒体介绍的内容对号入座肯定不是最佳途径。

复习与思考题

3-1　模具材料可分为哪些类型？

3-2　简述模具钢的热加工工艺。

3-3　模具材料的使用性能要求有哪些？

3-4　模具钢的常规力学性能有哪些?

3-5　模具材料的工艺性能要求有哪些?

3-6　简述我国模具钢的技术要求。

3-7　简述模具选材的经济性原则。

3-8　通过查阅手册等资料,填写表 3-39 中的空白栏。

表 3-39　冷冲模工作零件常用材料及热处理

模具类型		常用材料	热处理	硬度/HRC	
				凸模	凹模
冲裁模	形状简单、冲裁板料厚度<3 mm		淬火、回火	58～62	58～62
	形状复杂、冲裁板料厚度>3 mm,要求耐磨性高		淬火、回火	58～62	58～62
弯曲模	一般弯曲模		淬火、回火	54～58	56～60
	要求耐磨性高、形状复杂、生产批量大的弯曲模		淬火、回火	58～62	58～62
	热弯曲模		淬火、回火	48～52	48～52
拉伸模	一般拉伸模		淬火、回火	55～58	55～58
	要求耐磨性高、生产批量大的拉伸模		淬火、回火、不热处理	62～64	62～64
	不锈钢拉伸模		淬火、回火、不热处理	62～64	62～64
	热拉伸模		淬火、回火	48～52	48～52
冷挤压模	钢件冷挤压模		淬火、回火	58～62	58～62
	铝、锌件冷挤压模		淬火、回火	58～64	58～64
	滚压模		淬火、回火	60～62	60～62

3-9　通过查阅手册等资料,填写表 3-40 中的空白栏。

表 3-40　塑料模具结构零件常用材料及热处理

零件类型	零件名称	材料牌号	热处理方法	硬度
模体(模架)零件	支承板,浇口板,锥模套		淬火、回火	43～48 HRC
	动、定模板,动、定模座板		调质	230～270 HBS
	固定板		调质	230～270 HBS
	推件板		淬火、回火	54～58 HRC
			调质	230～270HBS
浇注系统零件	主流道衬套,拉料杆,拉料套,分流锥		淬火、回火	50～55 HRC
导向零件	导柱		渗碳、淬火	56～60 HRC
	导套		淬火、回火	50～55 HRC
	限位导柱,推板导柱,推板导套,导钉		淬火、回火	54～58 HRC

续表

零件类型	零件名称	材料牌号	热处理方法	硬度
抽芯机构零件	斜导柱，滑块，斜滑块		淬火、回火	54～58 HRC
	楔形块		淬火、回火	54～58 HRC
			淬火、回火	43～48 HRC
推出机构零件	推杆，推管		淬火、回火	54～58 HRC
	推块，复位杆		淬火、回火	43～48 HRC
	挡块		淬火、回火	43～48 HRC
	推杆固定板			
定位零件	圆锥定位件		淬火、回火	58～62 HRC
	定位圈			

项目四　模具材料和模具零件热处理

◎ **学习目标**

- 了解模具材料和模具零件热处理。

◎ **主要知识点**

- 钢在加热时的组织转变。
- 钢在冷却时的组织转变。
- 钢在回火时的组织转变。
- 模具钢热处理(正火、退火、淬火与回火)。
- 冷作模具钢的合金化与热处理特点。
- 非合金冷作模具钢的热处理。
- 低合金冷作模具钢的热处理。
- 高合金冷作模具钢的热处理。
- 火焰淬火型冷作模具钢的热处理。
- 基体钢的热处理。
- 低合金热作模具钢的热处理。
- 中合金热作模具钢的热处理。
- 高合金热作模具钢的热处理。
- 预硬化型塑料模具钢的热处理。
- 易切削塑料模具钢的热处理。
- 非合金中碳塑料模具钢的热处理。
- 渗碳型塑料模具钢的热处理。
- 时效硬化型塑料模具钢的热处理。
- 耐腐蚀型塑料模具钢的热处理。

4.1　钢的热处理基础

4.1.1　钢在加热时的组织转变

在热处理工艺中,钢的加热是为了获得奥氏体。奥氏体虽然是钢在高温状态时的组织,但它的晶粒大小、成分及其均匀程度对钢冷却后的组织和性能有重要影响。了解钢在加热时组织结构的变化规律，是对钢进行正确热处理的先决条件。

为了保证热处理能够达到预期的目的，应该了解和掌握钢在加热时奥氏体的形成和晶粒长大的规律，并运用这些规律控制热处理加热工艺。

1. 铁碳合金相图

图 4-1 所示为铁碳合金相图或铁碳合金状态图，它是钢在缓慢加热(或缓慢冷却)的条件下，不同成分的铁碳合金的状态或组织随温度变化的图形，是研究平衡状态下铁碳合金的成分、金相组织和性能的基础。铁碳合金相图是钢铁热处理的基础。

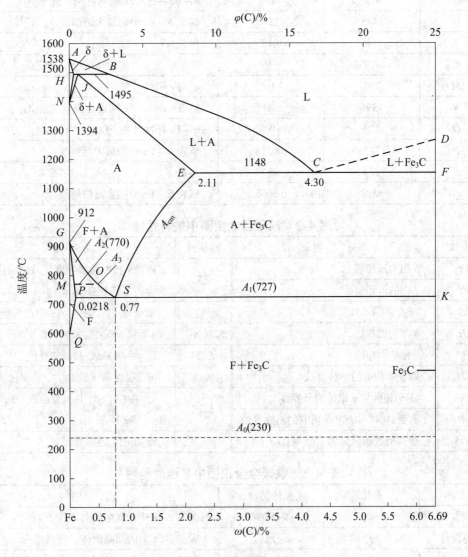

图 4-1 铁碳合金相图

为了便于查阅应用，图中各点、线及其各种相的特性分别见表 4-1～表 4-4。

表 4-1　Fe-Fe₃C 合金相图中的特性点

特性点	温度/℃	$\omega(C)/\%$	说　明
A	1538	0	纯铁熔点
B	1495	0.53	包晶转变时，液态合金的碳浓度
C	1148	4.30	共晶点 $Ln \rightleftharpoons \gamma_E + Fe_3C$
D	1227	6.69	渗碳体(Fe_3C)的熔点(理论计算值)
E	1148	2.11	碳在 $\gamma_E - Fe$ 中的最大溶解度
F	1148	6.69	共晶转变线与渗碳体成分线的交点
G	912	0	$\alpha - Fe \rightleftharpoons \gamma - Fe$ 同素异构转变点(A_3)
H	1495	0.09	碳在 $\delta - Fe$ 中的最大溶解度
J	1495	0.17	包晶点
K	727	6.69	共析转变线与渗碳体成分线的交点
M	770	0	$\alpha - Fe$ 磁性转变点(A_2)
N	1394	0	$\gamma - Fe \rightleftharpoons \delta - Fe$ 同素异构转变点(A_4)
O	770	≈0.50	$\alpha - Fe$ 磁性转变点(A_2)
P	727	0.0218	碳在 $\alpha - Fe$ 中的最大溶解度
S	727	0.77	共析点
Q	室温	0.0008	碳在 $\alpha - Fe$ 中的室温溶解度

表 4-2　铁碳合金相图中的特性线

特性线	说　明	特性线	说　明
AB	δ 相的液相线	ES	碳在 γ 相中的溶解度线,过共析 Fe-C 合金的上临界点(A_{cm})
BC	γ 相的液相线		
CD	Fe_3C 的液相线	PQ	低于 A_1 时，碳在 α 相中的溶解度线
AH	δ 相的固相线	HJB	$\gamma_J \rightleftharpoons L_B + \delta_H$ 包晶转变线
JE	γ 相的固相线	ECF	$L_C \rightleftharpoons \gamma_E + Fe_3C$ 共晶转变线
HN	碳在 δ 相中的溶解度线	MO	α 铁磁性转变线(A_2)
JN	($\delta + \gamma$)相区与 γ 相区的分界线	PCK	$\gamma_S \rightleftharpoons \alpha_P + Fe_3C$ 共析反应线，Fe-C 合金的下临界点(A_1)
GP	高于 A_1 时，碳在 α 相中的溶解度线		
GOS	亚共析铁碳合金的上临界点(A_3)	230℃线	Fe_3C 的磁性转变线

表 4-3　铁碳合金相图中各相的特性

名称	符号	晶体结构	说　明
铁素体	α	体心立方	碳在 α-Fe 中的间隙固体，用 F 表示
奥氏体	γ	面心立方	碳在 γ-Fe 中的间隙固体，用 A 表示
δ 铁素体	δ	体心立方	碳在 δ-Fe 中的间隙固体，又称高温 α 相
渗碳体	Fe_3C	正交系	是一种复杂的化合物
液相	L		铁碳合金的液相

表 4-4 铁碳合金相图中热处理常用的临界温度符号及说明

符 号	说 明
A_1	发生平衡相变 $\gamma \rightleftharpoons \alpha + Fe_3C$ 的温度
A_3	亚共析钢在平衡状态下，$\gamma + \alpha$ 两相平衡的上限温度
A_{cm}	过共析钢在平衡状态下，$\gamma + Fe_3C$ 两相平衡的上限温度
Ac_1	钢加热时，开始形成奥氏体的温度
Ac_3	亚共析钢加热时，所有铁素体均转变为奥氏体的温度
Ac_{cm}	过共析钢加热时，所有渗碳体和碳化物完全溶入奥氏体的温度
Ar_1	钢高温奥氏体化后冷却时，奥氏体分解为铁素体和珠光体的温度
Ar_3	亚共析钢高温奥氏体化后冷却时，铁素体开始析出的温度
Ar_{cm}	过共析钢高温奥氏体化后冷却时，渗碳体和碳化物开始析出的温度
Bs	钢奥氏体化后冷却时，奥氏体开始分解为贝氏体的温度
Ms	钢奥氏体化后冷却时，其中奥氏体开始转变为马氏体的温度
Mf	奥氏体转变为马氏体的终了温度
A_0	渗碳体的磁性转变点
A_4	在平衡状态下，δ 相和奥氏体共存的最低温度
Ac_4	低碳亚共析钢加热时，奥氏体开始转变为 δ 相的温度
Ar_4	钢在高温形成的 δ 相冷却时，完全转变为奥氏体的温度

2. 钢在加热时的组织转变

加热是钢热处理的第一道工序。退火、正火、淬火一般都把钢加热到临界点以上，其目的是使钢的全部或大部分组织转变成均匀奥氏体，并尽量得到细小的晶粒。这对随后奥氏体冷却时转变产物的性能有很大的影响。因此，研究钢在加热时的组织转变具有重要的意义。

1) 钢的奥氏体化

将钢加热到 Ac_3 或 Ac_1 点以上时，钢中的珠光体将向奥氏体转变。图 4-2 所示为共析钢中奥氏体形成的过程示意图。

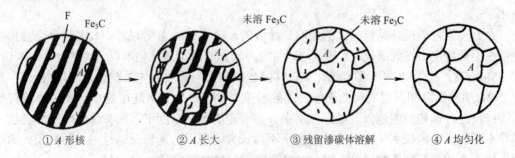

①A 形核　　②A 长大　　③残留渗碳体溶解　　④A 均匀化

图 4-2 共析钢中奥氏体形成的过程示意图

第一阶段，奥氏体晶核的形成。奥氏体晶核最容易在铁素体与渗碳体的相界面处优先形成，这是由于相界面上原子排列紊乱，处于不稳定状态，为奥氏体的形核提供了有利条件。

第二阶段，奥氏体晶核的长大。奥氏体晶核形成之后，与奥氏体相邻的铁素体中的铁原子通过扩散运动转移到奥氏体晶核上来，使奥氏体晶核长大，同时，与奥氏体相邻的渗碳体通过分解不断溶入生成的奥氏体中，使奥氏体逐渐长大。

第三阶段，残留渗碳体的溶解。由于渗碳体的晶体结构和碳含量都与奥氏体相差很大，故渗碳体的溶解必然落后于铁素体向奥氏体的转变。即在铁素体全部消失后，仍有部分渗碳体尚未溶解。随着时间的延长，残留渗碳体继续向奥氏体溶解，直至全部消失为止。

第四阶段，奥氏体成分均匀化。当残留渗碳体全部溶解时，实际上奥氏体的成分还是不均匀的，在原来的渗碳体处碳含量较高，在原来的铁素体处碳含量较低。只有继续延长保温时间，通过碳原子的进一步扩散，才能得到成分均匀的奥氏体组织。因此，热处理过程中，加热后的保温阶段不仅为了使工件热透，也是为了使组织转变完，以及奥氏体成分均匀化。

亚共析钢的奥氏体化温度一般在 Ac_3 以上，同样，对于过共析钢则要加热到 Ac_{cm} 以上，才能获得单相奥氏体组织。

2) 奥氏体晶粒的长大

当珠光体向奥氏体转变刚刚完成时，所得到的奥氏体晶粒还是比较细小的，这是由于珠光体内的铁素体和渗碳体的相界面很多，有利于形成数目众多的奥氏体晶核。但是随着加热温度的升高、保温时间的延长，奥氏体晶粒会自发长大，它是通过晶粒之间的相互吞并来完成的。加热温度越高，保温时间越长，奥氏体晶粒就长得越大。

钢在具体加热条件下获得的奥氏体晶粒大小，称为奥氏体的实际晶粒度。它的大小对冷却转变后钢的性能有明显影响，奥氏体晶粒细小，冷却后转变产物组织的晶粒也细小，其强度和韧性都较高；反之，粗大的奥氏体晶粒，冷却后获得的粗晶粒的组织使钢的力学性能降低，特别是冲击韧度变坏，甚至在淬火时产生变形、开裂。所以，热处理加热时获得细小而均匀的奥氏体晶粒，往往是保证模具热处理质量的重要环节。

3) 影响奥氏体晶粒长大的因素

(1) 钢成分的影响。当加热温度相同时，碳含量越低，则奥氏体晶粒越细小；相反，碳含量越高，越增加碳原子和铁原子的扩散速度，促使奥氏体晶粒长大。但当碳含量超过在奥氏体中的溶解度时，析出的碳化物或渗碳体会阻碍晶界的推移，又重新使奥氏体晶粒细化。

合金元素对奥氏体晶粒长大的影响是显著的，除了 Mn、P 等以外，大多数合金元素会使钢在不同程度上得到细化，尤其是与碳结合力较强的所谓碳化物形成一类的元素，如 Cr、W、Mo、Ti、Zr、Nb 等，都有细化奥氏体晶粒和强烈阻碍奥氏体晶粒长大的作用。

(2) 加热温度和保温时间的影响。加热温度越高，晶粒长大速度越快，奥氏体晶粒越粗大；反之，加热温度越低，晶粒越细小。在一定的加热温度下，随着保温时间的延长，晶粒不断长大，但长到一定尺寸后便几乎不再长大。所以，延长保温时间对晶粒长大的作用不如提高加热温度影响显著。因此，要严格控制加热温度。

(3) 加热速度的影响。在加热温度相同时，加热速度越快则过热度越大(即奥氏体化的实际温度越高)，形核率越高，奥氏体的起始晶粒度越小；另外，加热速度越快则加热时间越短，晶核来不及长大。所以，快速加热是细化晶粒的手段之一，感应加热和激光加热的热处理都是依据这一原理细化晶粒的实例。

3. 钢的加热缺陷

1) 过热

当钢的加热温度过高，或在高温下保温时间过长，奥氏体晶粒会发生显著粗化，这种现象叫作过热。过热后的钢冷却后的强度、塑性尤其是冲击韧性明显降低，而且容易出现变形与裂纹。过热的钢需重新进行正确的退火或正火，重新使奥氏体晶粒细化。

2) 氧化、脱碳

当模具在空气炉中因未加保护或保护不良而加热时，或在未经脱氧或脱氧不充分的盐炉中加热时，钢件表面与氧化性炉气(如氧、水蒸气、二氧化碳等)相互作用，会产生氧化、脱碳现象。

所谓氧化，就是工件表面形成氧化皮。由于氧化皮的形成，将造成钢的烧损，使工件的尺寸减小，表面粗糙，还会严重地影响淬火时的冷却速度，造成软点或硬度不足，影响模具质量。温度越高，时间越长，氧化越严重。

脱碳，是指钢表层被烧损，使表层碳含量降低，甚至形成大量铁素体组织。钢的加热温度越高，钢中碳含量越高(特别是含有高含量的硅、钼及铝等元素时)，越容易脱碳。由于碳的扩散速度较快，钢的脱碳速度总是大于其氧化速度，在钢的氧化层下面，通常总是存在着一定厚度的脱碳层。由于脱碳使钢表层碳含量降低，导致钢件淬火后表层硬度不足，特别是疲劳强度与耐磨性降低，性能和使用寿命降低，而且常使钢在淬火时容易形成表面裂纹。

为了防止以上氧化、脱碳现象的出现，根据工件的要求和工厂实际情况，可采取以下措施：

(1) 进行预热，以缩短高温加热时间。

(2) 采用保护气氛加热，在盐浴炉加热时必须充分做好盐浴的脱氧工作。

(3) 在一些中小工厂，可在模具表面涂覆保护层或将模具装入密箱中加热。

(4) 高级高合金钢和精密模具最好采用真空加热。

3) 过烧

钢的加热温度远远超过了正常的加热温度，接近固相线的温度，奥氏体的晶界发生氧化，甚至局部熔化，这种现象叫作过烧。钢的过烧组织，晶粒极为粗大，有严重的稳氏体组织，在晶界上出现氧化物网络。过烧后的钢件性能急剧降低，通常是无法挽救的，只能报废。

要防止钢件过烧，就要求每个热处理操作者应该经常检验测温仪表，工作认真负责，严防炉子超温。

4) 加热不足

这种缺陷表现为淬火后硬度不足，在金相组织中存在着未溶铁素体，以及出现托氏体或索氏体，甚至出现未转变的珠光体区。对于高合金钢，则表现为合金碳化物未能充分溶解。这主要是由于加热温度偏低或加热时间太短而造成的，在实际操作中，常由于仪表指示偏高或炉温不均匀以致工件实际温度较低。

改进措施：对于一般碳素钢及合金结构钢，可再次按正确的温度加热足够的时间后重新淬火；对于高合金钢，必须退火或正火后重新淬火。

4.1.2　钢在冷却时的组织转变

钢在室温时的组织和性能，不仅与加热时获得奥氏体的均匀化程度和大小有关，而且更重要的是与奥氏体在冷却时的组织转变有关。控制奥氏体在冷却时的转变过程是热处理的关键。为了更好地了解和掌握钢在热处理后的组织和性能的变化规律，测定了过冷奥氏体等温转变曲线与过冷奥氏体连续冷却转变曲线。钢的过冷奥氏体转变规律的研究，奠定了钢的热处理理论基础。

1. 过冷奥氏体的等温转变

1) 过冷奥氏体的等温转变图

把奥氏体化的共析钢急冷到临界点(A_1)以下某一温度，并在该温度下保持，测定此温度的开始与终止转变时间和转变量随时间的变化，然后把各个温度的转变开始点和转变终止点各自连接起来得到所谓的过冷奥氏体等温转变图，亦 C 曲线。图 4-3 所示为共析钢的过冷奥氏体等温转变图。

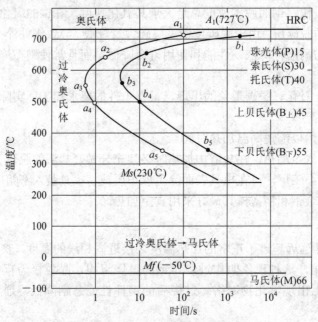

图 4-3　共析钢的过冷奥氏体等温转变图

亚共析钢过冷等温转变的特征为：经过一段孕育期后先形成先共析铁素体，才发生奥氏体到珠光体的转变，而过共析钢则先形成先共析渗碳体。

2) 影响奥氏体等温转变的因素

(1) 碳含量的影响。在正常的热处理加热条件下，亚共析钢的奥氏体等温转变图随奥氏体中碳含量的增加向右移动；过共析钢的奥氏体等温转变图随钢中碳含量的增加向左移动，而贝氏体转变线则向右移动；Ms 和 Mf 点则随着碳含量的增加而降低。

(2) 合金元素的影响。除 Co 外，合金元素溶入奥氏体后，使奥氏体稳定性增加，从而使奥氏体等温转变图右移。其中，非碳化物形成元素及弱碳化物形成元素 Ni、Mn、Si、Cu、Al 等使奥氏体等温转变图右移，而且合金元素含量越多，奥氏体等温转变图右移得越多。碳化物形成元素 Cr、W、Mo、V 等溶入奥氏体后，由于它们对推迟珠光体和贝氏体转变的作用不同，不但使奥氏体等温转变图右移，而且改变了奥氏体等温转变图的形状，使奥氏体等温转变图明显地分为珠光体转变区(上部)和贝氏体转变区(下部)。

由于合金元素使奥氏体等温转变图右移，因而降低了钢的淬火临界速度，增大了钢的淬透性。

(3) 其他因素的影响。除了奥氏体成分影响以外，奥氏体等温转变图还与奥氏体的晶粒大小、成分的均匀性及残存的难溶质点有关。由于奥氏体的分解通常是在晶界开始的，如果奥氏体晶粒越大，则晶界越小，奥氏体越稳定，即奥氏体等温转变图向右移。奥氏体成分越均匀，则分解为成分显著差别的两相组织越困难，使奥氏体等温转变图右移。另外，若奥氏体中残存着未溶解的质点，便可能作为珠光体的晶核，使奥氏体易于分解，则奥氏体等温转变图向右移。

奥氏体化的加热温度越高，保温时间越长，碳化物的溶解越完全，奥氏体成分越粗大，则降低奥氏体分解的形核率，增加过冷奥氏体的稳定性，使奥氏体等温转变图右移。

3) 过冷奥氏体等温转变产物的组织和性能

(1) 珠光体型转变。共析钢的过冷奥氏体在 A_1 至奥氏体等温转变图的鼻尖区间，即 $A_1\sim$ 550℃温度范围内，将发生奥氏体向珠光体转变。

由面心立方晶格的奥氏体(ω(C) = 0.77%)转变为由体心立方晶格的铁素体(ω(C) < 0.0218%)和复杂晶格的渗碳体(ω(C) = 6.69%)组成的珠光体，必然要进行晶格的改组和铁碳原子的扩散，因此，珠光体转变也是个扩散型转变，并通过形核和长大的方式进行。转变温度越低，即过冷度越大，产生的渗碳体晶核数越多，珠光体中铁素体与渗碳体片越薄，也就是片间距越小，表明珠光体越细。

在 $A_1\sim$650℃范围内形成的珠光体，因过冷度小，片间距较大，称为珠光体。

在 650～600℃范围内形成的片间距较小的珠光体，称为索氏体。

在 600～550℃范围内形成的片间距极小的珠光体，称为托氏体。

珠光体、索氏体和托氏体实质上都是铁素体与渗碳体的机械混合物，故统称为珠光体型组织，它们的力学性能主要取决于片间距。片间距越小，相界面越多，塑性变形抗力越大，故强度、硬度越高。同时，片间距越小，由于渗碳体片越薄，越容易随同铁素体一起变形而不脆断，塑性与韧性也有所改善。

生产中，常采用退火和正火来获得珠光体组织。

(2) 贝氏体型转变。过冷奥氏体在奥氏体等温转变图鼻尖至 Ms 线，即 550～230℃范围内将发生贝氏体型转变。贝氏体是由含过饱和碳的铁素体与渗碳体组成的两相混合物。因此，奥氏体向贝氏体转变也要进行晶格改组和碳原子扩散，其转变过程也是形核和长大的过程。但是，它与珠光体转变不同，贝氏体转变温度较低，铁原子仅做很小位移，而不发生扩散。

通常，将 550～350℃范围内形成的贝氏体称为上贝氏体；在 350℃～Ms 范围内形成的贝氏体称为下贝氏体。下贝氏体与上贝氏体相比，不仅有高的强度、硬度与耐磨性，而且具有良好的塑性和韧性。因此，常用等温淬火来获得下贝氏体组织，以提高钢件的强韧性。

贝氏体转变既可以在等温中进行，也可以在连续冷却中进行。合金钢中贝氏体转变不能进行到底，总有一部分残留奥氏体存在，而且转变温度越高，转变越不完全。在碳素钢中，贝氏体转变可以进行到底，组织全部是贝氏体。过冷奥氏体等温转变产物的组织及硬度见表4-5。

表4-5　过冷奥氏体等温转变产物的组织及硬度

组织名称	符　号	形成温度范围/℃	显微组织特征	硬度/HRC
珠光体	P	$A_1 \sim 650$	粗片状混合物	<25
索氏体	S	$650 \sim 600$	细片状混合物	$25 \sim 35$
托氏体	T	$600 \sim 550$	极细片状混合物	$35 \sim 40$
上贝氏体	$B_上$	$550 \sim 350$	羽毛球	$40 \sim 45$
下贝氏体	$B_下$	$350 \sim Ms$	黑色针状	$45 \sim 55$

2. 过冷奥氏体的连续冷却转变

在热加工或热处理工艺中，加热到奥氏体状态的钢，大多数是以不同方式连续冷却下来的，例如在炉内、空气中、油或水槽中冷却。研究过冷奥氏体在连续冷却时的转变规律，具有重要的实际意义。

1) 过冷奥氏体的连续冷却转变图

把奥氏体化的钢以不同冷却速度冷至室温，并在冷却过程中记录下开始和终止转变的温度和时间，或冷却过程中的转变量，然后分别把开始和终止转变点(以及相同转变量的点)连成曲线，便得到奥氏体连续冷却转变图。共析钢连续冷却转变图(如图4-4所示)只出现珠光体和马氏体转变区，而无贝氏体转变区。这是因为贝氏体转变的孕育期随温度下降而延长，在连续冷却时，温度下降很快，在贝氏体转变区停留时间很短，达不到所要求的孕育期的缘故。

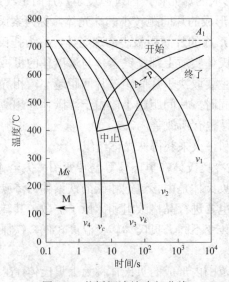

图4-4　共析钢连续冷却曲线

2) 过冷奥氏体等温转变图的应用

由于测定过冷奥氏体连续冷却转变图比较困难，目前在热处理实践中，还常应用等温冷却转变图近似地分析奥氏体在连续冷却中的转变情况。

图 4-5 中，v_1、v_2、v_3、v_4 和 $v_临$ 为不同冷却速度下的冷却曲线。v_1 的冷却速度相当于钢件在炉中缓冷，根据它与曲线相交的位置，估计出过冷奥氏体将转变为珠光体；v_2 相当于空冷，奥氏体将转变为索氏体；v_3 相当于油冷，一部分奥氏体先转变为托氏体，其余的奥氏体将冷却到 Ms 线以下转变成马氏体，最后转变产物为"托氏体＋马氏体"的混合组织；v_4 相当于水冷，它不与曲线相交，一直冷却到 Ms 线以下转变成马氏体。冷却速度 $v_临$ 与曲线相切，为钢的临界冷却速度。临界冷却速度是过冷奥氏体全部过冷到 Ms 线以下转变为马氏体的最低冷却速度，对热处理工艺有着十分重要的意义。

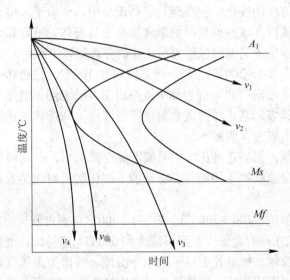

图 4-5　应用等温冷却曲线估计连续冷却时的组织转变情况

3) 马氏体转变

当冷却速度大于 $v_临$，奥氏体化的钢被迅速过冷到 Ms 线以下时将发生马氏体转变。马氏体转变由形核与核长大两个过程组成，转变由 Ms 温度开始，Mf 温度结束。马氏体转变属于无扩散型转变，转变时只发生 $\gamma\text{-Fe}\rightarrow\alpha\text{-Fe}$ 的晶格改组，而奥氏体中的铁和碳原子都不能进行扩散。实质上，马氏体是碳在 $\alpha\text{-Fe}$ 中的过饱和固溶体。

淬火钢中的马氏体有两种形态，一种是片状马氏体，另一种是条状马氏体。

马氏体的强度和硬度主要取决于马氏体中的碳含量。随着马氏体碳含量的增加，其强度和硬度随之增高，但塑性和韧性急剧降低。

马氏体强度、硬度提高的主要原因是过饱和的碳原子使晶格正方畸变，产生了固溶强化。同时在马氏体中又存在着大量微细孪晶和位错，它们都会提高塑性变形的抗力，从而产生了相变强化。

4.1.3　钢在回火时的组织转变

过冷奥氏体快速冷却获得马氏体组织和一部分残留奥氏体组织。马氏体处于碳的过饱和状态，残留奥氏体处于过冷状态，其组织是不稳定的，有向更稳定状态变化的趋势。此外，组织中存在大量高密度位错、过饱和空位、大量相界面和亚晶界等晶体缺陷及较大的内应力，都有自发地向稳定状态转化的倾向。但是这种转变必须依靠原子扩散才能实现，而在室温条件下原子扩散非常困难，只有重新加热即回火来提高温度，增大原子的活动能力，才能促使淬火组织的转变。

在回火时，淬火钢组织的变化大致有如下五个主要的过程：

(1) 碳原子的偏聚(20～100℃)。在 100℃ 以下范围内回火时，马氏体晶体内将进行碳原子的偏聚。在此温度范围内，碳原子只能做短距离的扩散迁移，向晶体缺陷中或马氏体的一定晶面上偏聚。在低碳板条状马氏体中，碳原子绝大部分都偏聚到高密度的位错线上，这样既减小了碳原子造成的晶格畸变，也减小了晶体缺陷处的应力场，使晶格的畸变降低，所以，晶格不出现正方度的变化。在高碳片状马氏体中，碳原子多偏聚在马氏体的一定晶面上，形成薄片状偏聚区，这些偏聚区的碳含量高于马氏体的平均碳含量，所以，伴随有正方度增大。过饱和碳原子的偏聚过程为马氏体的分解做好了准备。

(2) 马氏体的分解(100～200℃)。当回火温度超过 100℃，马氏体就要发生分解，即碳以极细薄的 ε 碳化物从过饱和的 α 固溶体中逐渐析出。随着回火温度上升，马氏体分解得越快，析出的碳化物越多，马氏体的碳含量也逐渐降低，马氏体的正方度也随之减小，晶格畸变降低，使淬火内应力有所减小。

由于回火温度较低，固溶在马氏体中的碳不能全部析出，α 固溶体仍然是过饱和固溶体。这种由过饱和程度较低的 α 固溶体和极细的 ε 碳化物所组成的混合组织，称为回火马氏体。

(3) 残留奥氏体的转变(200～300℃)。在 200～300℃ 范围内回火时，马氏体继续分解一直延续到 350℃ 以上，在高合金钢中甚至可延续到 600℃。除马氏体继续分解外，残留奥氏体也逐渐转变为下贝氏体。如果处于 Ms 点以下温度，残留奥氏体可转变为马氏体，随后马氏体再分解。在此温度范围内，钢的硬度没有明显降低，但淬火内应力进一步减小。此阶段的基本组织，仍然是回火马氏体。

(4) 碳化物的转变(300～400℃)。当回火温度在 300～400℃ 范围时，碳原子已能进行长距离的扩散，亚稳定的 ε 碳化物随着温度的升高逐渐转变为稳定的渗碳体，并且渗碳体由刚形成的细片状逐渐集聚长大成细粒状。

马氏体分解在 350℃ 左右结束，α 固溶体的碳含量降到平衡成分。同时，晶格畸变逐渐消除，内应力大为减小，α 固溶体恢复为铁素体与细粒状渗碳体的机械混合物，称为回火托氏体。

(5) 渗碳体球化、长大和铁素体的回复、再结晶(>400℃)。当回火温度升高到 400℃ 以上时，渗碳体微粒集聚球化成细粒状，并随着温度的升高，渗碳体颗粒逐渐长大。回火温度升高到 450℃ 以上，由于铁原子扩散能力增强，铁素体细小的亚晶逐渐长大，同时晶格内位错密度下降，晶格畸变逐渐消失，即发生铁素体的回复过程。回复后的铁素体仍具有条状或片状的特征。回火温度升高到 600℃ 以上，铁素体便发生再结晶，由位错密度低的等轴晶粒的铁素体取代回复组织。通常在 500～650℃ 形成的铁素体与分布在它上面的细粒状渗碳体组成的组织，称为回火索氏体组织。

在 650℃～A_1 范围内回火形成的由多边形的铁素体和较大粒状渗碳体组成的组织称为

回火珠光体。

4.2　模具钢热处理

金属材料与热处理的关系非常密切。热处理是模具制造过程中不可或缺的加工工艺之一，对模具的质量和成本有很大影响，模具材料生产者、模具设计者和制造者以及模具使用者都很重视。

通常所说的模具热处理包括两部分，即模具材料的热处理和模具零件(准确应称工件)的热处理。以钢为例，前者是在钢厂内完成的，作为钢材产品供应市场，必须保证钢材的质量，如基本力学性能、金相组织等都要符合国家或行业标准规定的要求，或者满足用户订货时与钢厂签订合同规定的要求。其特点是在大型工业炉中大批量生产，对象是轧材、锻件、模块等。模具零件热处理是在模具设计与制造公司或热处理专业公司完成的，其特点是小批量或单件生产，工艺多样复杂，设备精良，相对而言是精工细作。模具零件热处理工艺涉及零件的形状结构、尺寸大小和重量、精度以及热处理技术要求等许多因素，内容十分丰富，工艺千变万化。所以，严格而言，模具钢热处理和模具零件热处理是两个具有不同内涵的概念。模具钢热处理是模具零件热处理的基础。通常情况下，模具钢热处理和模具零件热处理统称模具热处理，非必要时不作严格区别。

模具钢在钢厂的热处理主要是退火和正火，还有以预硬化钢状态供应的预硬化型模具钢的强韧化处理(淬火和回火)、微合金非调质钢的形变热处理(控轧控冷)；也有以热轧状态供应的，如我国的非合金塑料模具钢 SM45～SM55 系列，但硬度和组织必须控制在规定范围内；还有其他为满足用户特殊要求的热处理。

4.2.1　退火

1. 退火工艺过程

退火一般是把钢加热到高于临界温度约 20～30℃，保温一定时间，随后使其缓冷到室温以获得接近于平衡状态组织的工艺。其目的在于：使钢的硬度降至接近最低值；消除钢的内应力；使钢的化学成分均匀以及细化钢的晶粒、改善钢的组织，为后续加工工序做准备。

退火与正火是有区别的。正火是把钢加热到 Ac_3 或 Ac_{cm} 以上约 30～50℃，使其完全奥氏体化，并保温一定时间使奥氏体均匀，然后在静止空气中冷却。正火的目的是使钢的成分均匀和组织细化，为以后热处理工序准备有利的条件，或为了使钢达到一定的力学性能。一般退火和正火工艺的区别除加热温度的高低外，更重要的是加热保温后冷却速度的不同。如前所述，正火的冷却速度以在静止空气中冷却为准，退火的冷却速度则较正火的慢。对淬透性不高的钢来说，退火后的组织应为珠光体加先共析相(铁素体或碳化物)或球化体，而正火后则可能有贝氏体出现。对淬透性高的钢来说，如果奥氏体化后在静止空气中冷却有马氏体形成时，则不称作正火处理，有时称作"空冷淬火"。退火时，也应选择合适的冷却速度，避免产生硬的组织。由于正火较退火采用了较快的冷却速度，若它们的组织都是珠光体，正火组织则比退火要细得多，因此，正火的钢具有较高的硬度和强度。

此外，常把某些低于临界温度以下的热处理也称作退火，例如消应力退火、软化退火或再结晶退火等等。

退火工艺应根据退火的目的来决定。退火成功与否，几乎完全取决于奥氏体的形成和均匀化，以及随后缓慢冷却时奥氏体在适当过冷情况下的分解。

经过热加工(锻轧)缓慢冷却下来的钢，其金相组织为铁素体和碳化物的混合组织，其碳化物含量多少及分布情况一般决定于钢的化学成分、停锻或停轧温度以及冷却速度等。如将具有此种组织的钢加热到 Ac_1 及 $Ac_3(Ac_{cm})$ 之间，并保持足够的时间，除形成奥氏体外，还将含有一部分铁素体或碳化物。对于亚共析钢而言，加热到上述温度范围时，其中的碳化物将迅速地固溶于奥氏体中，并保留一部分铁素体。而过共析钢，除碳化物溶入奥氏体使达饱和状态外，还将留存一部分碳化物，此种留存的碳化物在适当条件下将集聚球化。若加热温度高于 Ac_3 或 Ac_{cm} 则将形成单相的奥氏体组织。但一些高碳高合金钢，如高碳高铬冷作模具钢等由于其中的特殊碳化物十分稳定，不易溶入奥氏体中，以致加热温度到 Ac_{cm} 并保持较长时间，也难以获得单一的奥氏体组织。奥氏体在高温时的均匀程度、晶粒大小以及是否有碳化物颗粒存在，对钢的退火组织有决定性的影响。单相均匀的奥氏体缓冷后，除在晶界上出现数量不同的先共析产物(铁素体或碳化物)外，晶粒内部将为粗细不同的珠光体。如奥氏体中有呈弥散状态分布的碳化物颗粒存在，缓冷时又在略低于下临界点保温较长时间，则将形成球化体。

退火的允许加热速度随钢的化学成分、原始组织的不同而变。通常，钢中合金元素多，则加热速度应慢些。导热性差的高合金钢在低温阶段(600℃以下)必须缓慢升温，大件还须均匀加热。

在退火过程中，奥氏体形成的速度和成分的均匀程度决定于加热温度的高低和保温时间的长短。加热温度愈高、保温时间愈长，则奥氏体形成愈快，成分也愈均匀。但与此同时，尤其是加热温度愈高，奥氏体的晶粒就会变得愈粗大。

在退火的正常缓冷条件下，均匀的奥氏体除先析出先共析产物外，其余将转变成珠光体。其转变温度与冷却速度有关，若冷却速度愈快，奥氏体的转变温度愈低，珠光体的片层也将随转变温度的降低而变得细薄，先共析产物的数量也将随冷却速度的增加而减少。由此可见，模具钢退火加热保温后的冷却速度的控制是很重要的，因为先共析产物的多少和珠光体的粗细都将影响模具钢退火后的各种性能。

退火工艺需要很长时间。为了缩短整个退火工艺过程的周期，当缓冷至已获得所需组织和硬度(此时转变已经完成)的温度后，即可适当地使其快速冷却至室温。模具钢退火，应在带有保护气氛的热处理炉内进行，以防止发生氧化或脱碳。

2. 退火的类型

1) 完全退火

完全退火是将亚共析钢加热到 Ac_3 以上，保温足够的时间，使其完全转变成奥氏体并使奥氏体均匀化(或基本均匀)，继之以缓慢冷却。完全退火的目的是使钢件软化，以便于以后的机械切削加工或塑性变形加工；使钢的晶粒细化和消除内应力，以及为淬火准备适宜的组织。

为了达到上述目的，完全退火的加热温度通常规定为高于 Ac_3 以上 $20\sim30℃$。但模具钢中含有强碳化物形成元素，如钨、铬、铝和钒等，其奥氏体化温度应适当地提高一些，这样可使它们所形成的碳化物能够较快地溶入奥氏体中。

退火加热保温应有足够的时间使奥氏体均匀化。保温后的冷却速度应根据所欲达到的目的来决定。一般完全退火所需时间较长。为了缩短工艺过程的时间，保温后可尽快地把钢件从退火加热温度降至稍低于下临界温度。此后，选用适当的冷却速度缓冷，使其在珠光体转变温度范围内转变成符合要求的金相组织和性能。

亚共析钢完全退火后，正常组织为铁素体和珠光体。但是，由于冷却速度的不同，铁素体和珠光体的形状、分布以及数量(%)也不一样。钢中珠光体的百分数因冷却速度不同而有差异，珠光体中的碳含量一般也不同。亚共析或共析钢完全或不完全退火后，绝大部分碳存在于珠光体中(铁素体的碳含量在室温时只有 0.008%)。退火后珠光体多，珠光体的碳含量就低；珠光体少，珠光体的碳含量就高。在金相检验时，应注意：除非经过良好的完全退火(接近平衡状态)的钢。否则不能只凭视场中珠光体的多少与共析成分的钢(完全退火后为 100%的珠光体)比较，就直接作出试样含碳量的判断。

2) 不完全退火

不完全退火的加热温度介于上、下临界温度之间，通常稍高于下临界温度。对于亚共析钢而言，不完全退火的加热温度在 $Ac_1\sim Ac_3$ 之间，而过共析钢则在 $Ac_1\sim Ac_{cm}$ 之间。

当热轧钢材在上述温度加热时，只是原来的珠光体发生重结晶相变而形成奥氏体，而铁素体(或碳化物)则依然存在(它们的含量随温度的高低而有所改变)。在退火的缓冷过程中，铁素体(或碳化物)无变化，而奥氏体又转变成珠光体。此时，它们的分布情况大致与未退火前相同，只是珠光体层片的厚薄由于冷却速度的不同而有所改变。冷却速度快，珠光体的层片薄，硬度较高；冷却速度慢，珠光体的层片厚，硬度较低。因此，从钢加热时组织转变的情况出发，不完全退火与完全退火的区别在于：前者只是部分重结晶形成奥氏体，而后者则是全部重结晶完全转变成奥氏体。

不完全退火的目的与完全退火近似，但是，由于在加热温度下不能完全重结晶，细化晶粒不如完全退火。不完全退火的优点是加热温度低，使用较广。例如，因锻件的停锻温度正确(对亚共析钢而言，正确的停锻温度仅稍高于 Ar_3)，未引起晶粒粗大，铁素体和珠光体的分布也无异常现象，此时采用不完全退火即可满足要求，而不必一定要进行完全退火。

3) 等温退火

等温退火的工艺过程是将需退火的钢加热到临界温度以上(亚共析钢加热到 Ac_3 以上，共析钢和过共析钢加热到 Ac_1 以上)，保持一定时间，使其奥氏体化和奥氏体均匀化，然后放入另一温度稍低于 Ar_1 的炉中，或在原加热炉中使钢迅速随炉冷至稍低于 Ar_1 的温度进行等温。在等温过程中，奥氏体将随所采用等温温度的高低而转变成所需的、层片厚薄适宜的珠光体或球化体。当转变完成后，即可从炉中取出空冷。

等温退火的工艺过程包括三个阶段：奥氏体化加热和保温，速冷至等温温度并保持一定时间，出炉空冷。

选择奥氏体化温度除与钢种有关外，还须根据技术要求和钢的原始组织来调整。例如，较高的奥氏体化温度可以促进形成层状组织，较低的奥氏体化温度容易得到球化体。奥氏体化后钢的等温温度应根据最终所欲获得的性能并从该钢种的奥氏体等温转变图中来确定。例如，等温温度距 A1 越近，所获得珠光体的层片越粗(钢的硬度越低)；距 A1 越远，则珠光体的层片越细(钢的硬度越高)。为了得到最软的组织，可采用较低的奥氏体化温度和较高的等温温度。但是，选择等温温度时还需考虑过冷奥氏体完成珠光体转变的时间，也就是应尽量选择所需时间较短而又能获得所需硬度的等温温度。此外，钢在等温温度所保持的时间应比等温转变图上所标明的时间长些，这样才可以保证过冷奥氏体能完全转变。尤其是截面较大的钢材更应如此，因为，从奥氏体化温度冷却时必须经过一段时间后钢的心部才能冷至等温温度。等温后其组织已转变完成，此时钢材从炉中取出，无论用什么冷却方法，其组织不会再有变化。不过，冷却速度太大，钢材可能因受应力而发生变形，通常多在空气中冷却。退火时，对于温度的控制和准确性，都必须有较高的要求。

等温退火也可用来防止钢中白点的形成。

模具用合金渗碳钢也进行等温退火，奥氏体化温度为 930～940℃，也就是说要比随后的渗碳温度略高一些，目的是减少渗碳过程中可能发生的变形。转变开始于 610～680℃，经过 2～4 h 转变完成，得到的组织是铁素体和珠光体，对大多数切削加工工艺来说是合适的。

在钢材生产的各个阶段，都可以利用等温退火。如高合金模具钢的钢锭或热轧钢坯，当自由冷却到室温时，容易出现裂纹，在这种情况下，可将热的钢锭或钢坯放到温度为 700℃左右的等温退火炉中(该温度相当于钢的珠光体转变温度)，转变完成以后再自由地冷却到室温。

许多钢种在进行等温退火时有使渗碳体球化的效果，因此有时会将等温退火和球化退火混为一谈，俗称等温球化退火。等温球化退火的工艺要点是：① 尽可能低的奥氏体化温度(稍高于 Ac_1)；② 尽可能高的等温温度；③ 足够长的等温时间，使转变和球化完成。

4) 球化退火

球化退火是使钢获得球化体的工艺方法。球化体是指呈球状小颗粒的碳化物(或渗碳体)均匀地分布在铁素体基体中的金相组织。球化退火多用于过共析钢。

球化退火的成功与否，与奥氏体化温度有关。例如，将钢加热到 A_1 以上使其奥氏体化，然后将其冷至稍低于 A_1 的温度并保温的退火工艺过程，从原则上讲，奥氏体化的温度愈高，愈不容易得到球化体。而只有奥氏体化温度接近 A_1 时，因奥氏体晶粒很小，浓度又不均匀，且有大量的未溶解的碳化物作为质点存在，在随后稍低于 A_1 的保温过程中，才容易得到球化体。

由于球化退火的奥氏体化温度仅稍高于临界温度，对加热温度是否准确，应密切注意。若实际温度偏低，此时钢很可能没有奥氏体化，球化就不会完全。若系具有网状碳化物的过共析钢，由于上述情况，网状碳化物就不可能消除，因而达不到球化退火的目的。

在退火过程中，球化的速度与钢的原始组织有关。最易于球化的是碳化物细小而分布均匀的淬火组织或经过冷变形加工的组织。相比之下，原为粗珠光体组织的钢则较难球化。

球化退火方法有下列几种，其工艺曲线如图 4-6 所示。

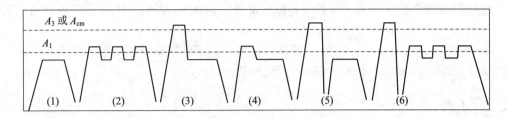

图 4-6 常用球化退火方法示意图

(1) 将钢加热到稍低于 A_1，长时间的保温。此法主要用于淬火或冷加工后钢的球化。

(2) 将钢加热到稍高于 A_1，保温一段时间，而后冷至略低于 A_1 保温；然后，再升温至第一次的加热温度，再冷至略低于 A_1 保温。如此重复多次，使钢中原晶界上的碳化物和珠光体中的渗碳体经过溶解和重新析出、集聚而达到球化目的。处理时，最好采用容易控制温度的小型炉子。此法适用于原为珠光体组织钢。

(3) 将钢加热到稍高于 A_{cm}，使所有碳化物溶解，而后快速冷却以防网状碳化物析出，至略低于 A_1 并长时间保温。

(4) 将钢加热到稍高于 A_1，保温后，再冷至略低于 A_1 并长时间保温。

(5) 将钢加热到稍高于 A_{cm}，使网状碳化物或大块碳化物完全溶解，然后快速冷至较低温度，随后将钢再加热到稍低于 A_1 保温。

(6) 与第(5)种方法近似，只是球化时采用第(2)种方法。

5) 扩散退火

钢锭浇注后，在凝固过程中会产生不同程度的偏析(枝晶偏析)。当偏析严重时，钢锭或钢坯显微组织的化学成分就不均匀。扩散退火就是将钢坯(或钢锭)高温加热，并在此温度下长时间保温，使钢中不均匀的元素在高温下进行扩散以减轻或尽可能地消除偏析的影响，从而提高钢的质量。

扩散退火要求较高的温度，具体的加热温度需根据偏析程度而定，一般在 1100~1200℃ 之间。至于保温时间也与偏析程度和钢种有关，通常可按最大有效截面，每 25 mm 保温 1h 计算。

为了有效地发挥扩散退火的作用，一般应在钢锭开坯或锻造后进行。因只有经过初步和小心的热变形，当钢锭的铸态组织破坏后，钢中各元素在不太受障碍的情况下才能较快地进行扩散。又由于扩散退火时，钢的晶粒已过度长大；如不再进行热加工，尚需进行一次完全退火或正火，以细化其晶粒。

6) 软化退火、再结晶退火和消除应力退火

(1) 钢材在冷加工过程中，钢材随加工次数(或变形量)的增加而使其硬度逐渐增高和延展性逐渐降低，以致加工不能继续进行。为了消除因冷加工所导致的硬化，就需进行软化退火，使钢软化，然后再继续冷加工，以达到预期的尺寸。软化退火常在先后两次冷加工中间进行，所以也称为中间退火。

软化退火是将钢材加热到 A_1 以下的温度(约 650℃)并保持适当的时间，然后冷却。根据情况，冷却也可以在空气中进行。

(2) 再结晶退火是把经过冷塑性变形(如冷拔)的金属材料加热到高于其再结晶温度，使

之进行重新成核和晶粒长大，以获得和原来晶体结构相同(没有相变)而没有内应力的新的稳定组织。

(3) 消除应力退火是工件因加工而存在内应力，其后容易引起变形、开裂等疵病，通过消除应力退火予以消除并取得平衡，方法同软化退火。

4.2.2　正火

正火是将钢加热到上临界点以上约 30～50℃或更高温度，使奥氏体化并保温，使之均匀化后在静止空气中冷却的热处理工艺。在静止空气中冷却，应理解为钢材在可以自由流通的空气中均匀地冷却，或空气的流通应不受限制或强化，以致改变其冷却速度。如限制空气的流通而减低其冷却速度将成为退火处理；相反，强化空气的流通而加速其冷却速度则将成为风冷淬火。由此可以看出，正火实际上是介于退火和淬火之间的一种热处理工艺。

由于钢材的截面大小不同，其冷却速度也将发生差异。对大型锻件，实际冷却速度将近于钢材退火时的冷却速度；对细小工件，又可与淬火时的冷却速度相近。因此，经正火处理的钢材和工件，其金相组织将视钢的淬透性和钢材及工件的截面大小而不同，可以是各种粗细的珠光体、贝氏体或它们的混合组织，性能也将视金相组织的不同而异。

正火处理的结果因钢材和钢件的钢种、状态和截面尺寸的不同而有很大的差别。对状态和尺寸不同的钢材，可以用正火方法来获得不同的效果。正火处理的目的有：

(1) 对于大锻件和截面大的钢材，细化其晶粒并使其组织均匀化，为下一步淬火打基础。

(2) 改善一些钢种的板材、管材、带材和型钢的力学性能，并使之稳定在一定的水平上。

(3) 改善一些钢种钢材的金相组织和性能，提高它们的可加工性。

(4) 细化和改善一些铸钢件的铸态枝晶组织。

此外，对于某些淬透性不高的钢种、大截面工件，采用淬火，其表面和心部的淬火效果不一样，并不比正火有显著改善(质量效应、尺寸效应)，反而有开裂危险。因此，也可用正火处理来代替淬火。

对于截面尺寸较大的过共析钢，在经过正火处理后，常在晶界上形成碳化物网，以致影响其各种性能。在此种情况下则应避免采用正火处理。

钢的正火与退火工艺还可参阅热处理工艺国家标准 GB/T 16923— 　钢件的正火与退火
2008《钢件的正火与退火》。

4.2.3　淬火和回火

钢的淬火是将钢加热到临界温度(Ac_3 或 Ac_1)以上某一温度，充分保温，使奥氏体化后迅速冷却，使钢的金相组织转变成固溶了第二相的固溶体的工艺过程。对于模具钢而言，主要是马氏体或混有下贝氏体或残留奥代体的混合组织；特殊钢类，可能是奥氏体，此时称固溶处理。

回火是淬火的后续工序，是将淬火后的钢加热到 Ac_1 以下某一温度(根据回火后要求的金相组织和性能而定)，充分保温(使转变完成)后冷却的工艺过程。固溶处理后的钢使第二相析出而强化,此时称时效。

　　淬火和回火都包括两个主要阶段,即加热和冷却。由于加热或冷却的方式方法和介质的不同,淬火工艺或回火工艺也分许多种,淬火有完全淬火、不完全淬火、分级淬火、等温淬火等;回火有低温回火、高温回火、真空回火等。

　　热处理一般分预先热处理和最终热处理两大类。给钢或零件最终性能的热处理称最终热处理,如淬火、回火等;为最终热处理作组织或性能准备的称预先热处理,如退火、正火等。但是,这种区分也不是绝对的,如淬火并高温回火,即调质处理,有时是预先热处理,有时可作最终热处理;预硬钢的热处理,在钢厂是最终热处理,对制造厂而言又是预先热处理。

　　为了满足不同模具零件的不同性能要求,模具零件的最终热处理工艺很多。预硬化型模具钢作为钢厂的产品供应市场,其热处理(淬火、回火)工艺规范(特别是奥氏体化温度和冷却介质)必须符合国家标准或行业标准的规定,不能随意更改(除非用户订货协议规定另有特殊要求)其他工艺参数,如加热时间、加热介质等,可根据具体情况(钢的特性、钢材尺寸、加热炉的类型、生产批量等)而变化。

　　淬火和回火是模具钢或模具零件强化的主要手段,亦即最终热处理。但是,由于模具钢一般是以退火状态交货的,少数钢种允许不热处理(轧制状态)交货,钢厂一般不做淬火、回火处理。自从模具钢精品化、易切钢、非调质钢以及预化型模具钢推广应用以来,钢厂也进行钢的最终热处理。

　　1) 淬火

　　(1) 淬火加热温度。模具钢主要是过共析钢或共析钢,加热温度在 $Ac_1 \sim Ac_{cm}$ 之间,取 $Ac_1 + (30 \sim 50℃)$,大件取上限,细晶粒钢有时可取更高温度。亚共析钢取 $Ac_3 + (30 \sim 50℃)$。

　　(2) 加热介质。通常有气体(空气或控制气体、真空等,宜在对钢有保护作用的控制气体中加热)和液体(主要是盐浴,盐浴的种类很多,应根据加热温度高低及其他条件的不同而选取)。

　　(3) 加热时间的确定。加热阶段包括升温、均温和保温。由于具体加热条件不同,确定加热时间比较复杂,差别也较大。在不同加热条件下,可参考加热时间的经验计算公式。

　　确定加热时间时,主要考虑因素有:

　　① 钢的特性。

　　② 加热炉及加热介质的特性。

　　③ 奥氏体化温度的高低。

　　④ 升温特点,预热与否,以及预热温度及次数。

　　⑤ 装炉方式及装炉量。

　　(4) 冷却。常用的冷却介质有水及各种水溶液、油(各种冷却能力及特性的油)、熔盐或空气等。

　　对冷却介质的基本要求是:

　　① 在钢的过冷奥氏体的不稳定温度范围内具有足够的冷却能力。

　　② 钢在低温相变温度区域具有较低的冷却速度,避免变形、开裂的发生。

　　③ 成分稳定,在使用过程中不易变质或降低冷却性能。

④ 介质在使用条件下有合适的黏度。

⑤ 不易燃，不易爆，无毒。

⑥ 经济，不易得。

影响冷却介质冷却能力的外界因素有介质温度、介质浓度、压力、污染和搅拌条件等。

(5) 淬火方式。常用的淬火方式有：

① 单液淬火法。将钢或零件加热到奥氏体化后淬入水、油或其他冷却介质中，经过一定时间冷却(冷却到低于珠光体转变温度区域或马氏体转变温度区域)后取出空冷。由于冷却过程是在单一的冷却介质中完成的，故称单液淬火法。

② 双液淬火法。淬火冷却过程是在两种冷却介质(最常用的是水、油)中配合完成的，在珠光体转变区域快速冷却，在马氏体转变区域缓慢冷却，使冷却过程较为理想。具体做法是：将加热到奥氏体化温度的钢或零件先淬入高温区快冷的第一种介质中(通常是水或盐水溶液)，以抑制过冷奥氏体的珠光体转变，当冷却到 400℃ 左右时，迅速取出转入低温区缓冷的第二种介质中(通常为油)。由于马氏体转变在较缓和的冷却条件下进行，可有效地缓解或防止变形和开裂，俗称水淬油冷。

双液淬火法需要较高的操作技巧，有时可理解为三种介质，即先水、后油、最终是空气。

③ 喷射淬火法。大型、复杂特别是厚薄差大的工件，为使冷却均匀避免过大的淬火应力，需要控制好冷却过程不同阶段不同部位的冷速方法。

喷射淬火有喷液(水或水溶液)、喷雾(压缩空气和水经雾化喷射到零件不同部位)、气淬等多种方式，其优点是可借助不同介质或不同流量和压力来控制和调节各温度区域的冷速，或改变不同喷嘴数量和位置使冷却均匀。目前，在模具热处理中最流行的是真空高压气淬火。

④ 分级淬火法。将加热到奥氏体化温度的钢或工件淬入温度在马氏体转变温度附近的冷却介质(常用的为盐浴)中，停留一段时间，使工件表面和中心温度逐渐趋于一致后取出空冷，以较低的冷却速度完成马氏体转变。分级淬火法能显著减少变形并且提高钢的韧度，是模具零件常用的淬火方法之一。

分级淬火的可选温度有两种：一种是取被处理工件钢种的马氏体转变开始温度(Ms 点)以上 10~30℃；另一种是选取 Ms 点以下 80~100℃。分级的停留时间也要掌握好，过短则温度不够均匀，不能达到分级淬火的目的；过长则可能发生非马氏体相变而降低硬度。

⑤ 等温淬火法。将加热到奥氏体化温度的钢或工件淬入温度稍高于被淬火钢种 Ms 点的热浴中等温停留，完成相变以获得下贝氏体组织或下贝氏体和马氏体的混合组织。等温淬火法有缓解变形和开裂、淬火应力小的优点，具有与回火马氏体相近的强度和韧度。

一般情况下，等温淬火后可以免去回火。

2) 回火

回火是淬火后不可缺少的后续工序，不可忽视。回火温度的选取完全依据模具零件要求的力学性能而定。以温度高低不同分为：

(1) 低温回火。一般为 250℃ 以下。其目的是在尽可能保留高硬度的条件下，消除或降低淬火应力，恢复一定的韧性而不致过脆，要求高耐磨的冷作模具零件采用。

(2) 中温回火。一般为 350～500℃。其目的是使淬火钢既有一定的强度和弹性，又有足够的韧性和塑性，受冲击的模具零件采用。

(3) 高温回火。一般为 500～650℃之间或更高些。目的是调整钢的强韧性(即综合力学性能)，使其达到最佳的配合，也称调质处理。作为预先热处理时，也为后续工序的表面淬火、渗氮等作组织准备，改善可加工性。此外，对某些高合金钢高温回火，可获得二次硬化效果，提高硬度、耐磨性和尺寸稳定性，消除残留奥氏体。热作和塑料模具零件采用高温回火，目的是提高在模具工作温度下的韧度和耐磨性。

回火保温时间，原则是保温时间要充分，保温不足往往造成不良后果，有时需要两次或多次回火，在保温时间上宁长勿短，通常规定最短不得少于 1 h。快速回火、余热回火(自回火)、局部回火等均不可取。高速钢或高合金模具钢有二次硬化效应，必须反复回火 2～4 次。

回火后的冷却。一般均取空冷。含 Mo 的模具钢不必担心回火脆性发生，缓慢冷却效果更好，因为细微的二次碳化物在此过程中析出。

钢件的淬火与回火

钢的淬火与回火工艺可参阅 GB/T 16924—2008《钢件的淬火与回火》。

3) 冷处理

冷处理亦称冰冷处理、零下处理、深冷处理，是淬火冷却到室温后继续冷却到钢的马氏体转变开始点 Ms 以下某一温度，一般为 -60～-196℃，使在室温未完成转变的奥氏体转变成马氏体。冷处理的目的：一是使模具零件具有精度保持性(尺寸稳定性)，防止在室温因残留奥氏体转变而发生尺寸变化；二是促使未转变的奥氏体更多地转变成马氏体，进一步提高硬度，从而提高零件的耐磨性和使用寿命。

冷处理工艺依据模具零件所采用的钢种而定，一般取 -60～80℃已足够，过度地降温也不能使奥氏体全部转变，反而增加成本和开裂的可能性，特殊情况下可冷却到更低温度，如 -196℃左右。冷却介质，常用的有在工业冰箱或特制的冷处理专用设备的空气介质中冷却；也有在干冰(固体 CO_2)加入酒精的溶液中冷却(此法一般只能冷却到 -60℃左右，且不易控温，能耗大)；还有在液氮中(-196℃左右)冷却，此时为强调深冷，区别于一般的冷处理，亦称深冷处理，对于某些高铬钢的冷冲模零件效果尤为明显。

冷处理时，钢中残留奥氏体向马氏体转变主要发生在冷却过程中，中间停留会使奥氏体稳定化而影响马氏体转变的彻底完成。达到预定的冷处理温度，视零件尺寸大小和装炉情况估计内外均温后即可，不需要特定延长保温时间。冷处理应在淬火后立即进行(即连续进行)，但是，为了节约能源消耗，一般先用冷水冲洗，逐渐降温后再放入冷处理设备中或介质中，降温宜缓慢，冷速过快易造成开裂。冷处理完成后，取出工件在空气中自然缓慢地升到室温，然后再进行回火。为防止开裂，也可采用淬火后先行低温(小于 200℃)回火再冷处理的工艺，但冷处理效果就不太好了。

冷处理主要用于冷作模具的精密零件。

4) 火焰表面淬火

火焰加热表面淬火在模具制造中获得应用，如汽车车身覆盖件大型拉延模、大型塑料模、大型冲模等的工作零件刃口。此类零件利用火焰表面淬火有其独特的优点且降低成本。

目前，我国多用手工方法淬火，缺点较多。若能改进为用机械化、自动化程度高的操作方法，则更能保证质量和进一步提高质量。

淬火后能获得的最高硬度决定于钢的碳含量、淬火温度和冷却条件等因素。火焰淬火是一种操作技巧很强的工艺，尤其在手工操作情况下，必须同时具备合适的工具。冷作模具钢如 CrWMn、Cr12MoV 等均可进行火焰淬火而不导致产生裂纹，表面硬度要达到 800 HV 左右，淬火后空冷即可。球墨铸铁、合金铸铁也可进行火焰淬火，淬火后最高硬度可达 55～60 HRC。

我国研制的 7CrSiMnMoV 钢是优秀的火焰淬火型冷作模具钢。加热时注意防止过热，避免氧化和晶粒粗大化。

火焰淬火工艺规范，可参考热处理工艺行业标准 JB/T 9200—1999《钢铁件火焰淬火回火处理》。

4.2.4　真空热处理

实践证明，模具零件采用真空热处理是目前的最佳方式。真空热处理后模具寿命普遍有所提高，一般可提高 40%～400%。真空热处理的关键是采用合适的设备，即真空退火炉、真空淬火炉和真空回火炉。

1. 真空热处理炉

1) 真空退火炉

真空退火炉的主要特点是真空度要求高($10^{-2}～10^{-3}$Pa)，炉子的升降应能自动控制，最好为微机系统。若有快冷装置，则可提高生产率。真空炉退火的工艺与非真空炉退火基本相同。

2) 真空淬火炉

气淬炉比油淬炉好。油淬时，工件表面会出现白亮层(其组织为大量残余奥氏体，不能用温度为 560℃ 左右的一般回火加以消除，需要更高温度即 700～800℃ 才能消除)。气淬时，工件表面质量好、变形小，不需清洗，炉子结构也较简单。一般处理高合金模具钢或高速钢模具工件时，选用高压气淬炉或气淬炉较为理想。如采用压力为 0.5～0.6 MPa 的高压气淬时，$\Phi80～\Phi110$ mm 的工件能淬硬。

3) 真空回火炉

真空回火炉是不可缺少的，有些单位无配套的真空回火炉而用普通炉回火，往往会出现表面质量差、硬度不均匀、回火不足等缺陷。若处理有回火脆性的钢种，一定要快冷，采用工作温度在 700℃ 以下可进行对流加热的高压气淬炉最为理想，且一炉两用。

2. 真空热处理工艺

1) 清洗

真空脱脂方法，是目前最先进和最可靠的清洗方法。

2) 真空度

真空度是重要的工艺参数。在高温高真空度下，钢中的合金元素易蒸发，会影响模具零件的表面质量和性能。模具钢加热温度与真空度要求的关系见表 4-6。

表 4-6　模具钢加热温度与真空度要求的关系

加热温度/℃	≤900	1000～1100	1100～1300
真空度/Pa	≥0.1	1.30～13.3	13.3～666.0

3) 加热与预热温度

真空热处理的加热温度为 1000～1100℃时，应在 800℃左右进行一次预热。加热温度高于 1200℃时，形状简单、小型的零件在 850℃进行一次预热；较大的或形状复杂的零件，应进行两次预热，第一次在 500～600℃，第二次在 850℃左右。

4) 保温时间

由于真空加热主要靠辐射，而低温时辐射加热较慢，故平均加热速度比有对流的炉子慢，加热时间相应要延长。一般认为真空加热时间为盐浴炉加热时间的 6 倍、空气炉加热时间的 2 倍。

设 K 为保温时间系数，B 为工件有效厚度，T 为时间裕量，则保温时间 C 可按下式计算：$C = KB + T$。K 值和 T 值可查表 4-7 选定。

表 4-7　真空淬火保温时间计算参数

材　料	淬火保温时间系数 K/(min/mm)	时间裕量 T/min	备　注
非合金工具钢	1.9	5～10	560℃预热一次
低合金工具钢	2.0	10～20	560℃预热一次
高合金工具钢	0.48	20～40	560℃预热一次 800℃预热一次
高速工具钢	0.33	15～25	560℃预热一次 850℃预热一次

5) 冷却

真空炉常用的冷却气体为 H_2、He、N_2、Ar。如以 H_2 为冷却气体的冷却时间为 1 h，则以 He、N_2、Ar 为冷却气体的冷却时间分别为 1.2 h、1.5 h、1.75 h。空气中氢气含量大于 5%时，就有爆炸危险。所以，H_2 虽然冷却最快，但人们仍然很少采用。国外最佳气体选择为 60%～70%的 He 和 30%～40%的 N_2。0.6 MPa 以上真空炉冷却气体可采用净化装置，再生利用，气体可多次循环利用(一般可达 50 次)，可降低热处理成本。国内真空炉采用高纯氮(99.99%)较多，一般用液氮装置。实践证明：0.6 MPa 循环气体流速为 60～80 m/s 时，其冷却能力已达到或超过 550℃盐浴冷却或冷却流态床，有较满意的冷却效果。常用模具钢真空热处理工艺见表 4-8。

表 4-8　常用模具钢的真空热处理工艺

钢号	预热		淬火			回火温度 /℃	硬度 /HRC
	温度/℃	真空度/Pa	温度/℃	真空度/Pa	冷却		
9SiCr	500～600	0.1	850～870	0.1	油(40℃以上)	170～190	61～63
CrWMn	500～600	0.1	820～840	0.1	油(40℃以上)	170～185	62～639
9Mn2V	500～600	0.1	780～820	0.1	油	180～200	60～62
5CrNiMo	500～600	0.1	840～860	0.1	油或高纯 N_2	480～500	39～44
Cr6WV	一次 500～550 二次 800～850	0.1	970～1000	10～1	油或高纯 N_2	160～200	60～62

续表

钢号	预　热		淬　火			回火温度 /℃	硬度 /HRC
	温度/℃	真空度/Pa	温度/℃	真空度/Pa	冷却		
3Cr2W8V	一次 480～520 二次 800～850	0.1	1050～1100	10～1	油或高纯 N_2	560～580 600～640	42～47 39～44
4Cr5W2SiV	一次 480～520 二次 800～850	0.1	1050～1100	10～1	油或高纯 N_2	600～650	38～44
7CrSiMnMoV	500～600	0.1	990～900	0.1	油或高纯 N_2	450 200	52～54 60～62
4Cr5MoSiV1	一次 500～550 二次 800～820	0.1	1020～1050	10～1	油或高纯 N_2	560～620	45～50
Cr12	500～550	0.1	960～980	10～1	油或高纯 N_2	180～240	60～64
Cr12MoV	一次 500～550 二次 800～850	0.1	980～1050 1080～1120	10～1	油或高纯 N_2	180～240 500～540	60～64 58～60
W6Mo5Cr4V2	一次 500～600 二次 800～850	0.1	1100～1150 1150～1250	10	油或高纯 N_2	200～300 540～600	58～62 62～66
W18Cr4V	一次 500～600 二次 800～850	0.1	1000～1100 1240～1300	10	油或高纯 N_2	180～220 540～600	58～62 62～66

3. 模具零件真空热处理时的注意事项

1) 淬火加热时的真空度

模具材料含有较多的合金元素,蒸气压较高的元素(如 Al、Mn、Cr、Si、Pb、Zn、Cu 等)在真空中加热时易发生蒸发现象,尤其是含 Cr 量高的钢种,要适当控制淬火加热时的真空度,以防止合金元素的挥发。

2) 预热

为减少加热模具零件因内外温差而产生的热应力和组织应力,对复杂的或大截面的模具零件要进行多次预热,而且升温速度也不能太快,这是减少或防止变形的关键方法之一。

3) 淬火工艺

高速钢、高 Cr 钢和 3Cr2W8V 钢等较大截面的气淬钢模具零件,应尽量推荐在高压气淬炉内进行处理。如气冷速度不够要进行油淬时,必须采用气冷油淬工艺,以防油淬后工件表面出现白亮层组织。

4) 加热时间

真空淬火加热温度基本上可与盐浴加热和空气加热的温度相同或略低一些。但应注意,升温时工件升温速度远比炉温(指示温度)慢,故均温、保温时间视装炉情况要适当延长。

5) 模具零件的放置

装料的合理与否对热处理后的质量影响很大,考虑到真空加热是以辐射为主,模具零件在炉内应放置适当,小零件需要用金属网分隔,以使加热和冷却均匀。

钢的真空热处理工艺，还可参考热处理工艺行业标准 JB/T 9210—1999《真空热处理》。

真空热处理

4.3　冷作模具钢的热处理

冷作模具的工作零件承受着拉压、弯曲、冲击、疲劳、摩擦等多种机械力的作用，易使模具零件发生脆断、坍塌、磨损、咬合、啃伤、软化等现象而失效。因此，冷作模具用钢应在相应的热处理后具备高的变形抗力、断裂抗力、耐磨损、抗疲劳、抗咬合等能力。

4.3.1　冷作模具钢的合金化与热处理特点

1. 冷作模具钢合金化特点

(1) 含有较多的提高钢淬透性的合金元素，如 Cr、Ni、Mn、Mo 等，而且是多元合金化，促使多元素综合作用，使冷作模具钢具备各种特殊性能。

(2) 合金元素降低钢的马氏体相变点 Ms，淬火后有一定量的残留奥氏体，有利于减少淬火变形，也有利于提高韧性。

(3) 碳是提高钢淬硬性的最主要元素，要求高硬度的冷作模具钢大多数是高碳的过共析钢，淬火后的组织中除了含碳马氏体和残留奥氏体外，还有过剩的碳化物相，它对钢的硬度、强度、耐磨性、回火抗力、二次硬化能力、细化晶粒等都有影响。因此，要特别重视碳化物尤其是合金碳化物的作用，控制碳化物的种类、形态和分布状态。碳化物分一次碳化物和二次碳化物，一次碳化物的直径为几微米，细微二次碳化物的直径在 0.1 μm 以下。模具钢中常见的碳化物的类型和性质见表 4-9。

表 4-9　模具钢中常见的碳化物的类型和性质

碳化物类型	典型结构	硬度/HV	性　　质
M_3C	Fe_3C	1150～1340	模具钢中最基本的碳化物。在合金钢中，Fe_3C 中的 Fe 原子一部分被合金元素(如 Cr、W、Co 等)置换，所以用 M_3C 表示。淬火后在 200℃左右回火时，先折出 ε 碳化物(Fe_2C 或 Fe_4C)，再经 300℃以上回火时变成 Fe_3C
$M_{23}C_6$	$(Cr，Fe)_{23}C_6$	1000～1520	是高 Cr 钢中的主要碳化物，如高铬不锈钢、高速钢等。经淬火或固溶处理后很容易溶入基体中，高温回火时析出。高铬钢含有 W 或 Mo 时，则呈$(Cr、Fe、W)_{23}C_6$或$(Cr、Fe、Mo)_{23}C_6$形态，硬度更高

碳化物类型	典型结构	硬度/HV	性　　质
M_7C_3	$(Cr, Fe)_7C_3$	1600~1820	高 Cr 钢中存在的碳化物，比其他碳化物粗大，淬火后难于溶入基体，残留于基体上，对提高耐磨性作用很大。含有这种碳化物的钢在锻造时呈纤维状排列，使钢在淬火后的尺寸变化和冲击韧度值有方向性差异
M_2C	Mo_2C W_2C	1800~2200 3000	W_2C 或 Mo_2C 是其代表性碳化物，存在于高速钢中，在回火时析出，对高速钢的二次硬化作用很大。回火温度过高则形成 M_6C
M_6C	Fe_4Mo_2C	1670	存在于含 W、Mo 的钢中，如高速钢等，对提高耐磨性作用很大
MC	$VC~V_4C_3$ WC TiC N_6C	2400~3200	存在于含 V 的钢中，以 $VC~V_4C_3$ 各种形态存在，淬火时不溶于基体，对含 V 钢的耐磨性有重大贡献。含 W 的高速钢、热作模具钢等，若高温退火而析出稳定的 WC，则恶化淬火性能。MC 是所有碳化物中硬度最高的

冷作模具钢一般以退火状态交货供应市场，钢厂都经过良好的退火处理，保证达到国家或行业标准中规定的质量要求。

淬火回火是冷作模具零件强韧化的最主要方法。需要提出的是，模具零件淬火工艺参数(偏离常规范围如淬火的奥氏体化温度或淬火温度偏离常规的温度范围)是常有的，有时是必要的，也就是说零件的热处理工艺过程必须结合生产实际情况。回火的工艺规范则取决于模具零件的热处理技术要求。

2. 冷作模具钢的热处理特点

(1) 冷作模具钢含合金元素量多且品种多，合金化较复杂。钢的导热性差，而奥氏体化温度又高，因此加热过程宜缓慢，多采用预热或阶梯式升温。

(2) 为保护钢的表面质量，加热介质应予以重视，所以普遍采用控制气氛炉、真空炉等先进加热设备和方法，盐浴加热应充分脱氧、净化。

(3) 在达到淬火目的前提下，应采用较缓和的冷却方式。等温淬火、分级淬火、高压气淬、空冷淬火等是常用方法。

(4) 为了进一步强化，常采用冷处理或渗氮等表面强化处理方法，效果显著。

(5) 盐浴处理后应及时清理，工序间的防护工作应加以重视。

(6) 冷作模具钢价格昂贵，冷作模具零件加工复杂、周期长、制造成本高，工艺制订和操作应十分慎重，避免质量事故，保证生产全过程的安全。

4.3.2 非合金冷作模具钢的热处理

非合金冷作模具钢即非合金工具钢，也称碳素工具钢。碳素工具钢系列的几个钢号

(T7～T13)用作小型、简单的冷作模具零件非常普遍，应用最多的是 T8A 或 T10A。

尽管对模具的要求愈来愈高，为此研制、开发了许多各具特性的合金模具钢，在许多场合下合金钢取代了非合金工具钢，但是，非合金工具钢仍然在模具制造中保持着原有地位。随着冶金技术的发展，非合金工具钢虽然不含合金元素，但经过精心冶炼、加工和良好的热处理，依然成为模具零件的重要材料之一。

按化学成分，尤其是 P、S、Si、Mn 的含量和纯净度，钢可分为三个精度等级，即优质钢、高级优质钢(钢号后带"A")和特级优质钢(钢号后带"E")。我国碳素工具钢只有优质钢和高级优质钢，其成分中 P、S、Si、Mn 以及杂质合金元素 Cr、Ni、Cu 的具体规定，见有关标准。

从碳素工具钢的奥氏体等温转变图中可以看出，在转变倾向最大的温度范围，转变开始的孕育时间是很短的，淬透性很差。为了避免在马氏体形成之前发生非 M 转变，需要极高的临界冷却速度；为了达到完全淬硬，需要用剧烈的冷却剂，一般是水和水溶液；为了防止产生软点，可在水中添加 10% 的 NaCl(食盐)或 5% 的 NaOH(氢氧化钠)，以提高淬火烈度。即使如此，马氏体淬硬层仍然很浅，仅有 2～3 mm，在心部区域则低于临界冷却速度，转变在珠光体、贝氏体区域进行，这样，碳素工具钢淬火后心部具有良好的韧性，这是优点。含 Si、Mn 及残剩的 Ni、Cr、Cu(来自废钢)都可以使临界冷却速度降低，提高淬透性，增加淬硬层深度，然而这样又使淬火时产生裂纹的危险性增加。所以，对于这类钢有时可以进行油淬，但较难掌握。通常，采用水油双液淬火有较好的效果。

碳素工具钢在 1050～800℃之间进行热加工变形，温度过高，则产生粗晶粒组织，过共析钢还会形成粗的渗碳体，此时，可进行一次正火或调质处理加以改善。锻造以后，为了改善可加工性，进行退火是必要的，退火组织是淬火的最佳原始组织。有时为了消除加工应力，要进行消应力退火。

1. 淬火

淬火时，必须缓慢、均匀地加热到淬火温度。一般是将预热过的工件转到已经处于淬火温度的炉子中，对盐浴炉加热，这样很重要，一是可避免因工件潮湿(含水分)直接放进盐浴中而导致爆炸，二则可避免初始升温的应力。国内的热处理工作者不够重视，认为只有高合金钢因导热性差、淬火温度高才这样做。其实，碳素工具钢在加热初的低温阶段(≤600℃)预热也很有必要，这样进一步的加热就可以迅速进行，因为钢在高温下已有相当好的塑性了，最好是在脱氧良好的盐浴炉、真空炉或带保护气氛的炉内加热。

淬火温度，过共析钢取 780～800℃。形状复杂或小尺寸的工件取下限；形状简单的大工件则取上限，甚至稍高的温度，如 820℃。到达淬火温度后应保温一定的时间，然后淬入水或盐水中，视工件具体情况作适当运动，水温以 20～30℃(即室温)为宜；淬油时，油温以 50～60℃为宜，可获得最佳淬火效果。对可能会产生较大应力或淬裂的工件，建议采用水油双液淬火。

2. 回火

淬火以后应立即回火，最好是工件淬火冷却到 100℃时即从淬火介质中取出，然后在 150～300℃之间取一合适温度回火到符合要求的硬度和韧度。回火需保温足够长的时间，然后在静止空气中冷却。局部淬火的工件一般整体回火。

对于模具工作零件，"快速回火""自回火""局部回火"等工艺方式是不相宜的，回火必须充分，淬火应力消除不彻底，在后续加工如磨削、线切割时容易发生裂纹，即使在后续加工中不出现问题，也易发生早期失效，缩短模具寿命。

4.3.3　低合金冷作模具钢的热处理

低合金冷作模具钢俗称油淬钢，主要是 GB 1299 标准中的低合金工具钢，用于非合金工具钢淬透性不足、模具零件淬硬层浅或淬火变形较大的情况下取代非合金工具钢的场合。当这一类钢含 Mn 或 Si 的量偏低，或模具零件尺寸较大时，必须水淬，否则达不到预期效果。因此，模具零件形状复杂、淬火开裂危险性较大时，不宜采用这一类钢，低合金冷作模具钢的热处理(淬火、回火)原则上与非合金工具钢基本相同。

1. 铬钨锰钢

铬钨锰钢有 CrWMn 钢和 9CrMn 钢两种，两者碳含量和合金元素量均有差异。国内通常认为 9CrMn 相当于美国 AISI 的 O1。其实两者有差别，O1 钢有时含 V，而 Cr、W 含量较低(0.4%~0.6%)。

一般淬火温度为 820~840℃，$\phi 40$~$\phi 60$ mm 尺寸零件油冷能淬透，淬透性算是比较好的。由于淬火温度低，又在油中冷却，变形小且尺寸稳定性好。淬火温度应根据模具零件的尺寸大小、形状及其他生产条件做适当调整。

回火温度一般取 170~200℃，回火后硬度一般可达 60HRC 左右。在 250~350℃回火，会使韧性下降，应避免。低温回火，保温时间要充分，最好两次回火。

2. 锰钒钢

9Mn2V 钢是不含 Cr、Ni 的经济型低合金冷作模具钢，相当于德国的 90MnV8(DIN)，热处理工艺性良好，变形开裂倾向小，在 100℃左右的热油中淬火效果更好。但是，它的淬透性、淬硬性、回火抗力、强度、磨裂倾向等均不如 CrWMn 系的钢种好。9Mn2V 钢的油淬临界直径为 $D_0 = 30$ mm。钢的回火抗力差，并且不宜在 200~250℃的温度范围内回火，因为有低温回火脆性。常规热处理工艺为：

(1) 等温退火，760~780℃奥氏体化，670~690℃等温并充分保温，硬度≤29 HRC。

(2) 淬火，780~820℃，油冷，硬度≥61 HRC。若在 820~850℃淬火，硬度可达 63~65 HRC。

(3) 回火，一般取 180~200℃，硬度≥59 HRC。若两次回火，效果更好。硬度要求较低的塑料模具零件，可采用 350℃回火。

3. 高碳铬钢

高碳铬钢 Cr2 和滚动轴承钢 GCr15 的化学成分和性能基本相同，价廉易得，是经济型淬油淬水通用的冷作模具钢。其淬火临界直径 D_0(油)为 15~25 mm，D_0(水)为 30~50 mm。

冲模型腔变形趋势是薄型趋胀，一般模具零件油淬或碱浴淬火趋缩。用硝盐浴或热油浴分级淬火，内孔趋胀，但变量小。

Cr2 钢模具零件壁厚≤25 mm 可用油淬，$\phi 180$ mm 以下的可用煤油、碱浴或盐水溶液淬硬。

回火温度一般取 160~180℃，强韧性好。250℃左右回火，韧性下降。

9Cr2 是 Cr2 的低碳品种。GCr15 是滚动轴承专门用钢，冶金质量比 Cr2 高，由于市场性好，国内普遍应用。

4. 铬硅钢

9SiCr 在我国有悠久的使用历史，有丰富的使用经验。9SiCr 与弹簧钢 Si60S2Mn、轴承钢 GCr15 都是中小型轻载冷作模具零件的常用材料，并且可以互相替代。

Cr、Si 可提高钢在贝氏体转变区的稳定性，Si 还可细化碳化物，有利于提高耐磨性、回火稳定性和塑性变形抗力。9SiCr 具有易于消除网状碳化物且使碳化物细小并均匀分布、淬透性和淬硬性较好等优点，回火时随温度升高硬度下降、变化平缓。9SiCr 钢宜采用等温淬火和分级淬火。

由于钢退火的原始组织对钢的可加工性、淬火质量有显著影响，9SiCr 钢原材料供货状态或锻后退火要严格控制，硬度宜小于 229 HBS，珠光体级别以 2~4 级为宜。

9SiCr 钢的缺点是易氧化、脱碳，淬火加热时应防止钢的氧化脱碳，淬火后残留奥氏体少。常规淬火温度为 850~870℃，硬度可达 63~64 HRC；硬度要求 58~61 HRC 时，回火温度取 200~250℃。中等载荷模具零件，硬度要求为 56~58 HRC，取 280~320℃回火；要求韧度较高时，硬度为 54~56 HRC，回火温度取 350~400℃。

5. 硅锰钢

实践证明，弹簧钢 60Si2Mn 制作韧性要求较高的冷作模具零件(如内六角螺钉冷镦冲头等)有良好的效果，故广为采用。由于含 Si，钢有脱碳敏感性，即使只有轻微的脱碳，也会对耐磨性和疲劳抗力有明显损害。

60Si2Mn 钢的淬火温度正常取 850~870℃，油冷。回火温度视模具零件的硬度要求而取，如 400℃回火，硬度 46 HRC；500℃回火，硬度 40 HRC；600℃回火，硬度 34 HRC。

在 ISO 4975—1980 标准中，60Si2Mn 曾作为冷作模具钢被收入，但在 1999 年修订后取消了，可能作冷作模具零件不是很相宜，或者归入弹簧钢更合理。

4.3.4　高合金冷作模具钢的热处理

1. 高碳高铬钢

高碳高铬钢是高级冷作模具钢，应用最多最广，代表性钢号有 Cr12、Cr12MoV、Cr12Mo1V1、Cr12W 等。Cr12Mo1V1 含 Mo 和 V 的量比 Cr12MoV 高且又含少量 Co，品质更高。

高碳高铬钢淬透性极高，具有微变形性。ϕ100 mm 以下的 Cr12MoV 钢或 ϕ50 mm 以下的 Cr12 钢在空气中即可淬硬，热处理后可获得更高的耐磨性、抗压强度和热稳定性。

由于含高碳高铬，故含有大量碳化物，预先热处理欠佳时，易形成共晶碳化物偏析，促使淬火异常变形或脆化倾向。正常淬火状态下，一般含 10%~12%的未溶碳化物、15%~20%的残留奥氏体。

Cr12Mo1V1 钢正常淬火温度在 1010℃左右可获得最佳硬度，而 Cr5Mo1V 和 Cr12W 的正常淬火温度分别为 950℃和 980℃。如果淬火后进行冷处理，则获得最高硬度的淬火温度要稍高一些。

回火温度均取 180~200℃，以保持高硬度(60HRC 以上)。高碳高铬钢在高硬度时仍有一定韧性，是由于含有较多的残留奥氏体。回火温度升高，硬度下降。

国内试验结果表明，Cr12Mo1V1 钢真空加热淬火后的硬度：≤ ϕ50 mm，气淬 62 HRC，油淬 63 HRC；ϕ50 mm~ ϕ100 mm，气淬 61~62 HRC，油淬 63HRC；> ϕ100 mm，气淬 59~60 HRC，油淬 60~61 HRC。

D2 钢(Cr12Mo1V1)若采用较低的淬火温度(如 950~1000℃)，在获得较高硬度的同时又可获得较高的韧度。

如采用较高的淬火温度(如 1050℃)和 525℃回火，ϕ50 mm 以下试样所获得的硬度值与试样的尺寸无关，优点是残留奥氏体在高温回火时被分解了，模具在随后的工作压力下不会因残留奥氏体转变成马氏体而造成不良后果。由于高温淬火提高了钢的回火抗力，所以，也用于冲击韧度要求不高的热作模具零件。

高碳高铬型冷作模具钢淬火回火后金相组织检验，可参阅 JB/T 7713—2007《高碳高合金钢制冷作模具显微组织检验》。高碳高铬钢在淬火回火后可用渗氮处理进一步强化，渗氮后的表面硬度与钢种和渗氮温度关系较大，非合金工具钢效果较差。渗氮温度取 500~550℃为宜，渗氮温度超过 600℃，则所有钢种的表面硬度都不高。

高碳高合金钢制冷作模具显微组织检验

模具零件热处理后，除要求硬度外，表面粗糙度的变化也是需要考虑的重要因素。日本的研究结果表明，SKD11(相当于 Cr12MoV 钢)经 550℃、5 h 离子渗氮后粗糙度变化较小，见表 4-10。渗氮前加工到 Ra 为 0.5~0.20 μm，离子渗氮后粗糙度提高到 0.65~0.70 μm；如果原来粗糙度 Ra > 2 μm，则离子渗氮处理前后的粗糙度变化极小。其他钢种和不同气体混合比的情况，这种变化倾向差不多。总之，离子渗氮对模具零件表面粗糙度的影响很小。

表 4-10　SKD11 钢离子渗氮后表面粗糙度变化

渗氮前/μm	550℃、5 h 离子渗氮 N_2 : H_2		
	4 : 1	1 : 1	1 : 4
0.05	0.70	0.65	0.67
0.20	0.70	0.65	0.70
2.15	2.30	2.30	0.35

日本几种常用冷作模具钢和高速钢离子渗氮后的表面硬度见表 4-11。

表 4-11 日本几种常用冷作模具钢和高速钢离子渗氮后的表面硬度
(真空度 399.966Pa，渗氮时间 5h)

渗氮温度/℃		500		550		600
气氛比例 N₂：H₂		1：1	4：1	1：1	4：1	1：1
钢种	前处理	HV	HV	HV	HV	HV
SK3	退火	510～530	750～780	750～780	660～720	510～540
(T10A)	淬火回火	760～790	750～780	710～760	640～720	510～540
SKS3	退火	580～610	770～800	770～800	670～710	500～520
(9CrWMn)	淬火回火	860～900	790～820	780～830	780～820	500～520
SKD11	退火	1380～1450	1150～1180	1120～1170	1150～1200	780～810
(Cr12MoV)	淬火回火	1400～1430	1140～1180	1160～1170	1100～1160	860～940
SKD51	退火	1250～1270	1130～1150	1190～1220	1190～1220	760～810
(W6Mo5Cr4V2)	淬火回火	1450～1480	1240～1270	1210～1260	1210～1260	950～970

注：括号内为相应的中国钢号。

2. Cr6WV 钢

Cr6WV 钢介于莱氏体钢和过共析钢之间，淬透性与 Cr12 钢相近，尺寸 $\phi100$ mm 以下的零件在硝盐浴或热油中分级淬火可淬硬，在淬火和低温回火(960～980℃淬油，200～300℃回火)后含有约 8%～10%的碳化物、15%～20%的残留奥氏体。与 Cr12 钢比，其残留奥氏体少，碳化物均匀，变形均匀且小，有更好的强韧性。与 Cr12MoV 钢比，其淬透性、耐磨性、二次硬化能力、淬火变形可调节性等较差。该钢过去应用较多，在不同场合中作 Cr12 钢或 Cr12MoV 钢的代用品。

3. Cr4W2MoV 钢

我国高碳高铬型冷作模具钢改进型钢号是 Cr4W2MoV，已列入合金工具钢国家标准。其成分特点是降低碳和铬的含量，合金元素总量减少 1/3，Cr 含量减少 2/3，但性能与 Cr12 或 Cr12MoV 接近，碳化物细小均匀，成本降低。

4. Cr5Mo1V 钢

高碳中铬钢 Cr5Mo1V 已列入合金工具钢国家标准，是一种值得推广的空冷淬硬冷作模具钢，与美国的 A2 钢、德国及欧共体的 X100CrMoV5-1 相同，是国际上通用的钢种。正常热处理后其耐磨性优于 CrWMn、9CrWMn，而韧性优于 Cr12、Cr12MoV、Cr12Mo1V1，既有较好的耐磨性，又有一定的韧性和抗回火软化能力，应推广应用。可惜，目前尚未被国内用户熟悉，订货不多，市场性较差。

4.3.5 火焰淬火型冷作模具钢的热处理

为了简化大型、特大型冷作模具的生产过程，国内外都有专门的火焰淬火钢。我国应用较成熟和普遍的 7CrSiMnMoV 钢，热处理工艺性特点是：

(1) 淬火温度范围很宽(850～1000℃)，在相差约 150℃的温度范围内淬火都能获得满意的结果，适应手工操作淬火。

(2) 淬透性很高，空冷后表面硬度高，心部性能也好。

(3) 淬火变形小。

7CrSiMnMoV 钢热处理工艺要根据模具零件的实际情况及生产设备而定，处理结果也与操作和工艺过程控制有很大关系。淬火温度宜偏高，随着淬火温度的提高，碳化物和合金元素能充分溶入奥氏体，淬火后使钢的强韧性、硬度提高，残留奥氏体也略有增加，所以，应该在保证晶粒不太粗大而恶化的前提下，采用尽可能高的淬火温度。回火温度一般取 150～200℃，简单小型的冷冲模可以不回火直接使用，即采取自回火方式。7CrSiMnMoV 钢整体淬火回火的效果亦好。

4.3.6　基体钢的热处理

所谓基体钢是指其化学成分设计与普通高速钢正常淬火后的基体成分类同，含碳量(质量分数 0.5%～0.7%)比高速钢低，所以，剩余碳化物少。通过正确的热加工，其碳化物细小而均匀分布，具有较高的硬度和耐磨性，而且韧度和抗弯强度明显优于高速工具钢，工件的淬火变形也减少，在冷作模具材料中受到重视和应用。

1. 6Cr4W3Mo2VNb 钢

6Cr4W3Mo3VNb 钢(曾用代号 65Nb)是我国自行研制开发的高强韧冷作模具钢，已纳入国家标准。其特点是加入 Nb 元素阻止奥氏体晶粒长大，起到细化晶粒的作用，还改善了钢的工艺性能。

退火，一般采用等温退火，加热温度为 860℃±10℃，740℃±10℃等温 6 h，硬度≤217 HBS。如果等温时间由 6 h 延长到 9 h，硬度还可进一步降低，有利于冷挤压成型。

淬火，正常淬火温度为 1080～1160℃，油冷。

回火，一般取 520～560℃，回火保温时间 1～2 h，回火两次。回火温度取上限，韧度较好；取下限，则强度较高。

2. 7Cr7Mo2V2Si 钢

7Cr7Mo2V2Si 钢(曾用代号 LD)也是我国自行研制开发的高强韧冷作模具钢，应用相当普遍并获得较好的经济效益。

7Cr7Mo2V2Si 钢含合金元素量和含碳量比 6Cr4W3Mo2VNb 钢稍高，所以，在保持高韧度的情况下，其抗压、抗弯强度以及耐磨性优于 6Cr4W3Mo2VNb 钢。

退火，可采用普通退火和等温退火。普通退火，加热温度为 860℃±10℃，保温后随炉缓冷，硬度为 210～270 HBS；等温退火，加热温度为 860℃±10℃，等温温度为 740℃±10℃，等温保温 4～6 h，缓冷到≤400℃出炉空冷，硬度为 220～250 HBS。

淬火，常规淬火温度为 1100～1150℃，油冷。

回火，温度取 530～540℃，回火 2～3 次，每次保温 1～2 h，硬度为 57～63 HRC。

3. 5Cr4Mo3SiMnVAl 钢

5Cr4Mo3SiMnVAl 钢(曾用代号 012Al)是可用于冷作模具和热作模具零件的两用型基体钢，利用铝来细化晶粒和提高钢的韧度。此钢宜渗氮以进一步提高表面硬度和耐磨性，已纳入工具钢国家标准。作冷作模具工作零件时，其可替代高速钢(W18Cr4V)；作热作模具工件零件时，其是 3Cr2W8V 钢的替代品。

退火，850～870℃加热，700～720℃等温 6 h，缓冷到 600℃以下出炉空冷。

淬火，常规淬火加热为 1090～1120℃，温度过高，晶粒胀大而硬度不提高；温度过低，淬火后硬度偏低。

回火，一般取 500～520℃，回火两次，硬度 60～62 HRC。

4. 6W6Mo5Cr4V 钢

由于它的成分近似高速钢 W6Mo5Cr4V2，俗称低碳高速钢，除了降低碳含量外，V 含量也降低，是属于基体钢类的冷作模具钢。碳和钒含量降低改善了碳化物的形态和分布，其抗弯强度、韧度均有所提高，但是仍能保持像高速钢一样的高硬度和耐磨性。其热处理工艺与 W6Mo5Cr4V2 钢基本相同。

退火，加热温度为 840～860℃，保温 2～4 h，缓冷(20～30℃/h)到低于 500℃空冷，硬度 117～299 HBS。

等温退火，840～860℃加热，740～750℃等温 4～6 h，炉冷到低于 550℃空冷，硬度 197～229 HBS。

淬火，一般取 1180～1200℃加热，油冷或盐浴分级淬火，小尺寸亦用空冷。硬度 58 HRC 左右，550℃回火时有二次硬化现象，硬度可超过 60 HRC。

回火，一般取 520～580℃，回火应充分，至少两次，大尺寸零件甚至采用四次回火。

4.3.7　冷作模具用高速工具钢的热处理

高速工具钢是最优秀的刃具钢，由于它具有良好的力学性能以及承受高压力和高弯曲负荷的能力，常被用作冷作模具的工作零件，如冲头，冲裁模的刀片，冷挤压模和冷镦模的凹模、凸模等，此时采用含 W 量高的 W 系高速钢。冷成型模具的刃口在工作时不发生高热量，却承受高的磨损、压力和冲击负荷。

高速钢的生产可用一般的方法，也可用特殊的方法，如真空熔炼法、电渣重熔法、ODISC 法、粉末冶金法等，可以制造出无显微偏析、纯洁、碳化物细小均匀的高品质高速钢。

模具的性能、效能和寿命与热处理有极密切的关系。高速钢一般以退火状态供货，在制造过程中完成淬火、回火，再加冷处理或表面处理。

1. 淬火

高速钢在热加工和退火后，其组织由铁素体基体和不凝聚的碳化物组成。基体中含约 0.3%的碳，合金元素大部分结合在碳化物中。为充分发挥高速钢的特性，必须在热处理时使碳化物的相当部分溶解，为此需要很高的加热温度。碳化物的溶解过程与时间、温度有关。作刃具时，淬火温度选择比较高，这样在不考虑韧度的情况下可以达到最佳的切削性能；但制作模具时，为了保证有相当的韧度，淬火温度选得比较低，特别是形状复杂、大型的模具零件。原始组织均匀分布的碳化物集聚得更快。在淬火时，溶解的合金碳化物决定着高速钢回火的稳定性和高温硬度，而没有溶解的碳化物和基体硬度决定着耐磨性。确定保温时间是比较难的，要根据零件的尺寸和性能要求等实际需要而定。在盐浴炉加热时，一般只规定浸渍时间而不规定保温时间。所谓浸渍时间，包括将工件在最后预热阶段取出放入高温浴中直到取出为止的总时间。一般情况下，高速钢在盐浴炉加热时的浸渍时间可参考各种加热设备的经验数据、公式、图表等。

高速钢的淬火冷却，一般有气冷(高压惰性气体)、油冷、等温淬火、分级淬火等多种。冷却时在 900～700℃温度区间内要尽可能快冷，因为在上述温度停留过长的时间会使有的碳化物预先析出，但是预先析出碳化物几乎是无法完全避免的，所以经淬火后的组织由马氏体、残留奥氏体和未溶解的碳化物组成。初始硬度决定于残留奥氏体量的多少，残留奥氏体的数量决定着韧度，对模具零件而言，韧度是十分重要的。

2. 回火

和其他高合金模具钢一样，淬火后应立即回火。回火使高速钢发生典型的二次硬化现象而硬度略有上升，一般可由初始硬度 62～64 HRC 升高到 65～66 HRC，超硬高速钢可升至 69 HRC。模具零件的回火温度应略高于二次回火硬化温度，W6Mo5Cr4V2 钢可取 600～620℃，以达到强韧化的目的。

回火的作用是消除应力、硬度下降，而超细微的特种碳化物析出又使硬度上升。在达到一定的临界碳化物状态后，硬度又下降。碳化物的析出使残留奥氏体的合金化程度降低，碳化物析出是回火温度冷却时部分残留奥氏体转变为马氏体的先决条件。回火可显著改善韧度，但对耐磨性并没有不利影响，从而改善高速钢模具零件的使用性能。

高速钢至少要进行两次回火，钴高速钢至少要进行三次回火，超硬高速钢要进行四次回火。

高速钢模具零件可以渗氮处理，以进一步提高耐磨性。钼系高速钢比钨系高速钢氮化工艺性好。冷处理或深冷处理的目的也是提高耐磨性。深冷处理能提高耐磨性的原因是部分残留奥氏体转变成马氏体，但是仍留有少量残留奥氏体，减少了刃口崩裂且磨损面凹凸较小，再研磨的费用小，刃口有效长度磨损慢，从而提高了模具寿命。

4.4　热作模具钢的热处理

热作模具品种繁多，归纳起来主要有锤锻模、机锻模、热挤压模、压铸模和热冲裁模等五大类。各种模具的服役条件差异较大，因此其工作零件的热处理技术要求也各异。热作模具的失效形式主要有断裂、热疲劳、塑性变形或型腔坍塌、热磨损和热熔损等，有时多种失效形式同时出现。

热作模具钢的基本性能要求除了有良好的工艺性能外，主要是在不同温度条件下有高的强度、韧度、耐磨性、抗疲劳以及热稳定性。这些特点主要由钢的化学成分和冶炼加工过程所决定。

热作模具钢的合金化特点是：

(1) 含有多种合金元素，如 Cr、W、Mo、Ni、V、Si、Co 等，即多元合金化。但是，各种元素的配比相当讲究，相互补偿，可以使多元素发挥最大作用，对热处理的影响较大。

(2) 相对于冷作模具钢，碳含量较低。

20 世纪 90 年代初期，我国机械工业技术发展基金委员会曾组织有关专家对热作模具钢的失效、性能要求及热处理进行研究，旨在科学合理地选材及热处理，以延长使用寿命。其中涉及 27 种国内外常用的热作模具钢，包括已列入我国国家标准的钢号、新研制成功且性能较好可以推广使用的钢号。

4.4.1　低合金热作模具钢的热处理

低合金热作模具钢韧度较好，主要制造受冲击载荷较大的热作模具的工作零件，代表性钢号是 5CrNiMo 钢和 5CrMnMo 钢。5CrNiMo 钢性能较好，是冷热兼用的模具钢，由于抛光性能也好，有时也作塑料模具零件。

5CrNiMo 钢正常淬火温度推荐取 820～880℃，油冷；回火温度可在 400～600℃之间选择，视模具的工作温度和硬度要求而定，回火应充分，一般两次回火。5CrNiMo 钢锻模的回火与硬度关系见表 4-12。

表 4-12　5CrNiMo 钢锻模的回火温度与硬度

锻模类型	回火温度/℃	保温时间/h	硬度/HRC
小型锻模	490～510	2～3	44～47
中型锻模	520～540	2～3	38～42
大型锻模	560～580	2～3	34～37
中型锻模燕尾回火	620～640	3～4	34～37
大型锻模燕尾回火	640～660	3～4	30～35

5CrNiMo 钢中的碳化物主要是 M_3C，加热到 950℃以上可全部溶于奥氏体，但晶粒较粗大；在 880℃淬火后的组织为针状马氏体和少量板条状马氏体；在 900℃淬火后的组织主要是板条状马氏体，仅有少量针状马氏体。这类钢在 830℃淬火、200～250℃回火后有良好的力学性能，硬度约 54 HRC；在 300℃左右回火，韧性下降，应避免采用。

5CrNiMo 钢经不同温度淬火及回火后断裂韧性值(K_{IC})在 1000℃以下，不受淬火温度高低的影响，这表明 5CrNiMo 钢的 K_{IC} 值对奥氏体晶粒度不敏感。当回火温度低于 450℃时，断口形貌均为沿晶断裂加准解理，并以沿晶断裂为主；回火温度高于 450℃时，断口形貌为韧窝，这与带缺口的一次冲击韧度试验的试样断口相似。

国内常常把 5CrNiMo 钢与美国 L6(AISI)等同看待，其实不然。国外的 5CrNiMo 钢都含有少量 V，如德国的 55NiCrMoV6，不仅含 V，其含 Cr、Ni、Mo 的量也高于 5CrNiMo(GB)。我国 GB/T 11880—2008《模锻锤和大型机械锻压机用模块技术条件》中列有 5CrNiMoV 钢。

模锻锤和大型机械锻压机用模块技术条件

5CrMnMo 是为节约贵重的 Ni 元素，以 Mn 代替 Ni 而来的，也是引自苏联的 SXFM，性能不及 5CrNiMo，尤其是塑性、韧性。由于 Mn 有过热敏感，淬火温度应稍低于 5CrNiMo，取 820～850℃，油冷，回火温度取 490～530℃，40～45 HRC，锻模燕尾回火温度取 600～620℃，硬度 34～37 HRC。以上工艺仅用于边长小于 300 mm × 300 mm 的小型模块。

比 5CrNiMo 更好的热锻模钢，已列入国标的有 4CrNnSiMoV 钢和非标钢号 5Cr2NiMoVSi 钢(代号 45Cr2)，常规热处理工艺为 550℃和 850℃两次预热，980～1000℃奥氏体化，油冷到约 650～700℃转入 300～350℃的炉内，等温 3～4 h，回火温度取 670～680℃，保温 4～5 h，回火两次，空冷即可，硬度 40～44 HRC。

4.4.2　中合金热作模具钢的热处理

含 ω (Cr)5%的钢主要制作压铸模、机锻模等重要热作模具的工作零件，要求有较高的高温性能，如热强性、热疲劳、热熔损、回火抗力、热稳定性等。这一类钢含有 Cr、W、Si、Mo、V 等多种合金元素，碳含量中等，因而韧性好。我国标准中应用最多且具代表性的钢号有 4Cr5MoSiV1、4Cr5MoSiV、4Cr5W2VSi 等钢。下面以 4Cr5MoSiV1 钢(H13 钢)为例讨论。需要说明的是，目前在我国市场上供应的 4Cr5Mo4SiVl 钢(包括外国的 H13 型及其改进型钢号)，品种多且杂，无论是国内各厂生产的还是国外不同国家的同一牌号或类似牌号，在成分设计、性能上多少有些差异，为讨论方便，文内不作严格区别，即资料和观点引自不同来源，仅供参考。

我国的 4Cr5Mo4SiVl 钢与美国的 H13 钢在化学成分上相同，但有不同的质量等级，性能相当或更优，如上海五钢公司的 SW(P)H13。世界各工业国家的工具钢标准中几乎都有类似的钢号。目前，在我国模具钢材料市场上除国产的 4Cr5Mo4SiVl 钢外，外国的有日本的 SKD61，大同特钢公司的 DHAl，日立金属公司的 DAC、FDAC，瑞典(ASSAB)的 8407，德国的 X40CrMoV51，韩国的 STD61 及其改进型，德国蒂森公司的 GS-344、GS-344HT、GS-367(ESR)、GS-344M、GS-344HT Super、GS885EFS、GS344ESR 等。虽然有各自国家的牌号，但都以 H13 钢号出现。

据中国国际模具技术和设备展览会报导，"美国在 1982 年，压铸模型腔 90%以上是采用 H13 钢制造的"。"我国(中国)压铸模材料 3Cr2W5V 已很少应用，普遍采用 H13 和 ASSAB8407 (相当于 4Cr5MoSiV1)等，经热处理和渗氮处理，大幅度提高了压铸模寿命"。

4Cr5MoSiV1 钢的合金含量比 3Cr2W8V 钢低，但抗冷热疲劳性能、韧性、塑性都比 3Cr2W8V 好，在制造压铸模工作零件时取代 3Cr2W8V 钢是合情合理的。但是，不能理解为 4Cr5NoSiV1 的性能比 3Cr2W8V 好，它们各有特性。

市场上供应的 4Cr5MoSiV1 钢或 H13 钢的钢材或模坯，在钢厂都经过了良好的锻造或轧制以及热处理，具有良好的金相组织、适当的硬度、良好的可加工性，原材料不必在制造厂再进行退火处理。但是，改锻成毛坯后，破坏了原来的组织和性能，必须重新退火。常规退火工艺是：860～890℃加热，充分保温后随炉冷却(必要时控制冷却速度延 30℃/h)，低于 500℃可出炉空冷，硬度≤229 HBS。

压铸模的失效分析表明，大多数压铸模失效的原因都是由于热处理不良引起的。人们愈来愈认识到热处理对压铸模的重要性，压铸模的热处理被认为是模具制造的关键之一，而淬火是其中最重要的工序。

H13 钢在淬火加热和冷却时与所有的钢一样，由于热胀冷缩以及相变产物不同而产生体积变化，这就是产生淬火变形和开裂的重要原因。H13 钢压铸模淬火过程中的体积变化(或变形)是有规律的，模具设计者和热处理工作者可以探索这种规律并加以利用，以达到变形量的控制和调整。另一种变形是由于内应力引起的尺寸变化。解决的办法是及时地消除应力，通常进行消除应力退火，像高合金钢的冷作模具一样，淬火加热时一定要充分预热，并防止氧化脱碳。

H13 钢最常用的淬火冷却方法是分级淬火，在 370℃左右的盐浴中冷却，直到模具零件各部位的温度均匀，然后取出空冷。冷却到 80℃左右，要立即回火，回火两次，保温时时间按 1 h / 25 mm 计算，每次不应少于 4 h，两次回火之间零件要冷到室温。盐浴淬火回火后应及时清理。回火一定要充分，这是保证质量的关键。

H13 钢在 500℃左右回火，有二次硬化现象，但韧度下降，因此，对于 H13 钢制作的模具零件，一般不在最高硬度状态下使用。

为了获得最佳韧度，最好是采用高的淬火温度和快速冷却相结合的淬火方式，但是，变形较大。实践证明，H13 钢高温淬火会导致更大的变形。大型复杂的铝合金压铸模工作零件采用分级淬火，可以获得最满意的使用寿命。

清理和精加工以后的 H13 钢模具零件要进行去应力退火(也称第三次回火)，温度比前几次回火低 17℃左右，宜在空气炉中加热，这样一方面消除了应力，另一方面由于在氧化性的空气炉内加热，表面会形成一层可起润滑作用的氧化膜，在模具工作时可减少液态金属对模具的侵蚀，起到保护作用。

若进行渗氮来进一步强化，可替代去应力处理，或者说渗氮与去应力退火合二为一，效果尤佳。H13 钢渗氮后的表面硬度可达 1100～1300HV。低温氮碳共渗(盐浴渗氮、气体氮碳共渗)、离子渗氮对 H13 类钢也是适宜的，但处理温度要低于回火温度，以保证心部强度不降低。试验结果表明，回火温度高低，对渗氮层的深度和表面硬度都有影响；回火温度低、原始硬度高，对深度和硬度分布都有利。

H13 钢压铸模零件的有效渗氮层深度(DN)宜浅不宜深，以 0.1～0.13 mm 为宜，过深容易引起尖锐边角处的崩裂。渗氮可在 510～525℃之间进行，这时并不显著地影响表面硬度。550℃渗氮，表面硬度约为 1100 HV，渗氮深度比在较低温度下渗氮所得到的稍深一些。

气体渗氮的保温时间不宜过长，一般 10 h 足够了，时间过长将使渗氮层表面(最外层)变软。如果渗氮后表面硬度过高，如高达 1300 HV 以上，这样的硬度对许多模具的用途是不适宜的。在这种情况下，可把渗氮后的模具零件在 550～600℃进行再次回火，可提高韧度。

H13 钢制造的模具零件，不论是热作还是冷作加工用，都广泛采用渗氮，但是目前在我国尚不普遍。渗氮工艺还可参考热处理工艺标准，如 GB/T 18177—2008《钢件的气体渗氮》、JB/T 4155—1999《气体氮碳共渗》、JB/T 6956—2007《钢铁件的离子渗氮》等。热作模具钢淬火后的金相组织检查，可参考 JB/T 8420—2008《热作模具钢显微组织评级》。

　钢件的气体渗氮　　　　气体氮碳共渗　　　　钢铁件的离子渗氮　　　热作模具钢显微组织评级

H13 类钢模具零件在淬火回火后进行精加工(如磨削、电火花加工等)的过程中,常常发生磨削裂纹、表面软化(冷却不良、磨削温度超过回火温度)、磨削再次引起内应力等问题,因此,精加工时不仅要注意执行正确工艺,而且在精加工后要及时进行去应力退火。H13 钢的去应力工艺一般为:510~540℃加热,按 1 h / 25 mm 保温,在炉内自然冷却或空冷。

H13 钢制压铸模在使用过程中,若使用前不预热或预热不足,使用过程中不定期消除应力、无润滑剂或冷却不当都容易产生龟裂而早期失效。模具维修后再作渗氮处理,可延长使用寿命。

4.4.3 高合金热作模具钢的热处理

3Cr2W8V 是另一典型的热强型高耐磨热作模具钢,应用久并且极为广泛。但是,3Cr2W8V 合金元素含量高,尤其是 W 含量高,具有热硬性和良好的抗热磨损性,并具有较高的高温强度、高温韧度(在 550℃有一低值)和热稳定性。但是这些高温性能与淬火温度有关,随着淬火温度的提高而提高。当然,高温淬火给模具零件热处理带来一连串的困难,如导热性差,易开裂,韧度、塑性、热疲劳性能均有所下降。目前,3Cr2W8V 的应用趋于理智和正常,用量减少,正在被新型热强型热作模具钢如 3Cr3Mo3W2V、5Cr4W5Mo2V、5Cr4Mo3SiMnVAl 所代替。

3Cr2W8V 钢正常奥氏体化温度为 1100~1150℃,为减少应力和变形,除缓慢升温外,大件或复杂件应在 800~850℃预热均温,或者在奥氏体化后在空气中预冷到 900~950℃再淬油。若用盐浴炉加热,则盐浴应有良好的脱氧净化。在盐浴炉内加热,奥氏体化温度可稍降低。回火取 560~580℃,每次保温时间不应少于 2 h,硬度 48~52 HRC;610~630℃回火两次,硬度为 47~49 HRC;650~655℃回火两次,硬度为 42~44 HRC。

3Cr2W8V 钢另外的缺点是抗疲劳能力差,抗氧化能力也差。模具工作温度在 410℃以上时,其断裂韧度值(K_{IC})也不高,作压铸模成型零件没有 H13 钢好。

几种常用的高合金热作模具钢的热处理规范见表 4-13。

表 4-13 几种常用的高合金热作模具钢的热处理规范

序号	钢号	奥氏体化温度/℃	冷却	回火温度/℃	回火时间及回火次数/(h·次)	冷却	硬度/HRC
1	3CrW8V	1050~1100	油	560~580	2×2	空气	49~52
2	5Cr4W5Mo2V	1110~1140	油	560~580	2×2	空气	50~54
3	3Cr3Mo3W2V	1030~1090	油	600~630	2×2	空气	53~56
4	5Cr4Mo3SiMnVA1	1090~1120	油	600~640	2×2	空气	53~56

4.5 塑料模具钢的热处理

塑料模具成型零件用钢的特点是:

(1) 用钢非常广泛。原来没有专门用于塑料模具零件的钢种,都是利用其他钢类钢种,如结构钢、工具钢、不锈钢、弹簧钢等。如今已日趋正规,专门用钢已自成体系,即在钢号前冠以 SM(塑模两字的汉语拼音的首位字母),其化学成分与合金工具钢的钢号(不冠 SM)基本相同,但冶金质量较高,加工精良,所以对热处理有利。

(2) 某些塑料模具成型零件对表面质量要求特高,要求有良好的可抛光性和镜面质量,对钢的纯净度,碳化物的数量、大小、形态要严格控制。例如,用冷挤压成型方法制造塑料模具零件时所采用的渗碳钢,非普通渗碳钢(结构钢)可比,是特别设计的专门钢种,如美国的 P2、P4、P6 钢,瑞典的 8416,我国的 LJ 钢等,碳含量特低、塑性形变能力特强,渗碳质量要求比普通结构零件高,必须采用有效的碳势控制,增加了热处理难度和成本。

(3) 为避免模具零件在强韧化(淬火回火)过程中变形或发生其他热处理疵病,塑料模具钢以预硬化钢形式供应市场已较普遍,可较容易地制造高精密的塑模具且降低制造成本。同时,微合金非调质钢也在塑料模具制造中逐渐得到推广应用。

(4) 以石化产品为原料的塑料制品都有程度不同的腐蚀性,耐蚀钢(不锈钢)应用也较多。过去用镀层方法,因成本高、质量差、有污染而逐渐淘汰不用。

(5) 配合预硬化钢、非调质钢的应用,易切削性也是塑料模具钢的特点,切削加工技术的进步又促进了预硬化钢、非调质钢的推广应用。

(6) 导热性和焊接性较好。

为满足塑料模具零件的多种性能要求,塑料模具钢往往具备多种特性,如既具有耐蚀性又是预硬型,又具有易切削性和高镜面性。

4.5.1 预硬化型塑料模具钢的热处理

所谓预硬化钢,泛指钢厂已进行最终热处理(淬火回火或形变热处理)的钢材。SM3Cr2Mo 钢是我国最早纳入标准也是应用很广的预硬化型塑料模具钢。我国某些钢厂可接受用户委托,按外国标准或质量要求生产 P20 型钢,如上海五钢公司的 SWP20、长城钢厂的 SCP20 等,均源于美国的塑料模具钢 P20。所以,习惯上称呼 P20,而忘了 SM3Cr2Mo。

世界各先进工业国家都有同类型的钢种,如瑞典胜百(ASSAB)公司的 618 钢、德国的 40CrMnMo、奥地利百禄公司的 M202、日立金属公司的 HPM2 等。

P20 改进型是指在 P20 钢基础上调整成分、增加某种元素(如 Mn、Mo)的含量或增添某一元素(如 Ni)等,或采用特殊的冶炼加工技术以改善钢的性能的"变型钢种"。这一类钢目前占大多数,如我国的 SM3CrNi1Mo 钢,按外国标准生产的企业牌号有:日本大同特钢的 PX4、PX5,ASSAB 的 718、S-136 等,法国的 CLC2738,德国的 40CrMnNiMo7。

预硬化型的另一品种就是通过微合金化(添加微量合金元素,如 B、V、Nb 等),然后控制轧制(变形量)和控制轧后的冷却等方法生产的非调质钢,代表性钢号有上海宝钢的贝氏体非调质塑料模具钢 B30 及其改进型。

预硬化型塑料模具钢(包括我国的非调质塑料模具钢)的推广应用,目的就是要省略热处理,从而避免因热处理带来的种种麻烦。如果用户在制成模具零件后再去热处理(强韧化),就画蛇添足了。

对于模具制造者而言,预硬化型钢就是"不热处理钢",这种理念非常重要。比如有的塑料模具成型零件图样上,既采用了预硬化钢 SM3Cr2Mo,又提出热处理技术要求(硬度 30~33 HRC),使人疑惑不解。但是,如果设计者在零件图样上不标注热处理(硬度)要求,则在零件完成加工后成品入库时就会因漏检而造成后患。所以，预硬化应像易切削钢(加前缀 Y)和保证淬性钢(加后缀 H)那样在钢号上有所表示。

我国实施的三个塑料模具钢标准对钢的交货状态有多种不同的形式：

(1) 扁钢(YB/T 094—1997)，非合金塑料模具钢 SM45、SM50、SM55 以热轧状态交货；合金塑料模具钢(除 SM3Cr2Mo、SM3Cr2NiMo、SM2Cr13 要供需双方协商后可供预硬化钢材外)以退火状态交货。

(2) 模块(YB/T 129—2017)，在订货合同中协商规定，可以是退火状态、预硬化状态或粗加工状态等几种形式。

(3) 塑料模具用热轧钢板(YB/T 107—2013)，全部七个钢号均以热轧、热轧缓冷或退火状态交货，即使是 SM3Cr2Mo 和 SM3CrZNi1Mo，也没有预硬化状态交货的。

塑料模具与冷作、热作模具相比，更新换代快，要求模具的制造周期短。模具制造周期往往是制约模具竞争力的重要因素。塑料模具的品种款式多，制造和使用大多是中小企业，原材料的进货特点是规格多、数量少、要求急，都是从模具钢材代理商、经销商处进货，一般经销商也不可能自设热处理工场来进行预硬化处理，所以，名为预硬化钢而实际上不以预硬化状态供应钢材。

据了解，国外厂商供应的以 P20 为代表的预硬化钢，均以预硬化状态供货。不仅如此，为适应不同用途或用户的需要，预硬化的硬度也有等级，以 ASSAB 为例，有 718(普通预硬化等级，硬度为 290～330 HBS)和 718 HH(稍高硬度等级，硬度为 330～370 HBS)。日本大同特钢的 Cr-Mo 系塑料模具钢，日立金属公司的 HPM 系列及 FDAC(易切削预硬型 H13 钢)，奥地利的 M200、M738 均如此。可见，我国的模具钢供应厂商与外商比还存在差距。

我国宝钢公司供应的预硬化贝氏体非调质钢 B20(20～23 HRC)、B20H(24～27 HRC)、B30(28～32 HRC)、B30H(33～37 HRC)也分硬度等级，以适应不同用途的需要。

4.5.2　易切削塑料模具钢的热处理

1. 易切削塑料模具钢的性能

一般来讲，易切钢(Free-maching steel 或 Free cutting steel)是指有目的地添加 Pb(铅)、Se(硒)、Ca(钙)等元素或者提高 S 含量以改善钢的可加工性的钢种，主要用于自动切削机床以提高切削效能。

易切削塑料模具钢则不然，它主要是配合预硬化钢的应用而产生的。钢预硬化后，从性能角度而言希望硬度高，但与被切削加工性有矛盾，所以易切削塑料模具钢是性能、被切削加工性、成本三者最佳配合的产物。易切削塑料模具钢一般是与预硬化钢结合的。

众所周知，S、P 是钢的有害杂质元素，要尽可能降低，提高 S 含量(同时调整其他元素如 Mn 的含量)以改善被切削加工性，但对钢的使用性能和工艺性能均有不利影响，在用途上受到一定限制。以日本日立金属公司生产的 DAC(JIS SKD61 即 H13 钢)、FDAC(易切削 SKD61，易切削 H13 钢)为例，对比它们的性能和用途即可区别。

2. 易切削塑料模具钢的热处理工艺

我国机械行业标准 JB/T 6057—2017《塑料模 塑料模用钢 技术条件》中推荐了两种易

切削塑料模具钢：5CrNiMnMoVSCa 和 8Cr2MnWMoVS。

塑料模　塑料模用钢　技术条件

1) 8Cr2MnWMoVS 钢

8Cr2MnWMoVS(简称 8CrMn 或 8Cr2S)钢，是含 S 易切削钢，当热处理到 40～42 HRC 时，其切削加工性相当于退火状态的 T10A 钢(200 HBS)的加工性；综合力学性能亦好，可研磨抛光到 Ra0.025 μm，该钢有良好的蚀刻性能。8Cr2MnWMoVS 的热处理工艺为：

(1) 退火，800℃±10℃保温 2～4 h，降温到 700～720℃等温，保温 4～6 h，炉冷，硬度≤229 HBS。

(2) 淬火，880～920℃，空冷，硬度 63 HRC。淬火加热系数：盐浴炉 1.5～2.0 min/mm，气体介质炉 2.0～2.5 min/mm。

(3) 回火，一般取 160～200℃空冷，硬度≥58 HRC。

8Cr2MnWMoVS 钢不同温度回火后的硬度和强度见表 4-14。

表 4-14　8Cr2MnWMoVS 钢不同温度回火后的硬度和强度

温度/℃	220	500	550	580	600	620	630	650
硬度/HRC	62.3	53.7	51.1	49.8	47.1	46.6	44.2	36.7
抗拉强度/MPa	3130	3100	3000	3000	2900	2851	2570	2470

2) 5CrNiMnMoVSCa 钢

高韧性易切削钢 5CrNiMnMoVSCa(简称 5NiSCa)在预硬状态下(42 HRC)仍具有良好的加工性和镜面抛光性能，抛光可达 Ra0.040 μm，补焊性能好。5CrNiMnMoVSCa 的热处理工艺为：

(1) 退火，760～780℃，保温 2 h，670～690℃保温 6～8 h，炉冷到 530℃出炉空冷，硬度 217～220 HBS。

(2) 淬火，860～920℃，油冷或空冷(小零件)，硬度≥58 HRC，抗拉强度≥2100 MPa。

5CrNiMnMoVSCa 钢经淬火不同温度回火后的硬度和抗拉强度见表 4-15。

表 4-15　5CrNiMnMoVSCa 钢回火温度与硬度和抗拉强度的关系

回火温度/℃	200	300	400	500	600	625	650	675
硬度/HRC	57	54	50.5	48	43.5	39	36	32.5
抗拉强度/MPa	2100	2090	1840	1710	1300	1210	1032	—

3) S-Ca 复合易切削预硬型塑料模具钢

我国 20 世纪 90 年代研制开发的 S-Ca 复合易切削预硬型塑料模具钢(代号 P20BSCa)是在 P20 钢基础上添加 B、S、Ca 的经济型钢种，基本化学成分(质量分数)为：C(0.40%)、Mn(1.40%)、Cr(1.40%)、Si(0.50%)、B(0.002%)、S(0.10%)、Ca(0.008%)。

P20BSCa 钢具有优良的热加工性能，易于锻造，热处理工艺性能良好，有高的淬透性(含

B 约 0.002%)，淬火温度取 860～880℃，油冷，在 500～650℃温度范围内回火，硬度可达 30～40 HRC，截面为 600 mm 时，预硬化处理后心部硬度可达 30 HRC 以上。

由于用 S、Ca 元素改善钢的切削加工性，使得在高、低速各种切削条件下均可顺利进行，研磨抛光性能好，焊接和花纹蚀刻性能好。另外，综合力学性能也很好。

4.5.3　非合金中碳塑料模具钢的热处理

非合金中碳塑料模具钢其实就是冶金质量(纯净度)更高的中碳碳素结构钢，碳含量为 0.40%～0.60%，我国已有行业标准，即 GB/T 35840.1—2018、GB/T 35840.2—2018 、GB/T 35840.3—2018、YB/T 107—2013 等。我国上海五钢公司生产的塑料模具钢 SM50 钢，其碳含量范围由原来的 0.47%～0.53%缩小到 0.49%～0.52%，P、S 含量也降到≤0.025%，气体、夹杂和宏观缺陷少，锻压比大，这样的精制钢对热处理工艺和操作是很有利的。对于小型、精度不太高的塑料模具零件，采用碳素钢是价廉物美、易得的首选钢种。

对于要求耐磨性较高的塑料模具成型零件，则采用碳素工具钢(T8A 或 T10A)制造，其热处理工艺与常规工艺无异，必须强调的是热处理时必须防止氧化脱碳等缺陷，故采用真空热处理炉或控制气氛炉为宜。

4.5.4　渗碳型塑料模具钢的热处理

要求耐磨受冲击大的塑料模具零件表面硬而心部韧，通常采用渗碳钢制造。一般渗碳零件可以采用结构钢类的合金渗碳钢，其热处理工艺与结构零件基本相同。对于表面质量要求很高的塑料模具成型零件，宜采用专门用钢。

渗碳、淬火及回火的表面强化处理特别适用于要求表面硬、耐磨而心部强韧的零件。但是渗碳淬硬工艺复杂、周期长、能源消耗大、成本高，并且会带来种种热处理疵病，如变形、开裂、后续磨削加工的磨削裂纹或渗碳层碳含量过高而使碳化物成网状及粗大等。塑料模具成型零件采用渗碳钢的目的在于采用冷挤压成型，以加快制造周期和降低加工成本，不得已而采用碳含量很低(一般碳平均含量质量分数 0.10%左右)、塑性变形抗力很小的钢种，软化退火后硬度≤160 HBS、复杂型腔≤130 HBS，然后再通过渗碳淬硬来提高使用性能，满足零件服役需要。冷挤压成型带来的好处，足以补偿淬碳淬硬工艺的损失。从这个意义上讲，塑料模具零件采用渗碳钢还不如说采用冷挤压用钢更确切，如美国 P 系列钢。

如果采用结构钢中的渗碳钢，用切削加工成型的方法制造模具零件是不经济的方法。

塑料模具成型零件采用低碳冷挤压钢渗碳工艺，必须保证成型面有良好的表面质量，渗碳层的碳含量，碳化物的形态、数量、大小、分布要严格控制，使其有良好的抛光性和镜面质量。为此，热处理设备是关键，严格控制工艺过程特别是碳势控制，以保证渗碳层的组织要求。渗碳层表面碳含量控制在共析成分为佳，取 0.7%～0.9%；碳化物应细小均匀，不允许有网络状或链状、粗大的碳化物；无晶内氧化；无过量的残留奥氏体以及其他组织缺陷。

淬碳工艺可参阅热处理行业标准 JB/T 3999—2007《钢件的渗碳与碳氮共渗淬火回火》、GB/T 9450—2005《钢件渗碳淬火硬化层深度的测定和校核》等。

钢件的渗碳与碳氮共渗淬火回火　　　　　　　钢件渗碳淬火硬化层深度的测定和校核

　　渗碳温度，常规取 900～930℃。淬火温度由于不同钢号含合金元素不同而有差异，一般钢种取 790～845℃，油冷，回火温度根据硬度要求而定，一般钢种取 175～260℃。

　　非冷挤压成型的低碳塑料模具钢(如 SM3Cr2Mo)也能渗碳，渗碳温度 870～900℃，淬火温度 815～870℃，油冷，回火温度一般取 175～260℃，表面硬度可达 58～64 HRC；若回火温度取 480～595℃，硬度为 28～37 HRC。

4.5.5　时效硬化型塑料模具钢的热处理

　　为了减少或避免模具零件热处理变形和提高模具零件的精度保持性(尺寸稳定性)，形状复杂、高精度、长寿命的塑料模具零件采用时效硬化钢制造。模具零件在固溶处理后变软(硬度约为 28～34 HRC)，便于切削加工成型，然后再时效硬化，获得所需要的综合力学性能。

　　时效硬化钢有马氏体时效硬化钢和析出硬化型时效硬化钢两大类。

1. 马氏体时效硬化钢

　　马氏体时效钢有高的强度和屈强比，良好的被切削加工性和焊接性，热处理工艺简单。典型的钢种有美国的 18Ni 系列，我国的牌号为 00Ni18Co8Mo3TiAl、00Ni18Co8Mo5TiAl、00Ni18Co9Mo5TiAl、00Ni18Co12Mo4Ti2Al，是通过析出金属间的化合物而强化的，屈服强度高达 1400～3500 MPa。

　　马氏体时效钢价格昂贵。模具制造质量高、寿命长、综合经济效益很高时，常被采用。

　　为保证模具零件表面质量，热处理应在保护气氛炉内加热。

　　马氏体时效硬化钢用作塑料模具的工作零件，建议采用下列工艺：820℃固溶处理，350℃时效 3～6 h。

　　时效处理后的变形情况：尺寸变化是有规律的，在工艺设计时可预留变形量来适当控制。如 18Ni(200)钢长度方向收缩约为 0.04%，18Ni(250)钢长度方向收缩约为 0.06%，18Ni(300)和 18Ni(350)钢长度方向收缩约为 0.08%。

　　18Ni 系列钢的时效强化效果很明显。如 18Ni(250)钢在固溶状态下，硬度为 28 HRC，经 480℃时效 3 h，硬度可提高到 43HRC，保温时间延长 3 h 或更长，硬度可达 52 HRC。

　　18Ni 系列时效钢还可以通过渗氮进一步强化。如 18Ni(300)钢的气体渗氮工艺为：455℃±10℃，24～28 h。

2. 析出硬化型时效硬化钢

　　析出硬化型钢也是通过固溶处理和时效析出第二相而强化，能满足某些塑料模具成型零件的要求。市场以 40 HRC 级预硬化钢供应，仍然有满意的被切削加工性。这一类钢的冶金质量高，一般都采用特殊冶炼，纯净度、镜面研磨性、蚀刻加工性良好，使模具有良好的精度和精度保持性；焊接性好，表面和心部的硬度均匀。析出硬化型塑料模具钢的代表性钢号有：25CrNi3MoAl，属低碳中合金钢。

1) 25CrNi3MoAl 钢的热处理

(1) 第一次固溶处理(也叫淬火)。获得细小的板条状马氏状，提高钢的强韧性。奥氏体化温度愈高，保温时间愈长，固溶处理后的硬度愈低，板条状马氏体粗大。

(2) 第二次固溶处理(也称回火)。目的是使马氏体分解又不使 NiAl 相脱溶析出。25CrNi3MoAl 钢经第二次固溶处理后，淬火马氏体分解转变成回火马氏体。第二次固溶处理温度取 650~680℃。随着回火温度的升高和回火时间的延长，硬度逐渐下降。在 680℃回火 4 h，硬度降到 28 HRC；680℃回火 6 h，硬度降到 23 HRC，此时极利于切削加工。市场上也供应经第二次回溶处理后的钢材。

(3) 时效处理。目的是使 NiAl 相析出而强化。

25CrNi3MoAl 钢时效变形率可控制在 0.05%以下(收缩)，如果在加工后经消除应力处理、变形还可进一步减少到 0.01%~0.02%。

析出硬化型钢制的模具零件还可通过渗氮处理进一步提高耐磨性、抗咬合能力和模具使用寿命。

25CrNi3MoAl 钢的渗氮温度与时效温度如果取同一温度(520~540℃)，可获得最佳硬度、强度和较高的韧性，渗氮层约 0.2 mm，渗氮层表面硬度可高达 1100 HV。

2) 美国 P21 钢的时效工艺

510~538℃(950~970℉)，20~24 h。

美国 P21 钢的渗氮温度可取与时效温度相同的温度(510~525℃)，渗氮时间 20~24 h。渗氮结果：有效渗氮层深度约 0.15 mm，表面硬度接近 94 HRB15-N。

3) 新型析出硬化型塑料模具钢 10Ni3MnCuAl

我国研制的新型析出硬化型塑料模具钢 10Ni3MnCuAl(SM1Ni3MnCuAl 未纳入国标，代号 PMS)可与日本同类型的高性能高精密预硬型塑料模具钢 NAK55、NAK80 媲美，但不含贵重合金元素 Co。试验钢(感应炉熔炼再经电渣重熔)的基本化学成分(质量分数)(%)为：C(0.10%)、Ni(2.83%)、Cu(0.94%)、Al(0.76%)、Mn(1.54%)、Mo(0.32%)、Si(0.24%)、Cr(0.09%)、S(0.015%)、P(0.017%)，被切削加工性、热处理工艺性、抛光性、焊接性、蚀刻性、电加工性、精度保持性等加工性能均较好。添加易切削元素 S 后，可进一步改善切削加工性而对力学性能无明显恶化。

热处理工艺为：870℃加热，保温 1 h 固溶处理，510℃、4 h 时效处理，硬度 40~43HRC(以 40 HRC 级预硬化钢供应市场)，抗拉强度 1000~1300 MPa，金相组织为板条状马氏体基体弥散分布大量细小化合物。

4.5.6　耐腐蚀型塑料模具钢的热处理

生产对金属有腐蚀作用的塑料制品时，工作零件采用耐蚀钢制造，常用钢种有已纳入国标的 SM2Cr13 钢、SM4Cr13 钢和 SM3Cr17Mo 钢等可强化的马氏体型不锈钢。

耐蚀塑料模具钢都是在美国不锈钢 420(AISI)基础上形成的，如我国的 SM2Cr13、SM4Cr13(GB)，日本的 SUS420J1、SUS420J2，大同特钢的 S-STAR(SUS420J2 的改进型)，日立金属公司(YSS)预硬化型西娜一号(CENAl)、HPM77、HPM38、HPM38S 等，德国蒂森的 GS-083ESR、时效硬化型 GS-808VAR 等。

常用的几种耐腐蚀塑料模具钢热处理规范见表 4-16。

表 4-16　耐腐蚀塑料模具钢热处理规范

序号	钢号	热处理	硬度	备注
1	Cr13 系列	920～1050℃油冷，600～750℃回火。可进行渗氮以提高表面硬度和耐磨性，但耐蚀性会下降	229～341HBS	SM2Cr13 可按预硬化供应
2	SM3Cr17Mo	850℃预热，1000～1050℃奥氏体化，油冷，−80℃冷处理，200～300℃回火 3 h，空冷	43HRC	
3	S-STAR	第一次预热 500℃ 第二次预热 800℃ 奥氏体化温度 1020～1070℃ 空冷、油冷或气冷均可 回火：① 要求耐蚀性 200～400℃回火，时间按 60～90 min/25 mm 计 ② 要求高硬度 490～510℃回火，时间按 60～90 min/25 mm 计 精度保持性要求高的模具零件需进行冷处理	以预硬化钢交货 31～34 HRC 淬火回火态交货 ≤229 HBS	日本大同特钢公司产品
4	GS-083ESR	软化退火 760～800℃，炉冷 淬火 1000～1050℃，油冷或 500～550℃热浴 回火(按硬度需要)300～500℃	≤230 HB 51～52 HRC	德国蒂森公司产品

需要指出的是，用现有不锈钢标准的钢号制作高镜面要求的塑料模具钢成型零件，表面质量的要求是难以满足的，因此，开发了耐腐蚀镜面塑料模具钢，如 SM2Cr13，又如已进入中国市场的法国 CLC2316H 钢(同类型的德国的 X39CrMo17(老标准 X35CrMo17，W-Nr-1.4122))、日本大同特钢的 G-STAR 是预硬化型的耐腐蚀镜面塑料模具钢，基本化学成分(质量分数)(%) 为：C(0.40%)、Si(0.35%)、Mn(0.90%)、Cr(16.00%)、Mo(1.03%)、S(<0.005%)、P(<0.03%)，类似于我国的 SM3Cr17Mo 钢，硬度 30～35 HRC。钢经精细冶炼及热处理，材质纯净，组织细小均匀，具有良好的镜面性；硬度在 300 HBS 时，屈服强度=855 MPa，抗拉强度 = 993 MPa，断后伸长率为 13%，断面收缩率为 38%。如果要进一步改变硬度和力学性能，可以重新淬火回火，淬火温度取 985～1020℃，油冷或气冷，回火温度按力学性能要求而定，回火需两次，空冷。

耐腐蚀塑料模具钢零件的热处理与一般不锈钢制品的热处理基本相同，其热处理工艺可参考我国机械行业热处理工艺标准 JB/T 9197—2008《不锈钢和耐热钢热处理》。

不锈钢和耐热钢热处理

复习与思考题

4-1　对照图 4-1 并查阅资料，填写表 4-17 中的空白栏。

表 4-17　Fe-Fe₃C 合金相图中的特性点

特性点	温度/℃	ω (C)/%	说　　明
A	1538	0	
B	1495	0.53	
C	1148	4.30	
D	1227	6.69	
E	1148	2.11	
F	1148	6.69	
G	912	0	
H	1495	0.09	
J	1495	0.17	
K	727	6.69	
M	770	0	
N	1394	0	
O	770	≈0.50	
P	727	0.0218	
S	727	0.77	
Q	室温	0.0008	

4-2　对照图 4-1 并查阅资料，填写表 4-18 中的空白栏。

表4-18　铁碳合金相图中的特性线

特性线	说　明	特性线	说　明
AB	δ 相的液相线	ES	碳在 γ 相中的溶解度线，过共析 Fe-C 合金的上临界点(A_{cm})
BC			
CD	Fe_3C 的液相线	PQ	
AH		HJB	$\gamma_J \rightleftharpoons L_B+\delta_H$ 包晶转变线
JE	γ 相的固相线	ECF	$L_C \rightleftharpoons \gamma_E+Fe_3C$ 共晶转变线
HN		MO	α 铁磁性转变线(A_2)
JN	($\delta+\gamma$)相区与 γ 相区的分界线	PCK	$\gamma_S \rightleftharpoons \alpha_P+Fe_3C$ 共析反应线，Fe-C 合金的下临界点(A_1)
GP			
GOS	亚共析铁碳合金的上临界点(A_3)	230℃线	

4-3　对照图 4-1 并查阅资料，填写表 4-19 中的空白栏。

表4-19　铁碳合金相图中各相的特性

名称	符号	晶体结构	说　明
	α	体心立方	碳在 α-Fe 中的间隙固溶体，用 F 表示
	γ	面心立方	碳在 γ-Fe 中的间隙固溶体，用 A 表示
δ 铁素体	δ	体心立方	碳在 δ-Fe 中的间隙固溶体，又称高温 α 相
	Fe_3C	正交系	是一种复杂的化合物
液相	L		铁碳合金的液相

4-4　对照图 4-1 并查阅资料，填写表 4-20 中的空白栏。

表4-20　铁碳合金相图中热处理常用的临界温度符号及说明

符号	说　明
	发生平衡相变 $\gamma \rightleftharpoons \alpha+Fe_3C$ 的温度
	亚共析钢在平衡状态下，$\gamma+\alpha$ 两相平衡的上限温度
A_{cm}	过共析钢在平衡状态下，$\gamma+Fe_3C$ 两相平衡的上限温度
Ac_1	
Ac_3	
Ac_{cm}	过共析钢加热时，所有渗碳体和碳化物完全溶入奥氏体的温度
Ar_1	钢高温奥氏体化后冷却时，奥氏体分解为铁素体和珠光体的温度
Ar_3	亚共析钢高温奥氏体化后冷却时，铁素体开始析出的温度
Ac_{cm}	过共析钢高温奥氏体化后冷却时，渗碳体和碳化物开始析出的温度
Bs	钢奥氏体化后冷却时，奥氏体开始分解为贝氏体的温度
Ms	
Mf	奥氏体转变为马氏体的终了温度
A_0	
A_4	在平衡状态下 δ 相和奥氏体共存的最低温度
Ac_4	低碳亚共析钢加热时，奥氏体开始转变为 δ 相的温度
Ar_4	钢在高温形成的 δ 相冷却时，完全转变为奥氏体的温度

4-5　对照图 4-3 并查阅资料，填写表 4-21 中的空白栏。

表 4-21　过冷奥氏体等温转变产物的组织及硬度

组织名称	符号	形成温度范围/℃	显微组织特征	硬度/HRC
珠光体		$A_1 \sim 650$	粗片状混合物	<25
索氏体		650~600	细片状混合物	25~35
托氏体		600~550	极细片状混合物	35~40
上贝氏体	$B_上$	550~350	羽毛球	
下贝氏体	$B_下$	350~Ms	黑色针状	

4-6　什么是完全退火？完全退火的目的是什么？

4-7　什么是正火？钢材正火的目的是什么？

4-8　什么是淬火？淬火有哪几种？

4-9　什么是回火？回火有哪几种，分别用于什么场合？

4-10　查阅资料，填写表 4-22 的空白栏。

表 4-22　常用模具钢的真空热处理工艺

钢号	预热		淬火			回火温度/℃	硬度/HRC
	温度/℃	真空度/Pa	温度/℃	真空度/Pa	冷却		
9SiCr	500~600	0.1	850~870	0.1	油(40℃以上)	170~190	
CrWMn	500~600	0.1	820~840	0.1	油(40℃以上)	170~185	62~639
9Mn2V	500~600	0.1	780~820	0.1	油	180~200	
5CrNiMo	500~600	0.1	840~860	0.1	油或高纯 N_2		39~44
Cr6WV	一次 500~550 二次 800~850	0.1	970~1000	10~1	油或高纯 N_2	160~200	
3Cr2W8V	一次 480~520 二次 800~850	0.1	1050~1100	10~1	油或高纯 N_2	560~580	
							39~44
4Cr5W2SiV	一次 480~520 二次 800~850	0.1	1050~1100	10~1	油或高纯 N_2	600~650	
7CrSiMnMoV	500~600	0.1	990~900	0.1	油或高纯 N_2	450	
							60~62
4Cr5MoSiV1	一次 500~550 二次 800~820	0.1	1020~1050	10~1	油或高纯 N_2	560~620	45~50
Cr12	500~550	0.1	960~980	10~1	油或高纯 N_2		60~64
Cr12MoV	一次 500~550 二次 800~850	0.1	980~1050 1080~1120	10~1	油或高纯 N_2	180~240	
							58~60
W6Mo5Cr4V2	一次 500~600 二次 800~850	0.1	1100~1150 1150~1250	10	油或高纯 N_2		58~62
						540~600	
W18Cr4V	一次 500~600 二次 800~850	0.1	1000~1100 1240~1300	10	油或高纯 N_2	180~220	
							62~66

4-11 查阅资料,填写表 4-23 的空白栏。

表 4-23 模具钢中常见的碳化物的类型和性质

碳化物类型	典型结构	硬度/HV	性 质
M_3C	Fe_3C		模具钢中最基本的碳化物。在合金钢中,Fe_3C 中的 Fe 原子一部分被合金元素如 Cr、W、Co 等置换,所以用 M_3C 表示。淬火后在 200℃左右回火时,先析出 ε 碳化物(Fe_2C 或 Fe_4C),再经 300℃以上回火时,变成 Fe_3C
$M_{23}C_6$	$(Cr, Fe)_{23}C_6$		是高 Cr 钢中的主要碳化物,如高铬不锈钢、高速钢等。经淬火或固溶处理后很容易溶入基体中,高温回火时析出。高铬钢含有 W 或 Mo 时,则呈$(Cr、Fe、W)_{23}C_6$ 或$(Cr、Fe、Mo)_{23}C_6$ 形态,硬度更高
M_7C_3	$(Cr, Fe)_7C_3$		高 Cr 钢中存在的碳化物,比其他碳化物粗大,淬火后难以溶入基体,残留于基体上,对提高耐磨性作用很大。含有这种碳化物的钢在锻造时呈纤维状排列,使钢在淬火后的尺寸变化和冲击韧度值有方向性差异
M_2C	Mo_2C W_2C	1800~2200 3000	W_2C 或 Mo_2C 是其代表性碳化物,存在于高速钢中,在回火时析出,对高速钢的二次硬化作用很大。回火温度过高则形成 M_6C
M_6C	Fe_4Mo_2C		存在于含 W、含 Mo 的钢中,如高速钢等,对提高耐磨性作用很大
MC	$VC~V_4C_3$ WC TiC N_6C		存在于含 V 的钢中,以 $VC~V_4C_3$ 各种形态存在,淬火时不溶于基体,对含 V 钢的耐磨性有重大贡献。含 W 的高速钢、热作模具钢等,若高温退火而析出稳定的 WC,则恶化淬火性能。MC 是所有碳化物中硬度最高的

4-12 查阅资料,填写表 4-24 的空白栏。

表 4-24 非合金冷作模具钢(碳素工具钢 T7~T13)的热处理

淬火温度/℃	淬火介质		回火	
	水温/℃	油温/℃	回火开始温度/℃	回火温度/℃

4-13 查阅资料，填写表 4-25 的空白栏。

表 4-25 5CrNiMo 钢锻模回火温度与硬度

锻模类型	回火温度/℃	保温时间/h	硬度/HRC
小型锻模	490~510	2~3	
中型锻模	520~540	2~3	
大型锻模	560~580	2~3	
中型锻模燕尾回火	620~640	3~4	
大型锻模燕尾回火	640~660	3~4	

4-14 查阅资料，填写表 4-26 的空白栏。

表 4-26 GS-344HT 钢经淬火不同温度回火后的强度和硬度

温度/℃	100~400	500	550	600	650
硬度/HRC		52		47	
抗拉强度/MPa	1730		1670		1080

4-15 查阅资料，填写表 4-27 的空白栏。

表 4-27 几种常用的高合金热作模具钢热处理规范

序号	钢号	奥氏体化温度/℃	冷却	回火温度/℃	回火时间及回火次数/(h·次)	冷却	硬度/HRC
1	3CrW8V	1050~1100	油	560~580	2×2	空气	
2	5Cr4W5Mo2V	1110~1140	油	560~580	2×2	空气	
3	3Cr3Mo3W2V	1030~1090	油	600~630	2×2	空气	
4	5Cr4Mo3SiMnVA1	1090~1120	油	600~640	2×2	空气	

4-16 查阅资料，填写表 4-28 的空白栏。

表 4-28 易切削塑料模具钢(8Cr2MnWMoVS)经淬火不同温度回火后的硬度和抗拉强度

温度/℃	200	500	550	580	600	620	630	650
硬度/HRC		53.7			47.1	46.6		36.7
抗拉强度/MPa	3130		3000	3000			2570	

提 高 篇

项目五　冷冲压模具零件材料与热处理的选用

◎ **学习目标**

- 能独立选用冷冲压模具零件材料与热处理。

◎ **主要知识点**

- 冷冲压模具的分类。
- 冷冲压模具的基本要求。
- 冷冲压模具的典型结构。
- 冷冲压模具零件的一般分类。
- 国家标准对冷冲模零部件的分类。
- 冷冲模工作零件材料与热处理的选用。
- 冷冲模定位零件材料与热处理的选用。
- 冷冲模卸料及压料零件材料与热处理的选用。
- 冷冲模导向零件材料与热处理的选用。
- 冷冲模支撑零件材料与热处理的选用。
- 冷冲模支持与夹持零件材料与热处理的选用。
- 冷冲模传动零件材料与热处理的选用。

5.1　冷冲压模具的类型与典型结构

5.1.1　冷冲压模具的分类和基本要求

1. 冷冲压模具的分类

冲模的形式有很多，一般可以按不同的特征来进行分类，如图 5-1 所示。有时在一副模具中可能同时兼有上述的几种特征，在表明该模具时，往往采用其主要的特征来称呼，例如：导板式简单冲裁模；导柱导向、带有定距侧刃和固定卸料的冲孔-落料级进模；顺装式落料-拉深复合模；硬质合金变薄拉深模等。

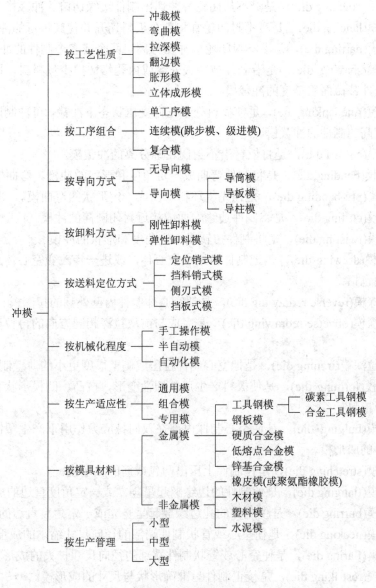

图 5-1　冷冲模的分类

根据《冲模术语》(GB/T 8845—2006，替代 GB/T 8845—1988)规定，冲模是通过加压将金属、非金属板料或型材分离、成型或接合而获得制件的工艺装备。

《冲模术语》(GB/T 8845—2006)规定，冲模分为以下 21 大类：

(1) 冲裁模(blanking die)，是分离出所需形状与尺寸制件的冲模。冲裁模包括：

① 落料模(blanking die)，是分离出带封闭轮廓制件的冲裁模。

② 冲孔模(piercing die)，是沿封闭轮廓分离废料而形成带孔制件的冲裁模。

冲模术语

③ 修边模(trimming die)，是切去制件边缘多余材料的冲裁模。

④ 切口模(notching die)，是沿不封闭轮廓冲切出制件边缘切口的冲裁模。

⑤ 切舌模(lancing die)，是沿不封闭轮廓将部分板料切开并使其折弯的冲裁模。

⑥ 剖切模(parting die)，是沿不封闭轮廓冲切分离出两个或多个制件的冲裁模。

⑦ 整修模(shaving die)，是沿制件被冲裁外缘或内孔修切掉少量材料，以提高制件尺寸精度和降低冲裁截面粗糙度的冲裁模。

⑧ 精冲模(fine lanking die)，是使板料处于正向受压状态下冲裁，可冲制出冲裁截面光洁、尺寸精度高的制件的冲裁模。

⑨ 切断模(cut-off die)，是将板料沿不封闭轮廓分离的冲裁模。

(2) 弯曲模(bending die)，是将制件弯曲成一定角度和形状的冲模。弯曲模包括：

① 预弯模(pre-bending die)，是预先将坯料弯曲成一定形状的弯曲模。

② 卷边模(curling die)，是将制件边缘卷曲成接近封闭圆筒的冲模。

③ 扭曲模(twisting die)，是将制件扭转成一定角度和形状的冲模。

(3) 拉深模(drawing die)，是把制件拉压成空心体，或进一步改变空心体形状和尺寸的冲模。拉深模包括：

① 反拉深模(reverse redrawing die)，是把空心体制件内壁外翻的拉深模。

② 正拉深模(obverse redrawing die)，是完成与前次拉深相同方向的再拉深工序的拉深模。

③ 变薄拉深模(ironing die)，是把空心制件拉压成侧壁厚度更小的薄壁制件的拉深模。

(4) 成形模(forming die)，是使板料产生局部塑性变形，按凸、凹模形状直接复制成形的冲模。成形模包括：

① 胀形模(bulging die)，是使空心制件内部在双向拉应力作用下产生塑性变形，以获得凸肚形制件的成形模。

② 压筋模(stretching die)，是在制件上压出凸包或筋的成形模。

③ 翻边模(flanging die)，是使制件的边缘翻起呈竖立或一定角度直边的成形模。

④ 翻孔模(burring die)，是使制件的孔边缘翻起呈竖立或一定角度直边的成形模。

⑤ 缩口模(necking die)，是使空心或管状制件端部的径向尺寸缩小的成形模。

⑥ 扩口模(flaring die)，是使空心或管状制件端部的径向尺寸扩大的成形模。

⑦ 整形模(restriking die)，是校正制件呈准确形状与尺寸的成形模。

⑧ 压印模(printing die)，是在制件上压出各种花纹、文字和商标等印记的成形模。

(5) 复合模(compound die)，是压力机的一次行程中，同时完成两道或两道以上冲压工序的单工位冲模。复合模包括：

① 正装复合模(obverse compound die)，是凹模和凸模装在下模，凸凹模装在上模的复合模。

② 倒装复合模(inverse compound die)，是凹模和凸模装在上模，凸凹模装在下模的复合模。

(6) 级进模(progressive die)，是压力机的一次行程中，在送料方向连续排列的多个工位上同时完成多道冲压工序的冲模。

(7) 单工序模(single-operation die)，是压力机的一次行程中，只完成一道冲压工序的冲模。

(8) 无导向模(open die)，是上、下模之间不设导向装置的冲模。

(9) 导板模(guide plate die)，是上、下模之间由导板导向的冲模。

(10) 导柱模(guide pillar die)，是上、下模之间由导柱、导套导向的冲模。

(11) 通用模(universal die)，是通过调整，在一定范围内可完成不同制件的同类冲压工序的冲模。

(12) 自动模(automatic die)，是送料、取出制件及排除废料完全自动化的冲模。

(13) 组合冲模(combined die)，是通过模具零件的拆装组合，以完成不同冲压工序或冲制不同制件的冲模。

(14) 传递模(transfer die)，是多工序冲压中，借助机械手实现制件传递，以完成多工序冲压的成套冲模。

(15) 镶块模(insert die)，是工作主体或刃口由多个零件拼合而成的冲模。

(16) 柔性模(flexible die)，是通过对各工位状态的控制，以生产多种规格制件的冲模。

(17) 多功能模(multifunction die)，是具有自动冲切、叠压、铆合、计数、分组、扭斜和安全保护等多种功能的冲模。

(18) 简易模(low-cost die)，是结构简单、制造周期短、成本低、适于小批量生产或试制生产的冲模。简易模包括：

① 橡胶冲模(rubber die)，是工作零件采用橡胶制成的简易模。

② 钢带模(steel strip die)，是采用淬硬的钢带制成刃口，嵌入用层压板、低熔点合金或塑料等制成的模体中的简易模。

③ 低熔点合金模(low-melting-point alloy die)，是工作零件采用低熔点合金制成的简易模。

④ 锌基合金模(zinc-alloy based die)，是工作零件采用锌基合金制成的简易模。

⑤ 薄板模(laminate die)，是凹模、固定板和卸料板均采用薄钢板制成的简易模。

⑥ 夹板模(template die)，是由一端连接的两块钢板制成的简易模。

(19) 校平模(planishing die)，是用于完成平面校正或校平的冲模。

(20) 齿形校平模(roughened planishing die)，是上模、下模为带齿平面的校平模。

(21) 硬质合金模(carbide die)，是工作零件采用硬质合金制成的冲模。

2. 冷冲压模具的基本要求

模具的作用一方面是将压力机的作用力通过模具传递给金属板料，于其内部产生使之变形的内力。当内力的作用达到一定的数值时，板料毛坯或毛坯的某个部分便会产生与内力的作用性质相对应的变形，从而获得满足一定性能要求及符合所需尺寸及形状的制品；另一方面，通过模具的作用，可以保证上下模之间的正确导向，并使坯料稳固地压紧与精确的定位，从而冲制出达到一定精度要求的制件。

在生产实际中，模具的作用在于保证制件的质量、提高生产率和降低成本等。为此，除了采用行之有效的工艺手段、进行正确的模具设计及选择合理的模具结构之外，还必须以先进的模具制造技术作为保证。对于各类模具的制造，一般都应满足如下的几个基本要求：

(1) 制造精度高。模具的精度主要是由制件精度和模具结构的要求所决定的。为了保证制件的精度，模具工作部分的精度一般要比制件的精度高 2～3 倍，为此，对于组成模具的零部件也就提出了较高的要求。如对于凸模和凹模之间的间隙，必须要有严格的控制，并精确地保证其间隙的均匀性；对拉深凸模和凹模刃口部分的圆角要保持相当准确的尺寸，零件其他的尺寸精度、导向精度、孔的位置精度也都必须达到规定的加工精度要求，并且还必须保证其装配质量。

(2) 操作性能良好。将模具安装到压力机上时，其方法要简便，调整工作量要少，操作时送料定位要快速、准确、可靠，出料顺畅自如。在整个使用过程中，制件的尺寸和形状变化极小，可放心地进行生产。取出制件方便，无螺钉松动及模具零件破损等故障。

(3) 使用寿命长。模具加工费用占成本的 10%～30%，其使用寿命的长短将直接影响到产品成本的高低、工艺部分负荷的轻重等。为了保证高效率地进行生产，都要求模具具有较长的使用寿命。

(4) 制造周期短。模具制造周期的长短主要决定于制模技术和生产管理水平的高低。为了满足生产的需要，提高产品的竞争能力，必须在保证质量的前提下尽量缩短模具的制造周期，在规定的时间内完成制造，且在规定的使用期间内制件的冲制能符合使用要求。

(5) 模具成本低。模具的成本应该是生产单件(或千件)时所发生的模具费用，即模具成本＝(模具制造费＋维修保养费)/制件总生产数。

模具成本与模具结构的复杂程度、模具材料、加工精度和加工方法等有关。在设计和加工模具时，应根据实际情况做全面的考虑，即应在保证冲件质量的前提下，选择与冲件生产量相适应的模具结构和方便实用的零件制造方法，尽量降低模具的制造费用和维修费用。在不影响使用的前提下，模具结构应尽量简单、材料便宜，并尽量采用标准件，使模具成本降低到最低限度。

5.1.2　冷冲压模具的典型结构

1. 无导向简单模

无导向简单模适用于精度要求不高、形状简单、批量小或试制的冲裁件，也常用于供拉深用的冲裁毛坯件。

图 5-2 所示为无导向简单冲裁模。模具的上部分由模柄和凸模两部分组成，通过模柄将上部分安装在压力机的滑块上。下部分由卸料板、导尺、凹模、下模座和定位板组成，通过下模座将下部分安装在压力机的工作台上。

无导向简单冲裁模的特点是结构简单，重量较轻，尺寸较小。模具上下部分的相对运动依靠压力机的导轨导向，不易保证间隙的均匀，使用时安装调整比较麻烦。此类模具制造简单，成本低廉，但工作部分容易磨损，寿命较低，冲压件的精度也较低，操作并不安全。

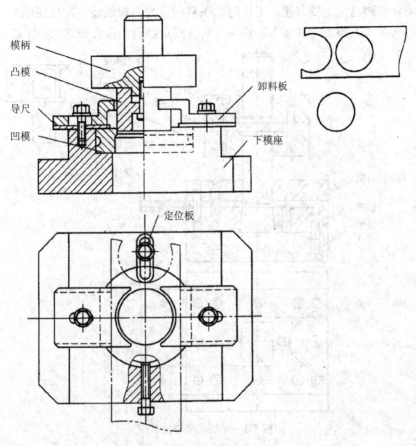

图 5-2 无导向简单冲裁模

2. 导板式简单冲裁模

导板式冲裁模的主要特点是：上、下模完全依靠导板和凸模的间隙配合来导向。图 5-3 所示为导板式简单冲裁模实例，其结构与无导向简单冲裁模基本相似。上部分主要由模柄、上模座、凸模垫板、凸模固定板和凸模组成，下部分主要由下模座、凹模、固定挡料销、导尺和导板组成，导板兼作卸料板。导板与凸模之间的配合为 H7/h6。由于导板导向的精度直接影响着导板模的精度和寿命，所以导板模在工作时始终都不脱离导板。尤其是多凸模或小凸模离开导板再进入导板时，凸模的锐利刃边易被碰损，同时也会啃坏导板上的导向孔，以致影响到凸模的寿命或使凸模与导板之间的导向变得不良。一般在凸模刃磨时，也不应使其脱离导板。

3. 导柱式简单冲裁模

导柱式冲裁模在生产中应用得相当广泛。在这种模具中，上部分和下部分是由导柱和导套来维持一定的相对位置。在凸模、凹模与材料相接触进行冲裁前，导柱已进入导套，从而保证了在冲裁过程中凸模和凹模之间间隙的均匀性，并保持有足够的精度。用导柱比用导板更能保证正确的导向。图 5-4 所示为导柱式简单冲裁模，模具的上、下两部分利用导柱和导套的间隙配合来导向，此时虽然其导柱会加大模具的轮廓尺寸，使模具变得笨重，制造工艺也变得比较复杂，增加模具制造成本，但是用导柱导向比导板可靠，精度高，寿命长，使用及安装也都比较方便。工作时，条料沿着导料板送进，冲压完成后，由固定卸料板将废料从凸模上卸下，继续送进条料，则由固定挡料销保证送进的步距。

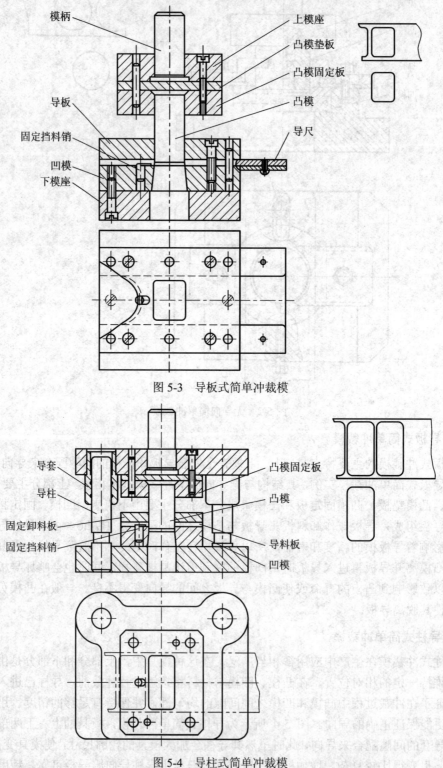

图 5-3　导板式简单冲裁模

图 5-4　导柱式简单冲裁模

4. 有导正销的连续冲裁模

图 5-5 所示为冲制垫圈的有固定挡料销及导正销的连续冲裁模。模具零件包括冲孔凸模、落料凸模、凹模、固定挡料销、导正销和临时挡料销等。模具上、下两部分靠凸模和导板之间的间隙配合来导向。开始工作时，用手按入临时挡料销，限定条料的初始位置，先行在条料上由冲孔凸模进行冲孔。在弹簧的作用下，临时挡料销可自动复位，再将条料送进一个步距，用固定挡料销初步定位。在落料时，用装于落料凸模端面上的导正销来保证条料的精确定位，然后由落料凸模在条料上已冲得孔的位置处落料。此后，压力机的每一次行程先后都有冲孔和落料两个工序同时进行，以此冲制得到所需要的垫圈制件。

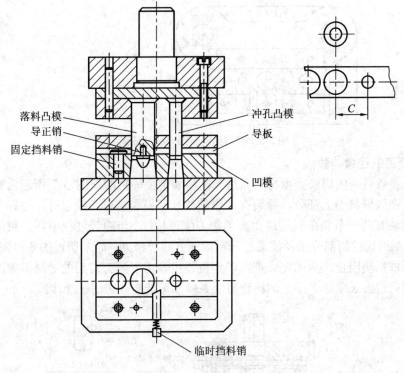

落料凸模
导正销
固定挡料销
冲孔凸模
导板
凹模
临时挡料销

图 5-5　连续冲裁模

5. 有自动挡料的连续冲裁模

图 5-6 为有自动挡料的连续冲裁模。自动挡料装置由挡杆及冲搭边的凸模和凹模所组成。开始冲裁时，当条料送入，由于冲孔凸模和落料凸模的作用，使条料先后经冲孔和落料冲制出符合要求的垫圈冲压件。对于所余下的废料，由于条料在每一次送进时的步距为 C，在冲制出垫圈后，废料上仍保留有材料的搭边 a。由于工作时挡料杆始终不离开凹模的刃口平面，条料从右方送进时即被挡杆挡住搭边。在冲裁的同时，冲搭边凸模将废料上的搭边冲出一个缺口，使条料又可以继续送进一个步距 C，从而起到自动挡料的作用。该模具开始的两次冲程分别由临时挡料销定位，而从第三次冲程开始时，则用自动挡料装置定位。

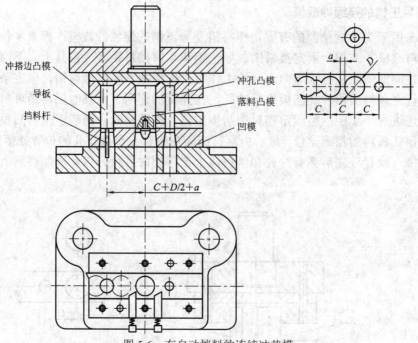

图 5-6　有自动挡料的连续冲裁模

6. 有侧刃的连续冲裁模

　　侧刃是在条料两侧切去少量材料而达到挡料和定位的目的。图 5-7 所示为有侧刃的连续冲裁模。在该模具的上部分，除装有一般的冲孔凸模和落料凸模以外，还在条料两侧的相应位置上装有两个节制条料送进距离的侧刀(即侧刃)。当冲裁过程中在条料的两侧切出缺口后，被侧刃切过的部分条料能通过导料板间开距较窄处，而未切过的条料则不能进入，在缺口端面被挡块阻止，从而完成挡料和定位作用。由于侧刃前后的导料板宽度不等，所以只有用侧刃切去长度等于步距的料边后，条料才可能向前送进一个步距。

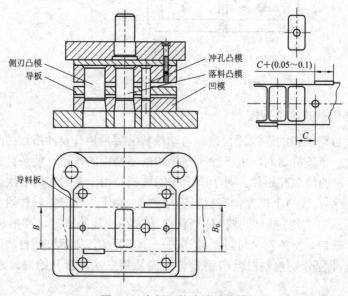

图 5-7　有侧刃的连续冲裁模

7. U形件弯曲模

图 5-8 所示为一般 U 形件弯曲模。它在凸模的每次行程中能将两个角同时弯出。冲压时，毛坯被压在凸模和压料板之间，随着凸模逐渐下降。而未被压住的材料沿着凹模圆角滑动，并作自由弯曲，进入凸模与凹模之间的间隙。当凸模回升时，压料板将工件顶出。由于材料的弹性，工件一般不会包在凸模上。

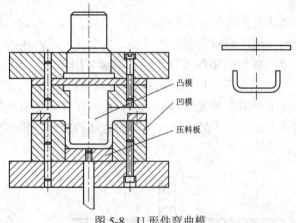

图 5-8 U 形件弯曲模

8. 冲孔、落料、弯曲连续模

设计连续模时，首先要设计冲压件的排样图，这也是设计连续模的重要依据。排样的目的除了确定冲压件在条料上的合理布置、尽量减少材料的消耗，还要考虑分步切除废料，将冲压件留在条料上，以分步完成各个工序，最后根据需要设计将冲压件从条料上分离开的步骤与过程。图 5-9 所示为冲孔、落料、弯曲连续模。材料在侧刃切出用于挡料和定位的切口后，第二工步为冲孔和冲槽，其后安排一个空位，第四工步为压弯，然后则为切断工步，冲压工作即告完成。

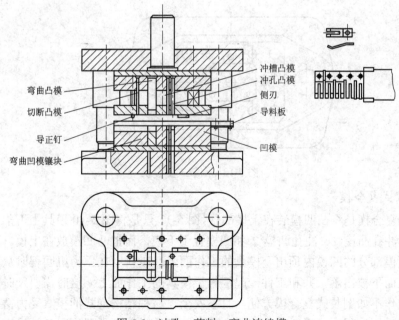

图 5-9 冲孔、落料、弯曲连续模

9. 复合模

压力机的一次行程中，在模具的同一工位上，材料无须进给移动，就能同时完成数道不同的冲压工序，这种结构形式的模具称为复合模。按凸凹模在模具上的位置不同，复合模可分为倒装式复合模和顺装式复合模两种。

1) 倒装式复合模

倒装式复合模是将凸凹模装在下模部分，如图 5-10 所示。此时，凸凹模对冲裁外形轮廓来说，起冲裁凸模的作用，而对内部的孔来说，则又起冲孔凹模的作用，它通过凸凹模固定板固定在下模座上。条料的卸料通过弹性卸料装置(橡胶)向上推出，废料从凸凹模上的漏料孔内排出，冲压件则在压力机回程时由顶杆(或顶板)通过刚性推件装置自上模内推出下落至模具的工作面上。但在冲裁过程中并没有使冲压件起压紧的作用。这种结构形式的模具制造简单，操作方便，生产效率高，生产时也比较安全，模具周围清洁，但所得到的冲压件平整度较差。

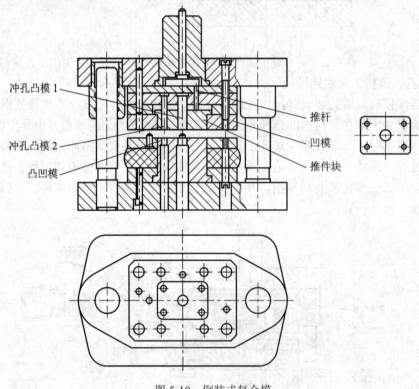

图 5-10　倒装式复合模

2) 顺装式复合模

顺装式复合模是将凸凹模装在上模部分。图 5-11 只是将图 5-10 模具上下部分的位置做了对调：将冲孔凸模 1、冲孔凸模 2 和凹模置于下模，而把凸凹模放在上模。冲件由弹顶器自装在下模部分的凹模内顶出至模具的工作面上，废料则在压力机回程时从凸凹模内通过推杆自上而下被击落，并和工件一起汇集于模具的工作面上，这时需要及时清除。顺装式复合模操作不如倒装式复合模方便，且不安全。这种结构形式的模具受力情况比倒装式的要好。在冲压过程中，板料被凸凹模和装在下模的弹性顶件器压紧，故冲出的冲压件较平整，尺寸精度也比较高，适用于平整度较高的薄料零件的冲制。这种模具结构紧凑，也较简单，凹模用螺钉和销钉与下模座紧固、定位，冲孔凸模被凸模固定板紧固、定位在下模板上，因而可以确保冲压件外形轮廓与孔的相对位置精度。

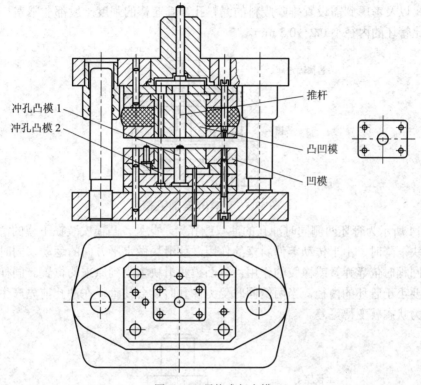

冲孔凸模 1
冲孔凸模 2
推杆
凸凹模
凹模

图 5-11　顺装式复合模

图 5-12 所示是顺装式拉深复合模。作为落料凸模和拉深凹模复合作用的凸凹模装在上模，下模部分有落料凹模和拉深凸模。拉深凸模低于落料凹模，可以保证冲压时能先落料、再进行拉深。弹性压边装置安装在下模座上，由弹顶装置或压缩空气来施加压边力。

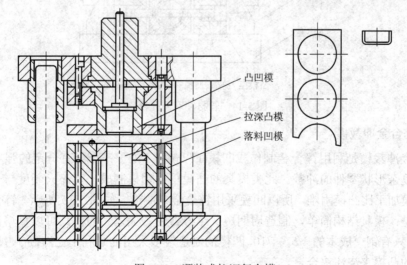

凸凹模
拉深凸模
落料凹模

图 5-12　顺装式拉深复合模

10. 管件冲孔模

管件的单侧冲孔模如图 5-13 所示。这时的凹模为套入管坯内径的芯棒，且为固紧于芯棒固定座的悬臂梁，其受力情况较差，模具的寿命也非常低。同时，由于受到管坯内径尺寸的限制，以及考虑到需设置排除废料的漏料孔，其芯棒的强度一般都非常差。通常，芯棒的直径比管坯的内径小 0.2～0.3 mm。

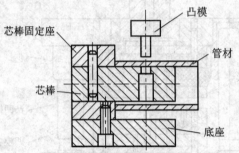

图 5-13　管材(单侧)冲孔模

图 5-14 所示为管坯两侧同时冲孔的冲双侧孔模。此处，凸模安装在下模的滑块上，当压力机滑块下降时，由于传动零件斜楔的作用，使滑块做水平方向的运动，同时冲制出两侧的孔。回程时依靠弹簧或橡胶的作用，将凸模和滑块恢复到原来的位置。同样，由于芯棒的直径要小于管坯的内径，当两侧同时受力冲孔时，会使管坯在冲孔前先产生变形。为此，其受力状态就变得更差。

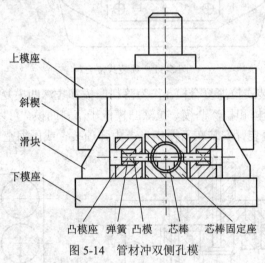

图 5-14　管材冲双侧孔模

11. 锌合金冲裁模

锌合金冲裁模是利用锌合金制作成凹模(或凸模)。由于锌合金有一定的强度，它可用于小批量复杂形状零件的冲裁。此类模具的凸模可用钢模制成，其淬火硬度与一般冲模相同。因凹模加工比凸模困难，所以凹模采用锌合金来制造，如图 5-15 所示。锌合金模具的主要特点是：模具结构简单，制造周期短，维修方便，失效后的模具可以重熔再制，成本较低，一般只有钢模成本的 1/5～1/10。凹模的制造较多采用的是利用已淬硬(硬度>40HRC)并加工好的凸模来浇注锌合金。

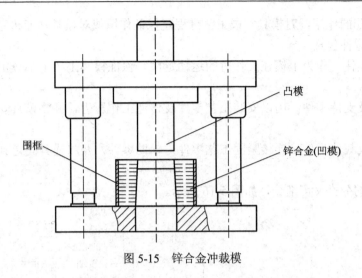

图 5-15　锌合金冲裁模

5.2　冷冲压模具零件的类型

5.2.1　冷冲压模具零件的一般分类

根据冲压件的形状、大小、精度和不同的工艺要求，以及生产量、经济性等不同要求，模具的结构形式和复杂程度各不相同，但其结构组成是很有规律的。对功能齐全的手工送料模具来说，根据模具的作用情况，所有的零件可以分为工艺零件、传动零件和辅助结构零件三大类。

1. 工艺零件

这类零件直接参与完成冲压工序及与材料和冲压件相互接触，它们对完成工艺过程起主要作用，直接使板料金属产生流动、造成塑性变形或引起材料分离。工艺零件包括：

(1) 工作零件。直接完成工作要求的一定变形或造成材料分离的零件，如凸模、凹模、凸凹模等。

(2) 定位零件。用以确定加工中材料和毛坯正确位置的零件，如挡料销、定位板、定距侧刃等。

(3) 卸料、推料及压料零件。用于夹持毛坯或在冲压完成后进行推件及卸料的零件。在某些情况下，也能起到限位、校整和帮助提高冲压件精度的作用，如卸料板、压边圈、顶件器、废料切刀以及与模具安装在一起的送料、送件装置等。

2. 传动零件

使板料进给送料或使模具工作部分产生某种特定的运动方向，使压力机的垂直上下运动变成工艺过程中所需运动方向的零件，如凸轮、斜楔、滑板、铰链接头等。

3. 辅助结构零件

这类零件不直接参与完成工艺过程，也不和坯料直接发生作用，只是在模具结构中有安装夹持及装配的作用，对模具完成工艺过程起保证作用或对模具功能起完善与辅助的作用。辅助结构零件包括：

(1) 导向零件。作为上模在工作时的运动定向，保证模具上、下部分正确的相对位置的零件。

(2) 夹持及支持零件。用以安装工艺零件及传递工作压力，并将模具安装固定到压力机上的零件。

(3) 紧固及其他零件。连接紧固工艺零件与辅助零件，及将模具固定到压力机台面上的零件。

模具零件的分类又可细分，如图 5-16 所示。

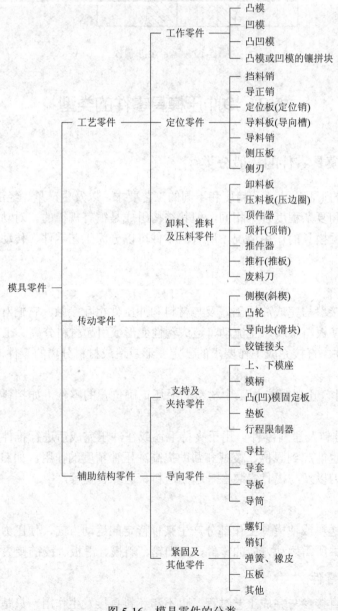

图 5-16　模具零件的分类

5.2.2　国家标准对冷冲模零部件的分类

GB/T 8845—2006《冲模术语》规定，冲模零部件分为以下 21 大类：

(1) 上模。上模(upper die)是安装在压力机滑块上的模具部分。

(2) 下模。下模(lower die)是安装在压力机工作台面上的模具部分。

(3) 模架。模架(die set)是上、下模座与导向件的组合体。模架包括：

① 通用模架(universal die set)。通用模架通常指应用量大、面广、已形成标准化的模架。

② 快换模架(quick change die set)。快换模架是通过快速更换凸、凹模和定位零件，以完成不同冲压工序和冲制多种制件，并对需求做出快速响应的模架。

③ 后侧导柱模架(back-pillar die set)。后侧导柱模架是导向件安装于上、下模座后侧的模架。

④ 对角导柱模架(diagonal-pillar die set)。导向件安装于上、下模座对角点上的模架。

⑤ 中间导柱模架(center-pillar die set)。导向件安装于上、下模座左右对称点上的模架。

⑥ 精冲模架(fine blanking die set)。适用于精冲，刚性好、导向精度高的模架。

⑦ 滑动导向模架(sliding guide die set)。上、下模采用滑动导向件导向的模架。

⑧ 滚动导向模架(ball-bearing die set)。上、下模采用滚动导向件导向的模架。

⑨ 弹压导板模架(die set with spring guide plate)。上、下模采用带有弹压装置导板导向的模架。

(4) 工作零件。工作零件(working component)是直接对板料进行冲压加工的零件。工作零件包括：

① 凸模(punch)。凸模一般是冲压加工制件内孔或内表面的工作零件。

② 定距侧刃(pitch punch)。级进模中，为确定板料的送进步距，在其侧边冲切出一定形状缺口的工作零件。

③ 凹模(die)。凹模一般是冲压加工制件外形或外表面的工作零件。

④ 凸凹模(main punch)。凸凹模是同时具有凸模和凹模作用的工作零件。

⑤ 镶件(insert)。镶件是分离制造并镶嵌在主体上的局部工作零件。

⑥ 拼块(section)。拼块是分离制造并镶拼成凹模或凸模的工作零件。

⑦ 软模(soft die)。软模是由液体、气体、橡胶等柔性物质构成的凸模或凹模。

(5) 定位零件。定位零件(locating component)是确定板料、制件或模具零件在冲模中正确位置的零件。定位零件包括：

① 定位销(locating pin)。确定板料或制件正确位置的圆柱形零件。

② 定位板(locating plate)。确定板料或制件正确位置的板状零件。

③ 挡料销(stop pin)。确定板料送进距离的圆柱形零件。

④ 始用挡料销(fingers top pin)。确定板料进给起始位置的圆柱形零件。

⑤ 导正销(pilot pin)。与导正孔配合，确定制件正确位置和消除送料误差的圆柱形零件。

⑥ 抬料销(lifter pin)。具有抬料作用，有时兼具板料送进导向作用的圆柱形零件。

⑦ 导料板(stock guide rail)。确定板料送进方向的板状零件。

⑧ 侧刃挡块(stop block for pitch punch)。承受板料对定距侧刃的侧压力，并起挡料作用的板块状零件。

⑨ 止退键(stop key)。支撑受侧向力的凸、凹模的块状零件。

⑩ 侧压板(side-push plate)。消除板料与导料板侧面间隙的板状零件。

⑪ 限位块(limit block)。限制冲压行程的块状零件。

⑫ 限位柱(limit post)。限制冲压行程的柱状零件。

(6) 压料、卸料、送料零件。压料、卸料、送料零件(components for clamping, stripping and feeding)是压住板料和卸下或推出制件与废料的零件。压料、卸料、送料零件包括:

① 卸料板(stripper plate)。从凸模或凸凹模上卸下制件与废料的板状零件,包括固定卸料板(fixed stripper plate)和弹性卸料板(spring stripper plate)。固定卸料板是指固定在冲模上位置不动,有时兼具凸模导向作用的卸料板;弹性卸料板是指借助弹性零件起卸料、压料作用,有时兼具保护凸模并对凸模起导向作用的卸料板。

② 推件块(ejector block)。从上凹模中推出制件或废料的块状零件。

③ 顶件块(kicker block)。从下凹模中顶出制件或废料的块状零件。

④ 顶杆(kicker pin)。直接或间接向上顶出制件或废料的杆状零件。

⑤ 推板(ejector plate)。在打杆与连接推杆间传递推力的板状零件。

⑥ 推杆(ejector pin)。向下推出制件或废料的杆状零件。

⑦ 连接推杆(ejector tie rod)。连接推板与推件块并传递推力的杆状零件。

⑧ 打杆(knock-out pin)。穿过模柄孔,把压力机滑块上打杆横梁的力传给推板的杆状零件。

⑨ 卸料螺钉(stripper bolt)。连接卸料板并调节卸料板卸料行程的杆状零件。

⑩ 拉杆(tie rod)。固定于上模座并向托板传递卸料力的杆状零件。

⑪ 托杆(cushion pin)。连接托板并向压料板、压边圈或卸料板传递力的杆状零件。

⑫ 托板(support plate)。装于下模座并将弹顶器或拉杆的力传递给顶杆和托杆的板状零件。

⑬ 废料切断刀(scrap cutter)。冲压过程中切断废料的零件。

⑭ 弹顶器(cushion)。向压边圈或顶件块传递顶出力的装置。

⑮ 承料板(stock-supporting plate)。对进入模具之前的板料起支承作用的板状零件。

⑯ 压料板(pressure plate)。把板料压贴在凸模或凹模上的板状零件。

⑰ 压边圈(blank holder)。拉深模或成形模中,为调节材料流动阻力,防止起皱而压紧板料边缘的零件。

⑱ 齿圈压板(vee-ring plate)。精冲模中,为形成很强的三向压应力状态,防止板料自冲切层滑动和冲裁表面出现撕裂现象而采用的齿形强力压圈零件。

⑲ 推件板(slide feed plate)。将制件推入下一工位的板状零件。

⑳ 自动送料装置(automatic feeder)。将板料连续定距送进的装置。

(7) 导向零件(guide component)。保证运动导向和确定上、下模相对位置的零件。导向零件包括:

① 导柱(guide pillar)。与导套配合,保证运动导向和确定上、下模相对位置的圆柱形零件。

② 导套(guide bush)。与导柱配合,保证运动导向和确定上、下模相对位置的圆套形零件。

③ 滚珠导套(ball-bearing guide bush)。与滚珠导柱配合,保证运动导向和确定上、下模相对位置的圆套形零件。

④ 滚珠导套(ball-bearing guide bush)。与滚珠导柱配合,保证运动导向和确定上、下模相对位置的圆套形零件。

⑤ 钢球保持圈(cage)。保持钢球均匀排列,实现滚珠导柱与导套滚动配合的圆套形组件。

⑥ 止动件(retainer)。将钢球保持圈限制在导柱上或导套内的限位零件。

⑦ 导板(g uide plate)。为导正上、下模各零部件间的相对位置而采用的淬硬或嵌有润滑材料的板状零件。

⑧ 滑块(slide block)。在斜楔的作用下沿变换后的运动方向做往复滑动的零件。

⑨ 耐磨板(wear plate)。镶嵌在某些运动零件导滑面上的淬硬或嵌有润滑材料的板状零件。

⑩ 凸模保护套(punch-protecting bushing)。小孔冲裁时,用于保护细长凸模的衬套零件。

(8) 固定零件(retaining component)。将凸模、凹模固定于上、下模,以及将上、下模固定在压力机上的零件。固定零件包括:

① 上模座(punch holder)。用于装配与支承上模所有零部件的模架零件。

② 下模座(die holder)。用于装配与支承下模所有零部件的模架零件。

③ 凸模固定板(punch plate)。用于安装和固定凸模的板状零件。

④ 凹模固定板(die plate)。用于安装和固定凹模的板状零件。

⑤ 预应力圈(shrinking ring)。为提高凹模强度,在其外部与之过盈配合的圆套形零件。

⑥ 垫板(bolster plate)。设在凸、凹模与模座间,承受和分散冲压负荷的板状零件。

⑦ 模柄(die shank)。使模具与压力机的中心线重合,并把上模固定在压力机滑块上的连接零件。

⑧ 浮动模柄(self-centering shank)。可自动定心的模柄。

⑨ 斜楔(cam driver)。通过斜面变换运动方向的零件。

5.3　冷冲压模具零件材料与热处理的选用

5.3.1　冷冲模工作零件材料与热处理的选用

工作零件是指直接完成工作要求的一定变形或造成材料分离的零件。这部分零件有凸模、凹模、凸凹模以及凸模和凹模的拼块及镶块等,材料的选用见表 5-1。

表 5-1　工作零件材料的选用

工作零件名称	图　　例	材料	备注
冲裁圆凸模 (小件)		T10A Cr12MoV	JB/T 8057.5 —1995

工作零件名称	图　　例	材料	备注
冲裁圆凹模 (小件)		T10A 9Mn2V	JB/T 8057.5 —1995
冲裁凹模 (大件)		T10A Cr12MoV	
冲裁凸模 (大件)		T10A 9Mn2V	
拉深凸模		Cr12MoV	
凸凹模		Cr12MoV	

通气孔尺寸

凸模直径 d/mm	通气孔直径 D/mm
<25	3.0
25～50	3.0～5.0
50～100	5.5～6.5
100～200	7.0～8.0
>200	>8.5

典型圆形凸模的结构形式、尺寸、材料及热处理见表 5-2。

表 5-2 典型圆形凸模的结构形式、尺寸、材料及热处理 (mm)

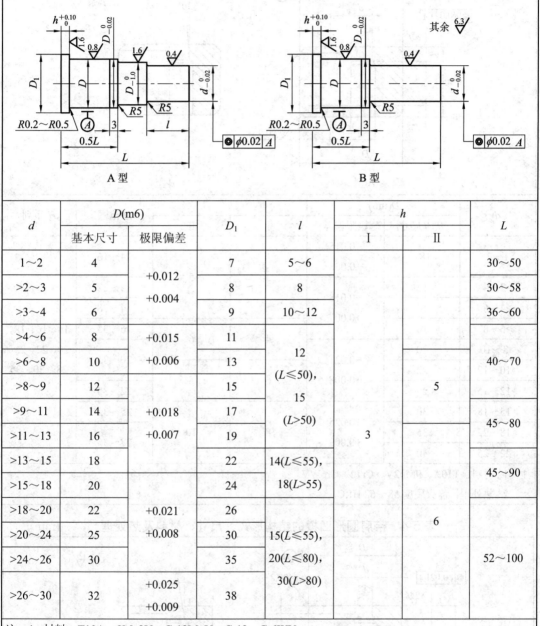

d	D(m6)		D_1	l	h		L
	基本尺寸	极限偏差			I	II	
$1\sim2$	4	+0.012 +0.004	7	$5\sim6$			$30\sim50$
$>2\sim3$	5		8	8			$30\sim58$
$>3\sim4$	6		9	$10\sim12$			$36\sim60$
$>4\sim6$	8	+0.015 +0.006	11	12 ($L\leqslant50$), 15 ($L>50$)	3		$40\sim70$
$>6\sim8$	10		13			5	
$>8\sim9$	12		15				
$>9\sim11$	14	+0.018 +0.007	17				$45\sim80$
$>11\sim13$	16		19				
$>13\sim15$	18		22	14($L\leqslant55$), 18($L>55$)			$45\sim90$
$>15\sim18$	20		24				
$>18\sim20$	22	+0.021 +0.008	26	15($L\leqslant55$), 20($L\leqslant80$), 30($L>80$)		6	$52\sim100$
$>20\sim24$	25		30				
$>24\sim26$	30		35				
$>26\sim30$	32	+0.025 +0.009	38				

注：1. 材料：T10A、9Mn2V、Cr12MoV、Cr12、Cr6WV。
　　2. 热处理：9Mn2V、Cr12MoV、Cr12，硬度 58～62 HRC，尾部回火 40～50 HRC；T10A、Cr6WV，硬度 56～60 HRC，尾部回火 40～50 RHC。

圆形凹模的尺寸都不大，直接装在凹模固定板中，主要用于冲孔。圆形凹模的结构形式、尺寸、材料及热处理见表 5-3。带肩圆形凹模的结构形式、尺寸、材料及热处理见表 5-4。

表 5-3　圆形凹模的形式、尺寸、材料及热处理　　　　　　　(mm)

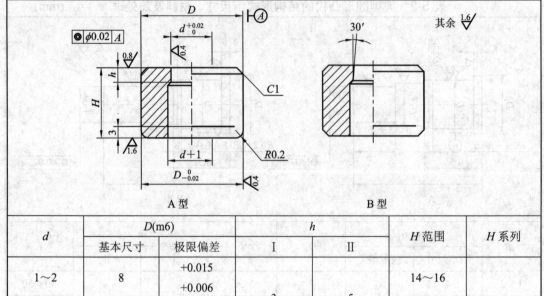

A 型　　　　　　　　　　　　　　　　B 型

d	D(m6)		h		H 范围	H 系列
	基本尺寸	极限偏差	I	II		
1~2	8	+0.015 +0.006	3	5	14~16	
>2~4	12	+0.018 +0.007			14~22	
>4~6	14				14~28	14、16、18、 20、22、25、 28、30、35
>6~8	16		4	6	16~35	
>8~10	20	+0.021 +0.008			20~35	
>10~12	22		6	8		
>12~15	25				22~35	
>15~18	30	+0.025 +0.009	8	10	25~35	
>18~22	35				28~35	
>22~25	40					

注：1. 材料：T10A、9Mn2V、Cr12、Cr6WV。

　　2. 热处理：淬火硬度 58~62 HRC。

表 5-4　带肩圆形凹模的结构形式、尺寸、材料及热处理　　　　(mm)

A 型　　　　　　　　　　　　　　　　B 型

续表

d	D(m6)		D_1	I		II		H 范围	H 系列
	基本尺寸	极限偏差		h	h_1	h	h_1		
1～2	8	+0.015 +0.006	11	3		5	5	14～16	
>2～4	12		16					16～22	
>4～6	14	+0.018 0.007	18		3			16～28	
>6～8	16		20	4		6		18～35	14、16、18、20、22、25、28、30、35
>8～10	20	+0.021 +0.008	25					20～35	
>10～12	22		27	6			6		
>12～15	25		30						
>15～18	30		35	8		10		28～35	
>18～22	35	+0.025 +0.009	40						
>22～25	40		45						

注：1. 材料：T10A、9Mn2V、Cr12、Cr6WV。
　　2. 热处理：淬火硬度58～62 HRC。

5.3.2　冷冲模定位零件材料与热处理的选用

用以确定冲压加工中材料和毛坯正确位置的模具零件称为定位零件。属于这类零件的有挡料销、导正销、定位板、侧压板和定距侧刃等。模具定位零件是用以保证在冲压加工过程中材料和毛坯的正确送进及正确地将工件安放到模具上，以完成下一步的冲压工序。

条料在模具送料平面中送进时，必须在两个方向有限位：一个是在与送料方向垂直的方向上限位，以保证条料沿正确的方向送进，为送进导向；另一个是送料方向上的限位，它控制条料一次送进的距离(步距)，称为送料进距。对于块料或工序间的定位，基本上也是两个方向上的限位，只是定位零件的结构形式与条料的有所不同而已。

属于送进导向的定位零件有导料销、导料板、侧压板等，属于送料定距的定位零件有导正销、挡料销、定距侧刃等。对于块料或工序间的定位则有定位销、定位板等。确定相对位置可使用导正销。单个毛坯的定位则用定料销或定位板。

1. 挡料销

挡料销是一种比较简单的定位零件，它用于限定条料的送进距离、抵住条料的搭边或工件的轮廓，使送入冲模的材料有正确的位置，起到定位作用。挡料销可以分为固定挡料销和活动挡料销两大类，其具体的结构形式、材料及热处理见表5-5。

表 5-5　挡料销的结构形式、材料及热处理

零件名称	图例	材料	备注
固定挡料销 （台肩式）		45 钢 43～48 HRC	JB/T 7649.10— 1994
固定挡料销 （钩形）		45 钢 43～48 HRC	JB/T 7649.10— 1994
弹顶挡料销 （扭簧）		45 钢 43～48 HRC	JB/T 7649.6—1994
弹顶挡料销 （压簧）		45 钢 43～48 HRC	JB/T 7649.5—1994
始用挡料销		45 钢 43～48 HRC	JB/T 7649.1—1994

固定挡料销的结构尺寸、材料及热处理见表 5-6。

表 5-6　固定挡料销的结构尺寸、材料及热处理(摘自 JB/T 7649.10—2008)　　(mm)

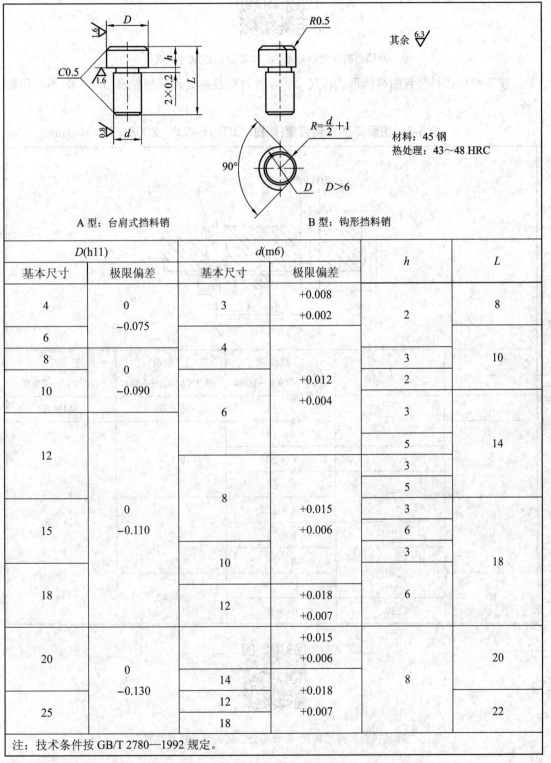

材料：45 钢
热处理：43~48 HRC

A 型：台肩式挡料销　　　　　　B 型：钩形挡料销

D(h11) 基本尺寸	极限偏差	d(m6) 基本尺寸	极限偏差	h	L
4	0 / −0.075	3	+0.008 / +0.002	2	8
6		4		3	10
8	0 / −0.090		+0.012 / +0.004	2	
10		6		3	
12	0 / −0.110			5	14
				3	
		8	+0.015 / +0.006	5	
15				3	
		10		6	
18		12	+0.018 / +0.007	3	18
				6	
20	0 / −0.130	14	+0.015 / +0.006	8	20
25		12	+0.018 / +0.007		22
		18			

注：技术条件按 GB/T 2780—1992 规定。

冲模挡料和弹顶装置 第 10 部分：固定挡料销

扭簧弹顶挡料装置的结构形式、尺寸、零件材料及热处理分别见表 5-7、表 5-8 和表 5-9。

表 5-7 扭簧弹顶挡料装置(摘自 JB/T 7649.6—2008)　　　(mm)

d	L	1. 挡料销 JB/T 7649.6—1994	2. 扭簧 JB/T 7649.6—1994	3. 螺钉 GB/T 67—2000
4	18	4 × 18	6 × 30	M4 × 6
6	18	6 × 18		
	20	6 × 20	6 × 35	
	22	6 × 22		
8	22	8 × 22		M6 × 8
	24	8 × 24	8 × 35	
	28	8 × 28		
10	28	10 × 28	8 × 40	
	30	10 × 30		

冲模挡料和弹顶装置 第 6 部分：扭簧弹顶挡料装置

表 5-8　挡料销结构尺寸、材料及热处理　　　　　　　　　(mm)

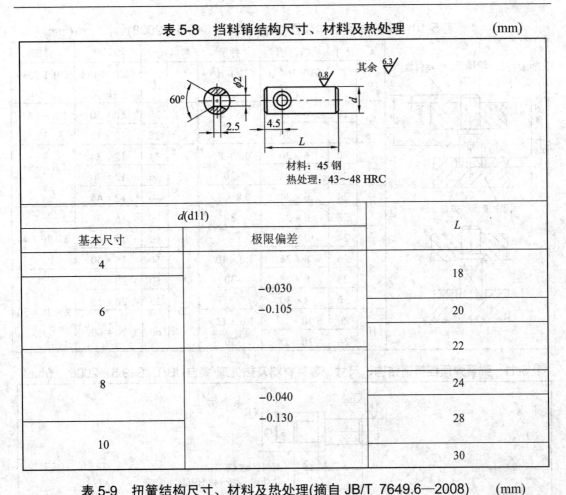

材料：45 钢
热处理：43～48 HRC

基本尺寸	极限偏差	L
	d(d11)	
4		18
	−0.030	
6	−0.105	20
		22
8	−0.040	24
	−0.130	28
10		30

表 5-9　扭簧结构尺寸、材料及热处理(摘自 JB/T 7649.6—2008)　　　(mm)

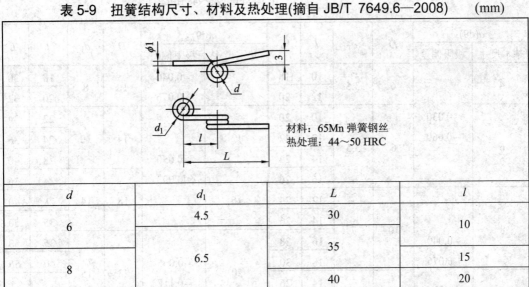

材料：65Mn 弹簧钢丝
热处理：44～50 HRC

d	d_1	L	l
6	4.5	30	10
	6.5	35	15
8		40	20

弹簧弹顶挡料装置的结构、尺寸、零件材料及热处理分别见表 5-10、表 5-11、表 5-12
及表 5-13。

表 5-10　弹簧弹顶挡料装置(摘自 JB/T 7649.5—2008)　　　(mm)

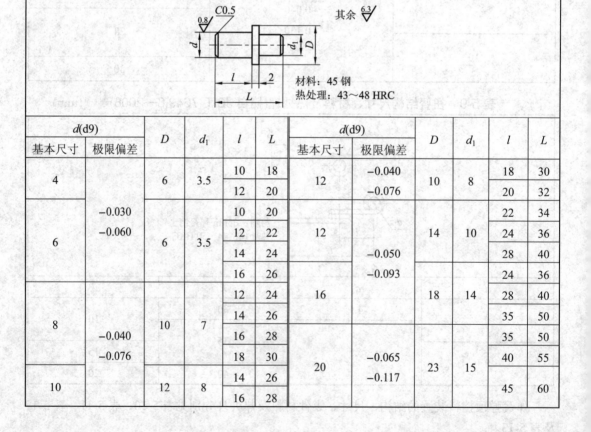

基本尺寸		挡料销	弹簧	基本尺寸		挡料销	弹簧
d	L	JB/T 7649.6—1994	GB/T 2089—1994	d	L	JB/T 7649.6—1994	GB/T 2089—1994
4	18	4×18	0.5×6×20	10	30	10×30	1.6×12×30
	20	4×20			32	10×32	
6	20	6×20	0.8×8×20	12	34	12×34	1.6×15×40
	22	6×22			36	12×36	
	24	6×24	0.8×8×30		40	12×40	
	28	6×26		16	36	16×36	2×20×40
8	24	8×24	1.0×10×30		40	16×40	
	26	8×26			50	16×50	
	28	8×28		20	50	20×50	2×20×50
	30	8×30			55	20×55	
10	26	10×26	1.6×12×30		60	20×60	
	28	10×28					

表 5-11　弹簧弹顶挡料销结构、尺寸、零件材料及热处理(摘自 JB/T 7649.5—2008)　(mm)

其余 6.3

材料：45 钢
热处理：43～48 HRC

d(d9) 基本尺寸	极限偏差	D	d_1	l	L	d(d9) 基本尺寸	极限偏差	D	d_1	l	L
4	−0.030 −0.060	6	3.5	10	18	12	−0.040 −0.076	10	8	18	30
				12	20					20	32
6		6	3.5	10	20	12	−0.050 −0.093	14	10	22	34
				12	22					24	36
				14	24					28	40
				16	26					24	36
8	−0.040 −0.076	10	7	12	24	16		18	14	28	40
				14	26					35	50
				16	28					35	50
				18	30	20	−0.065 −0.117	23	15	40	55
10		12	8	14	26					45	60
				16	28						

冲模档料和弹顶装置　第 5 部分：弹簧弹顶档料装置

表 5-12　始用挡料销结构、尺寸、零件材料及热处理(摘自 JB/T 7649.1—1994)　　(mm)

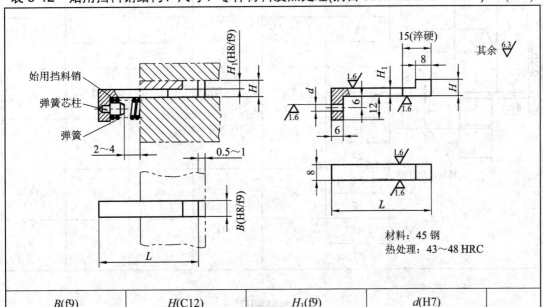

材料：45 钢
热处理：43～48 HRC

B(f9)		H(C12)		H₁(f9)		d(H7)		L
基本尺寸	极限偏差	基本尺寸	极限偏差	基本尺寸	极限偏差	基本尺寸	极限偏差	
6	−0.010 −0.040	4	−0.070 −0.190	2	−0.006 −0.031	3	+0.010 0	35～45
		6		3				35～70
8	−0.013	8	−0.080	4	−0.010 −0.040	4	+0.012 0	45～70
10	−0.049	10	−0.300	5				50～80
12	−0.016 −0.059	12	−0.095 −0.365	6		6		50～90
15		15		7	−0.013 −0.049			75～90

冲模挡料和弹顶装置　第 1 部分：始用挡料装置

表 5-13　弹簧结构、尺寸及材料(摘自 JB/T 7649.2—2008)　　　(mm)

D	d(r6)		H	h	h₁
---	基本尺寸	极限偏差	---	---	---
4	3	+0.016 +0.010	16	6	6
6	4	+0.023 +0.015			
8	6		18		8
10			20	8	
12	8	+0.028 +0.019	25	10	10
14					
16	10		30	12	12
20					
24	12	+0.034 +0.023	40	15	15
28					
34	14		45	18	18
42					

材料：Q235

（图：弹簧芯柱结构图，标注 R2、D、30°、2×0.5、C0.5、d、h₁、h、H、其余 6.3、0.8、1.6）

冲模挡料和弹顶装置 第 2 部分：弹簧芯柱

2. 导正销

导正销的结构形式、材料及热处理见表 5-14。

表 5-14　导正销的结构形式、材料及热处理

零件名称	图　例	材　料	备　注
导正销	（图：导正销结构图，标注 D₁、D(h6)、d(h6)、L、0.8）	T8A 50～54HRC	JB/T 7647.1—1994

续表

零件名称	图 例	材 料	备 注
导正销		9Mn2V、Cr12 52～56 HRC	JB/T 7647.3—1994
		T8A 50～54 HRC	JB/T 7647.2—1994
		9Mn2V、Cr12 52～56 HRC	JB/T 7647.4—1994
长螺母		45 钢 43～48 HRC	

A 型、B 型、C 型、D 型等 4 种导正销及长螺母的结构尺寸、材料及热处理，分别见表 5-15、表 5-16、表 5-17、表 5-18 及表 5-19。

表 5-15　A 型导正销的结构尺寸、材料及热处理(摘自 JB/T 7647.1—2008)　　(mm)

材料：T8A
热处理：50～54 HRC

d(h6) 基本尺寸	d(h6) 极限偏差	D(h6) 基本尺寸	D(h6) 极限偏差	D_1	L	l	C
≤3	0 / −0.006	5	0 / −0.008	8	24	14	2
>3～6	0 / −0.008	7	0 / −0.009	10	28	18	
>6～8	0 / −0.009	9		12	32	20	
>8～10		11	0 / −0.011	14	34	22	3
>10～12	0 / −0.011	13		16	36	24	

表 5-16　B 型导正销的结构尺寸、材料及热处理(摘自 JB/T 7647.2—2008)　　(mm)

材料：9Mn2V、Cr12
热处理：52～56 HRC

d(h6) 基本尺寸	d(h6) 极限偏差	D(h6) 基本尺寸	D(h6) 极限偏差	D_1	r	l、L、h
≤3	0 / −0.006	4	0 / −0.008	7	0.5	设计时确定
>3～6	0 / −0.008	6		9		
>6～7	0 / −0.009	8	0 / −0.009	12		
>7～8						
>8～9		10		14	1	
>9～10						

冲模导正销　第 1 部分：A 型导正销　　　　冲模导正销　第 2 部分：B 型导正销

表 5-17　C 型导正销的结构尺寸、材料及热处理(摘自 JB/T 7647.3—2008)　　(mm)

材料：9Mn2V、Cr12
热处理：52～56 HRC

d(h9) 基本尺寸	d(h9) 极限偏差	D(K6) 基本尺寸	D(K6) 极限偏差	d_1	h	r	L、h_1
4～6	0 / −0.030	4	+0.009 / +0.001	M4	4	1	设计时确定
>6～8	0 / −0.036	5		M5	5		
>8～10							
>10～12	0 / −0.043	6		M6	6	2	

冲模导正销　第 3 部分：C 型导正销

表 5-18　D 型导正销的结构尺寸、材料及热处理(摘自 JB/T 7647.4—2008)　(mm)

材料：9Mn2V、Cr12 热处理：52~56 HRC	D(h9)		D₁(h6)		d	d_1	H	h	h_1	R
	基本尺寸	极限偏差	基本尺寸	极限偏差						
	12~14	0 −0.043	10	0 −0.009	M6	7	14	8	4	2
	>14~18		12		M8	9	16		6	
	>18~22	0 −0.052	14	0 −0.011						
	>22~26		16		M10	16	20	10	7	
	>26~30		18				22			
	>30~40	0 −0.062	22	0 −0.013	M12	19	26	12	8	3
	>40~50		26				28			

注：h2 尺寸设计时确定。

冲模导正销　第 4 部分：D 型导正销

表 5-19　长螺母的结构尺寸、材料及热处理

材料：45 钢 热处理：43~48 HRC	d_1	d	D	n	t	H
	M4	4.5	8	1.2	2.5	16
	M5	5.5	9			18
	M6	6.5	11	1.5	3	20

3. 定位板(定料销)

单个冲裁件或毛坯的冲压一般采用定位板或定料销结构来对外缘轮廓或内孔定位，以保证前后工序相对位置的精度或冲裁件内孔与外缘的位置精度的要求。

定位方式的选择应根据冲裁件的具体要求来考虑。一般当外形简单时，采用定位板以外缘定位；而当外形复杂或外缘定位不符合要求时，则采用定料销以内孔定位。在设计定位装置时，定位要可靠，放置毛坯和取出冲压件要方便，要考虑操作安全。对于不对称的冲压件，定位需设计成不可逆的，应具有鲜明的方向性，以避免产生废品或由于操作人员紧张而引起事故。定位板或定料销的结构形式、材料及热处理见表 5-20。

表 5-20 定位板(定料销)的结构形式、材料及热处理

零件名称	图 例	材 料
定位销		45 钢 43~48 HRC
定位板		45 钢 43~48 HRC
		45 钢 43~48 HRC

4．导料板(导料销)

为使条料顺利通过，条料靠着导料板(导尺)或导料销一侧导向送进，以免送偏。导料板(导尺)或导料销的结构、材料及热处理见表 5-21。导料板有与导板(卸料板)分离和联成整体两种结构。

表 5-21 导料板、导料销的结构、材料及热处理

零件名称	图 例	材 料	备 注
导料板		Q235、45 钢 28~32 HRC 调质(45 钢)	JB/T 7648.6—1994
导料销		45 钢 28~32 HRC 调质	

标准导料板的结构尺寸、材料及热处理见表 5-22。从右向左送料时，与条料相靠的导料板装在后侧；而从前向后送料时，则基准导料板装在左侧。

表 5-22 标准导料板的结构尺寸、材料及热处理 (mm)

（结构示意图：标注尺寸 B、R5、R1、R1、15°、b、10、L、H；表面粗糙度 1.6（三处）、其余 6.3）

材料：Q235、45 钢
热处理：调质 28～32 HRC(45 钢)

L	B	H	L	B	H	L	B	H	L	B	H	L	B	H	L	B	H
50	15	4	83	35	6	120	40	10	140	20	4	145	20	4	160	40	6
		6			8			8			6			6			8
	20	4	100	20	4		45	10		25	6		25	6		45	8
		6			6			12			8			8			10
63	15	4		25	6	125	20	4		30	6		30	6		50	10
		6			8			6			8			8			12
	20	4		30	6		25	6		35	6		35	6			
		6			8			8			8			8			
70	15	4		35	6		30	6		40	8		40	8			
		6			8			8			10			10			
	20	4		40	6		35	6		45	10		45	10			
		6			8			8			12			12			
80	20	4		45	10		40	6		50	10		50	10			
		6			12			10			12			12			
	25	6	120	20	4		45	10	160	20	4						
		8			6			12			6						
	30	6		25	6		50	10		25	6						
		8			8			12			8						
	35	6		30	6					30	6						
		8			8						8						
83	20	4		35	6					35	6						
		6			8						8						
	25	6		40	6												
		8			8												
	30	6															
		8															

5. 侧压装置

为保证零件紧靠导料板一侧正确送进，常采用侧压装置。侧压装置的结构形式、材料及热处理见表 5-23。

表 5-23　侧压装置的结构形式、材料及热处理

零件名称	图　　例	材　料	备　注
侧压簧片		65Mn 弹簧钢带 42～46 HRC	JB/T 7649.4—1994
弹簧 侧压装置			
弹簧 侧压装置			
簧片压块式 侧压装置			
侧面压板式 压料装置			

6. 定距侧刃

定距侧刃是用于级进模上将条料的一侧或两侧切出用作限定被加工条料的进给步距，至下一工步送料时，可以保证条料的精确送料位置和准确的送进距离，以提高冲件的精度。定距侧刃的结构形式、材料及热处理见表 5-24。定距侧刃的结构尺寸、材料及热处理见表 5-25。

表 5-24　定距侧刃的结构形式、材料及热处理

零件名称	图　例	材　料	备　注
定距侧刃装置	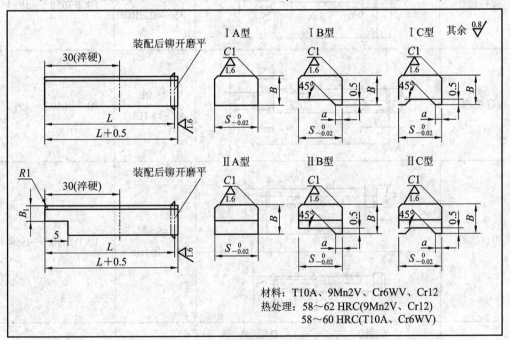		
定距侧刃		T10A、Cr12 58～62 HRC	JB/T7649.1—1994 该零件的工作内容为冲切，用于工艺定位的孔的冲孔凸模

表 5-25　定距侧刃的结构、材料及热处理(摘自 JB/T 7648.1—2008)　　(mm)

材料：T10A、9Mn2V、Cr6WV、Cr12
热处理：58～62 HRC(9Mn2V、Cr12)
　　　　58～60 HRC(T10A、Cr6WV)

冲模侧刃和导料装置 第 1 部分：侧刃

5.3.3　冷冲模卸料及压料零件材料与热处理的选用

卸料零件主要用来在冲压工作完成后从凸模上卸下条料或废料，有时也起压料或凸模导向的作用，此外还兼有保证凸模强度、防止冲裁时材料的变形等作用。而把梗塞在凹模洞口内的冲裁件或废料从凹模中卸下的零件称为推件(装在上模，向下推出)或顶件(装在下模，向下顶出)，属于此类零件的有卸料板、推杆、推板、推件器、顶杆、顶件器和废料切刀等。

压料零件，则是在冲压过程中，为满足某种受力状态而向坯料施加特定压力的零件。诸如精密冲裁时的带齿圈的压料板，是为了造成有利于冲切变形，提高切口表面质量的三向压应力；拉深过程中的压力圈，是为了防止拉深件起皱、克服在拉深过程中的切向压应力。

卸料零件的结构、材料及热处理见表 5-26。

表 5-26　卸料零件的结构、材料及热处理

零件名称	图　例	材　料	备　注
卸料螺钉		45 钢 35～40 HRC	JB/T 7650.5—1994
带螺纹推杆		45 钢 43～48 HRC	JB/T 7650.2—1994
带肩推杆		45 钢 43～48 HRC	JB/T 7650.1—1994
顶板	C 型　　D 型	45 钢 43～48 HRC	JB/T 7650.4—1994

零件名称	图 例	材 料	备 注
顶杆		45 钢 43～48 HRC	JB/T 7650.3—1994
圆废料刀		Cr12MoV 56～60 HRC	JB/T 7651.1—1994
方废料刀	*H*=45 mm、50 mm、 55 mm、60 mm、65 mm	Cr12MoV 56～60 HRC	JB/T 7651.2—1994

　　常见卸料螺钉的结构形式有带圆柱头卸料螺钉和内六角卸料螺钉两种。圆柱头卸料螺钉的结构尺寸、材料及热处理见表 5-27。

表 5-27　圆柱头卸料螺钉的结构尺寸、材料及热处理

(摘自 JB/T 7650.5—2008 冲模卸料装置 第 5 部分：圆柱头卸料螺钉)　　(mm)

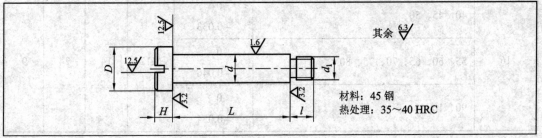

材料：45 钢
热处理：35～40 HRC

d	L(h8)		d_1	l	D	H
	基本尺寸	极限偏差				
4	20、22、25、28、30	0 −0.033	M3	5	7	3
	32、35	0 −0.039				
5	20、22、25、28、30	0 −0.033	M4	5.5	8.5	3.5
	32、35、38、40	0 −0.039				
6	25、28、30	0 −0.033	M5	6	10	4
	32、35、38、40、42、45、48、50	0 −0.039				
8	25、28、30	0 −0.033	M6	7	12.5	5
	32、35、38、40、42、45、48、50	0 −0.039				
10	30	0 −0.033	M8	8	15	6
	32、35、38、40、42、45、48、50	0 −0.039				
	55、60、65、70、75、80	0 −0.046				
12	35、40、45、50	0 −0.033	M10	10	18	7
	55、60、65、70、75、80	0 −0.046				
16	40、45、50	0 −0.033	M12	14	24	9
	55、60、65、70、75、80	0 −0.046				
	90、100	0 −0.054				

冲模卸料装置 第 5 部分：圆柱头卸料螺钉

　　带肩推杆的结构尺寸、材料及热处理见表 5-28。带螺纹推杆的结构尺寸、材料及热处理见表 5-29。顶杆的结构尺寸、材料及热处理见表 5-30。顶板的结构尺寸、材料及热处理见表 5-31。

表 5-28　带肩推杆的结构尺寸、材料及热处理

(摘自 JB/T 7650.1—2008 冲模卸料装置 第 1 部分：带肩推杆)　　　(mm)

d		L	D	l
A 型	B 型			
6	M6	40、45、50、55、60、70	8	—
		80、90、100、110、120、130		20
8	M8	50、55、60、65、70、80	10	—
		90、100、110、120、130、140、150		25
10	M10	60、65、70、75、80、90	13	—
		100、110、120、130、140、150、160、170		30
12	M12	70、75、80、85、90、100	15	—
		110、120、130、140、150、160、170、180、190		35
16	M16	80、90、100、110	20	—
		120、130、140、150、160、180、200、220		40
20	M20	90、100、110、120	24	—
		130、140、150、160、180、200、220、240、260		45
25	M25	100、110、120、130	30	—
		140、150、160、180、200、220、240、260、280		50

（图中标注）A 型：D、d、4、L、1.6、其余 6.3；B 型：d、l、1.6　材料：45 钢　热处理：43～48 HRC

冲模卸料装置 第 1 部分：带肩推杆

表 5-29 带螺纹推杆的结构尺寸、材料及热处理
(摘自 JB/T 7650.2—2008 冲模卸料装置 第 2 部分：带螺纹推杆) (mm)

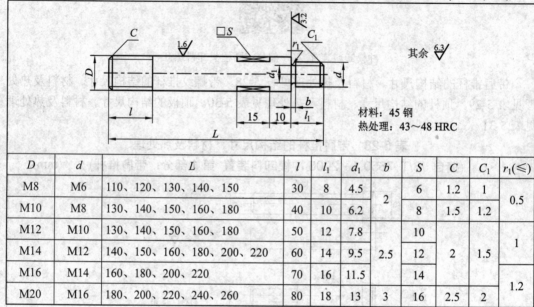

材料：45 钢
热处理：43~48 HRC

D	d	L	l	l_1	d_1	b	S	C	C_1	$r_1(\leqslant)$
M8	M6	110、120、130、140、150	30	8	4.5	2	6	1.2	1	0.5
M10	M8	130、140、150、160、180	40	10	6.2		8	1.5	1.2	
M12	M10	130、140、150、160、180	50	12	7.8	2.5	10	2	1.5	1
M14	M12	140、150、160、180、200、220	60	14	9.5		12			
M16	M14	160、180、200、220	70	16	11.5		14			1.2
M20	M16	180、200、220、240、260	80	18	13	3	16	2.5	2	

冲模卸料装置 第 2 部分：带螺纹推杆

表 5-30 顶杆的结构尺寸、材料及热处理(摘自 JB/T 7650.3—2008) (mm)

材料：45 钢
热处理：43~48 HRC

d(b11)		L
基本尺寸	极限偏差	
4	−0.070	15、20、25、30
6	−0.145	20、25、30、35、40、45
8	−0.080	25、30、35、40、45、50、55、60
10	−0.170	30、35、40、45、50、55、60、65、70、75
12	−0.150	35、40、45、50、55、60、65、70、75、80、85、90、95、100
16	−0.260	50、55、60、65、70、75、80、85、90、95、100、105、110、115、120、125、130
20	−0.160 −0.290	60、70、80、90、100、110、120、130、140、150、160

注：$d \leqslant 10$ mm，偏差为 c11；$d > 10$ mm，偏差为 b11。

冲模卸料装置 第 3 部分：顶杆

表 5-31 顶板的结构尺寸、材料及热处理(摘自 JB/T 7650.4—2008) (mm)

材料：45 钢
热处理：43～48 HRC

D	d	R	r	H	b
20	—	—	—	4	
25	15				8
30	16	4	3	5	
35	18				
40	20	5	4	6	10
50	25				
60				7	
70	30	6	5		12
80				9	
95	32	8	6		16
110	35			12	
120	42	9	7		18
140	45			14	
160	55	11	8		22
180				18	
210	70	12	9		24

A 型 B 型 C 型 D 型

冲模卸料装置 第 4 部分：顶板

对于大型零件冲裁或成形件切边时，如果冲裁件尺寸较大或板料厚度较大而造成卸料力较大时，一般都采用圆形或长方形废料切刀以代替卸料板将废料切断，使之从凸模上靠自重自由落下。废料刀要紧靠着凸模安装，其刀刃高度要比凸模的刀刃低，相当于材料厚度 t 的 2～3 倍，但不小于 2 mm。在具有圆形凸模的模具中，应在紧靠凸模的一边装置圆形的废料刀，加工后应和凸模靠紧，其结构形式如图 5-17 所示。圆废料刀适用于小型模具

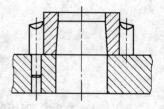

图 5-17 废料切刀

和切断薄废料；方废料刀则适用于大型模具和切断厚废料。废料刀的宽度应比废料稍宽些。

废料刀的结构尺寸、材料及热处理见表 5-32。

表 5-32 废料刀的结构尺寸、材料及热处理 (mm)

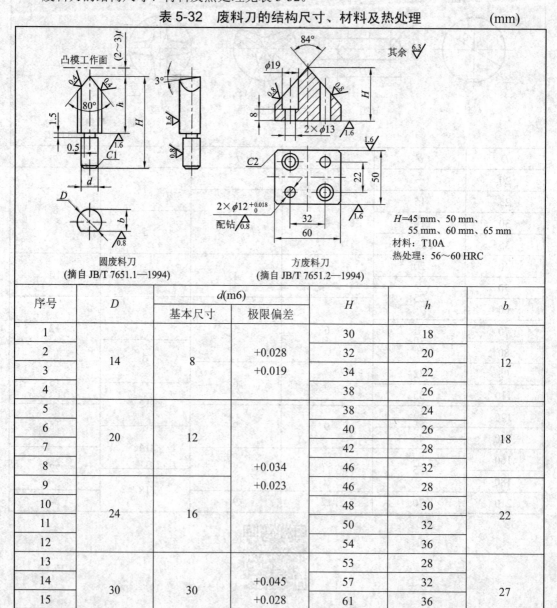

序号	D	d(m6)		H	h	b
		基本尺寸	极限偏差			
1	14	8	+0.028 +0.019	30	18	12
2				32	20	
3				34	22	
4				38	26	
5	20	12		38	24	18
6				40	26	
7				42	28	
8			+0.034 +0.023	46	32	
9	24	16		46	28	22
10				48	30	
11				50	32	
12				54	36	
13	30	30	+0.045 +0.028	53	28	27
14				57	32	
15				61	36	
16				65	40	

5.3.4 冷冲模导向零件材料与热处理的选用

导向零件是作为上模在工作时的运动定向，保证模具上、下部分正确的相对位置的零件。它用于提高模具精度、减少压力机对模具精度的不良影响，同时还可以节省模具的调整时间，以及提高制件的精度和模具寿命。导向零件的结构、材料及热处理见表5-33。

表 5-33 导向零件的结构、材料及热处理

零件名称	图 例	材 料	备 注
导柱		20 钢 渗碳深度 0.8～1 mm 58～62 HRC GCr15 62～65 HRC	GB/T 2861.2—1990
导套		20 钢 渗碳深度 0.8～1 mm 58～62 HRC GCr15 62～65 HRC	GB/T 2861.7—1990

最常用的导向装置是导柱导套结构形式和导板导向形式。导柱导套结构又可分为光滑的圆柱导向和滚珠导向装置两种。

导柱和导套目前都已标准化，在使用时可根据需要选取。A 型、B 型导柱的结构尺寸、材料及热处理分别见表 5-34 和表 5-35。A 型、B 型导套的结构尺寸、材料及热处理分别见表 5-36 和表 5-37。

表 5-34 A 型导柱的结构尺寸、材料及热处理(摘自 GB/T 2861.1—2008)　　(mm)

材料：20 钢、T8、GCr15
热处理：(20 钢，渗碳深度 0.8～1 mm)
58～62 HRC
GCr15，62～65 HRC

基本尺寸	极限偏差		总长 L
d	h5	h6	
16	0	0	90～110
18	−0.008	−0.011	90～130
20			100～130
22	0	0	100～150
25	−0.009	−0.013	110～180
28			130～200

基本尺寸	极限偏差		总长 L
d	h5	h6	
32			150～210
35			160～230
40	0 −0.011	0 −0.016	180～260
45			200～290
50			200～300
55	0 −0.013	0 −0.019	220～320
60			250～320

注：h5 用于一级精度；h6 用于二级精度。

冲模导向装置　第 1 部分：滑动导向导柱

表 5-35　B 型导柱的结构尺寸、材料及热处理(摘自 GB/T 2861.2—2008)　　(mm)

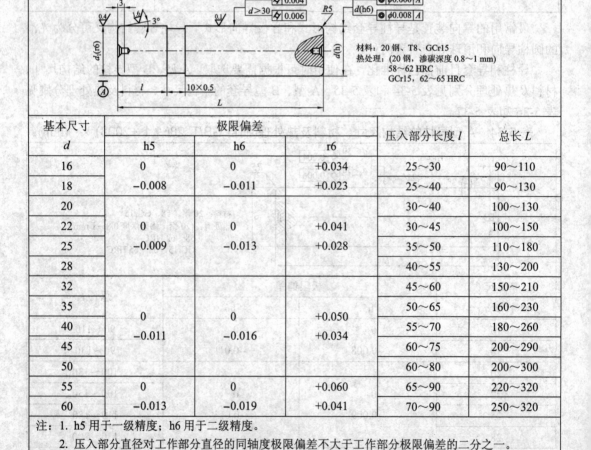

材料：20 钢、T8、GCr15
热处理：(20 钢，渗碳深度 0.8～1 mm)
　　　　58～62 HRC
　　　　GCr15，62～65 HRC

基本尺寸	极限偏差			压入部分长度 l	总长 L
d	h5	h6	r6		
16	0 −0.008	0 −0.011	+0.034 +0.023	25～30	90～110
18				25～40	90～130
20	0 −0.009	0 −0.013	+0.041 +0.028	30～40	100～130
22				30～45	100～150
25				35～50	110～180
28				40～55	130～200
32	0 −0.011	0 −0.016	+0.050 +0.034	45～60	150～210
35				50～65	160～230
40				55～70	180～260
45				60～75	200～290
50				60～80	200～300
55	0 −0.013	0 −0.019	+0.060 +0.041	65～90	220～320
60				70～90	250～320

注：1. h5 用于一级精度；h6 用于二级精度。
　　2. 压入部分直径对工作部分直径的同轴度极限偏差不大于工作部分极限偏差的二分之一。

冲模导向装置　第2部分：滚动导向导柱

表5-36　A型导套的结构尺寸、材料及热处理(摘自 GB/T 2861.6—1990)　　(mm)

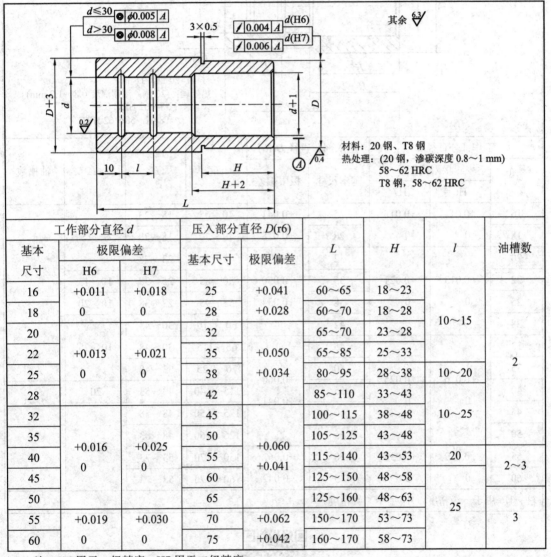

材料：20 钢、T8 钢

热处理：(20 钢，渗碳深度 0.8~1 mm)
58~62 HRC
T8 钢，58~62 HRC

工作部分直径 d			压入部分直径 D(r6)		L	H	l	油槽数
基本尺寸	极限偏差		基本尺寸	极限偏差				
	H6	H7						
16	+0.011	+0.018	25	+0.041	60~65	18~23		
18	0	0	28	+0.028	60~70	18~28	10~15	
20			32		65~70	23~28		
22	+0.013	+0.021	35	+0.050	65~85	25~33		2
25	0	0	38	+0.034	80~95	28~38	10~20	
28			42		85~110	33~43		
32			45		100~115	38~48	10~25	
35			50		105~125	43~48		
40	+0.016	+0.025	55	+0.060	115~140	43~53	20	2~3
45	0	0	60	+0.041	125~150	48~58		
50			65		125~160	48~63	25	
55	+0.019	+0.030	70	+0.062	150~170	53~73		3
60	0	0	75	+0.042	160~170	58~73		

注：H6 用于一级精度；H7 用于二级精度。

冲模导向装置　第6部分：圆柱螺旋压缩弹簧

表 5-37　B 型导套的结构尺寸、材料及热处理(摘自 GB/T 2861.7—2008)　(mm)

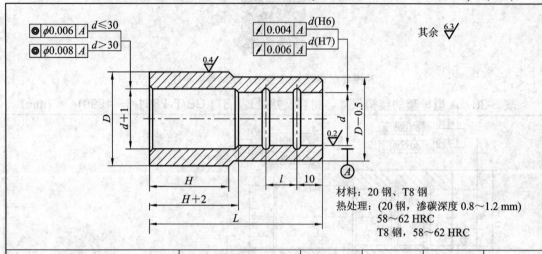

材料：20 钢、T8 钢
热处理：(20 钢，渗碳深度 0.8~1.2 mm)
　　　　58~62 HRC
　　　　T8 钢，58~62 HRC

工作部分直径 d			压入部分直径 D(r6)		L	H	l	油槽数
基本尺寸	极限偏差		基本尺寸	极限偏差				
	H6	H7						
16	+0.011	+0.018	25	+0.041	40~65	18~23		
18	0	0	28	+0.028	40~70	18~28	8~15	
20			32		45~70	23~28		
22	+0.013	+0.021	35	+0.050	50~85	25~38	10~15	
25	0	0	38	+0.034	55~95	27~38	10~20	2
28			42		60~110	30~43		
32			45		65~115	30~48	10~25	
35	+0.016	+0.025	50	+0.060	70~125	33~48		
40	0	0	55	+0.041	115~140	43~53	20	2~3
45			60		125~150	48~58		
50			65		125~160	48~63	25	
55	+0.019	+0.030	70	+0.062	150~170	53~73		3
60	0	0	75	+0.042	160~170	58~73		

注：H6 用于一级精度；H7 用于二级精度。

冲模导向装置　第 7 部分：滑动导向可卸导柱

　　滚动导向装置的滚动导柱、滚动导套、钢球保持圈的结构尺寸、材料及热处理，分别见表 5-38、表 5-39 及表 5-40。

表 5-38　滚动导柱的结构尺寸、材料及热处理(摘自 GB/T 2861.3—2008)　　(mm)

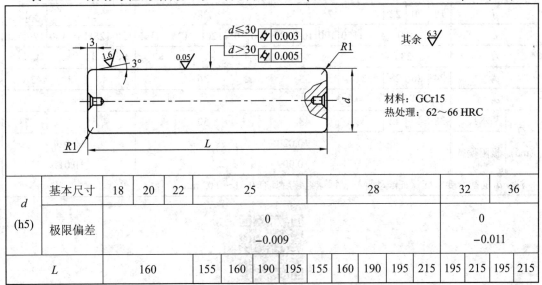

d (h5)	基本尺寸	18	20	22	25				28					32		36	
	极限偏差	0 −0.009												0 −0.011			
	L		160		155	160	190	195	155	160	190	195	215	195	215	195	215

冲模导向装置 第 3 部分：滑动导向导套

表 5-39　滚动导套的结构尺寸、材料及热处理(摘自 GB/T 2861.8—2008)　　(mm)

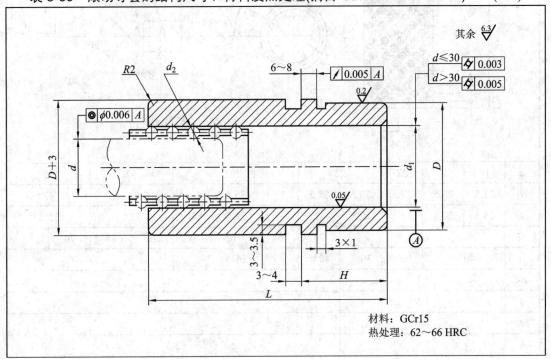

材料：GCr15
热处理：62～66 HRC

续表

d	18	20	22	25				28					32				35	
L		100		120	100	105	125	100	105	120	125	145	120	125	145	150	120	150
H		33				38						43	48	43			48	
d_1	24	26	28	31		33			36				40				43	
d_2		3							4									
D (m5) 基本尺寸	38	40	42	45	48			50					55				58	
D (m5) 极限偏差					+0.020 +0.009								+0.024 +0.011					

注：d_1 的配合要求应保证滚动导柱、钢球组装后具有 0.01～0.02 mm 的径向过盈量。

冲模导向装置　第 8 部分：滚动导向可卸导柱

表 5-40　钢球保持圈的结构尺寸及材料(摘自 GB/T 2861.10—2008)　　　(mm)

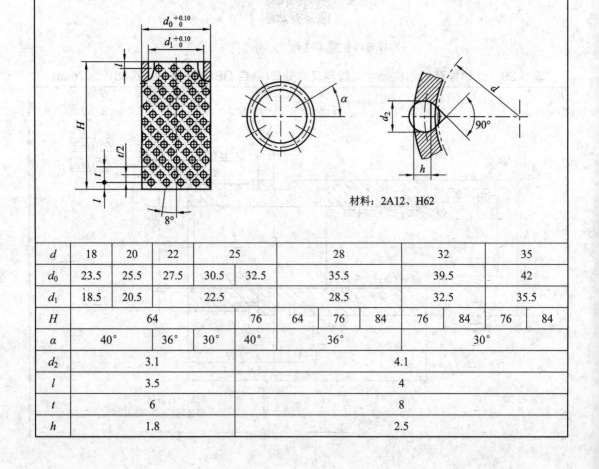

材料：2A12、H62

d	18	20	22	25		28			32		35	
d_0	23.5	25.5	27.5	30.5	32.5	35.5			39.5		42	
d_1	18.5	20.5	22.5			28.5			32.5		35.5	
H		64			76	64	76	84	76	84	76	84
α	40°		36°	30°	40°	36°			30°			
d_2		3.1						4.1				
l		3.5						4				
t		6						8				
h		1.8						2.5				

冲模导向装置 第10部分：垫圈

5.3.5 冷冲模支撑零件材料与热处理的选用

冷冲模支撑(支承)零件包括模架和模座，模座分为上模座和下模座两部分，见表5-41。

表5-41 支撑(支承)零件的结构形式

零件名称	图 例	材 料	备 注
模架			GB/T 2851.3—1990
后侧导柱上模座		HT200	GB/T 2851.3—1990
后侧导柱下模座		HT200	GB/T 2851.3—1990

整个模具的各个零件都直接或间接地固定在上、下模座上，因此，它是整个模具的基础。此外，模座还要承受和传递压力，所以模座不仅要有足够的强度，还要有足够的刚度。如果模座的刚度不足，则既影响到制件的精度，又会降低模具的寿命。

　　模座有对角导柱上、下模座，后侧导柱上、下模座，中间导柱上、下模座，滚动导向上、下模座，以及无导柱规定的钢板及铸铁模座。按工作部分的形状来分，则有圆形、方形和矩形等几种形式。我国的模座已实现标准化(如 GB/T 2855.1—2008 冲模滑动导向模座 第 1 部分：上模座，GB/T 2855.2—2008　冲模滑动导向模座　第 2 部分：下模座)，在设计模具时，可根据制件的几何形状及冲压的工艺特点来进行选择。

冲模滑动导向模座　第 1 部分：上模座　　　　冲模滑动导向模座　第 2 部分：下模座

　　模座常用的材料一般为铸铁 H200，有时也采用铸钢 ZG200-400 或用厚钢板刨削加工的 Q235、Q275 等。模座材料的许用压应力值见表 5-42。模架的规格及上、下模座的结构、材料选用分别见表 5-43、表 5-44。

表 5-42　模座材料的许用压应力值

模座材料	$[\sigma_p]$/MPa
铸铁 HT250	90～140
铸钢 ZG230-450	110～150

表 5-43　模架的规格

模架名称	图　例	备　注
中间导柱模架		GB/T 2351.5—1990
后侧导柱模架		GB/T 2351.3—1990

模架名称	图　例	备　注
对角导柱模架		A 型：GB/T 2351.1—1990 B 型：GB/T 2851.2—1990
后侧导柱窄形 模架		GB/T 2851.4—1990 GB/T 2855.8—1990
四导柱模架		GB/T 2851.7—1990 GB/T 2855.14—1990

模架名称	图　例	备　注
滚动导向 中间导柱模架		GB/T 2852.1—1990
滚动导向 四导柱模架		GB/T 2852.3—1990

表5-44 上、下模座的结构、材料选用

模架名称	零件名称	图 例	材 料	备 注
中间导柱模架	上模座		HT200、ZG230—450	GB/T 2855.9—1990
	下模座		HT200、ZG230—450	GB/T 2855.10—1990

模架名称	零件名称	图 例	材 料	备 注
后侧导柱模架	上模座	 $L \times B \leqslant 200 \times 160$ $L \times B > 200 \times 160$	HT200、 ZG230—450	GB/T 2855.5—1990
	下模座	 $L \times B \leqslant 200 \times 160$	HT200、 ZG230—450	GB/T 2855.6—1990

续表二

模架名称	零件名称	图　　例	材　　料	备　注
后侧导柱模架	下模座	$L\times B>200\times160$	HT200、ZG230—450	GB/T 2855.6—1990
对角导柱模架	上模座	$L\times B>200\times160$　　$L\times B\leqslant200\times160$	HT200、ZG230—450	GB/T 2855.1—1990

模架名称	零件名称	图　例	材　料	备　注
对角导柱模架	下模座		HT200、ZG230—450	GB/T 2855.2—1990

5.3.6　冷冲模支持与夹持零件材料与热处理的选用

支持及夹持零件是用以安装工艺零件及传递工作压力,并将模具安装固定到压力机上的零件。属于这类零件的有:上(下)模座、模柄、凸(凹)模固定板和凸模垫板等。支持及夹持零件的类型、结构、材料及热处理见表5-45。

表 5-45　支持及夹持零件的类型、结构、材料及热处理

零件种类	零件名称	图　例	材　料	备　注
夹持零件	模柄(压入式)		Q235、Q275	JB/T 7646.1—1994
	模柄(旋入式)		Q235、Q275	JB/T 7646.2—1994
	凸缘模柄		Q235、Q275	JB/T 7646.3—1994

续表

零件种类	零件名称	图　例	材　料	备　注
夹持零件	单浮动模柄		45 钢 43～48 HRC	JB/T 7646.5—1994
	凸球垫板		45 钢 43～48 HRC	JB/T 7646.5—1994
	垫块的装入			
	双浮动模柄		45 钢 43～48 HRC	
	双凹球垫块		45 钢 43～48 HRC	
支持零件	凸模垫板		T7A 45 钢 43～48 HRC	JB/T 7643.6—1994
	限位柱		45 钢 43～48 HRC	JB/T 7652.2—1994

　　压入式模柄与上模座孔采用 H7/m6 过渡配合，并加销钉以防止转动，其结构尺寸与材料见表 5-46。

表 5-46　压入式模柄的结构尺寸与材料
(摘自 JB/T 7646.1—2008 冲模模柄 第 1 部分：压入式模柄)　　　(mm)

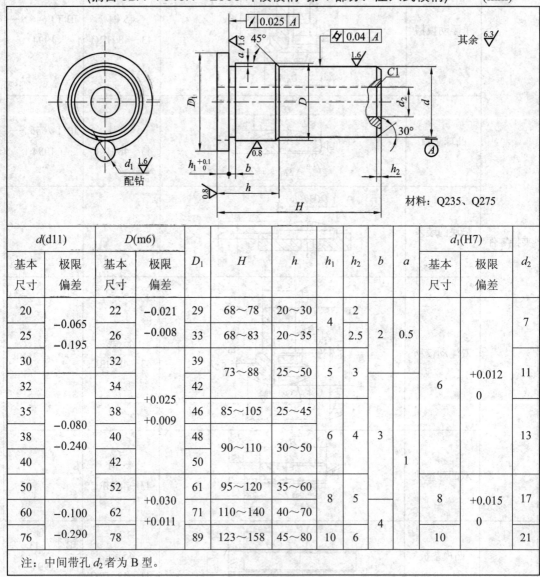

材料：Q235、Q275

d(d11) 基本尺寸	d(d11) 极限偏差	D(m6) 基本尺寸	D(m6) 极限偏差	D_1	H	h	h_1	h_2	b	a	d_1(H7) 基本尺寸	d_1(H7) 极限偏差	d_2
20	−0.065 −0.195	22	−0.021 −0.008	29	68～78	20～30	4	2	2	0.5	6	+0.012 0	7
25		26		33	68～83	20～35		2.5					
30	−0.080 −0.240	32	+0.025 +0.009	39	73～88	25～50	5	3					11
32		34		42									
35		38		46	85～105	25～45							
38		40		48	90～110	30～50	6	4	3	1			13
40		42		50									
50	−0.100 −0.290	52	+0.030 +0.011	61	95～120	35～60	8	5			8	+0.015 0	17
60		62		71	110～140	40～70			4				
76		78		89	123～158	45～80	10	6			10		21

注：中间带孔 d_2 者为 B 型。

冲模模柄 第 1 部分：压入式模柄

　　旋入式模柄通过螺纹与上模座连接，它用螺钉防松，装卸方便。这种结构形式多用于有导柱的模具，其结构尺寸与材料见表 5-47。

表 5-47 旋入式模柄的结构尺寸与材料
(摘自 JB/T 7646.2—2008 冲模模柄 第 2 部分：旋入式模柄)　　(mm)

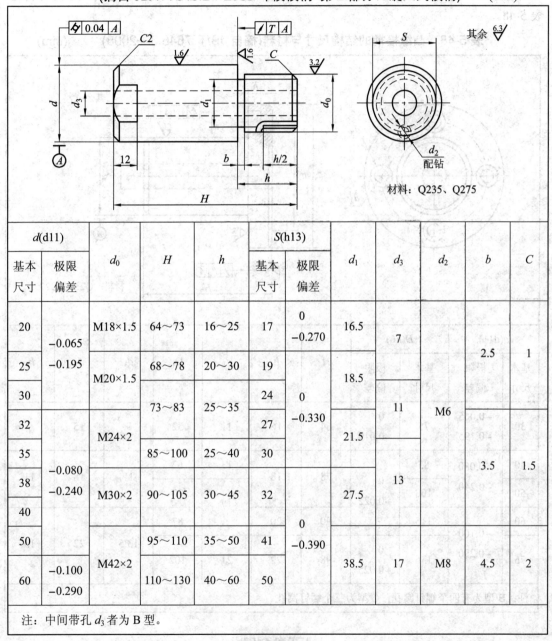

材料：Q235、Q275

d(d11)		d₀	H	h	S(h13)		d₁	d₃	d₂	b	C
基本尺寸	极限偏差				基本尺寸	极限偏差					
20	−0.065 −0.195	M18×1.5	64~73	16~25	17	0 −0.270	16.5	7	M6	2.5	1
25		M20×1.5	68~78	20~30	19		18.5				
30			73~83	25~35	24	0 −0.330		11			
32		M24×2			27		21.5				
35	−0.080 −0.240		85~100	25~40	30					3.5	1.5
38		M30×2	90~105	30~45	32		27.5	13			
40						0 −0.390					
50		M42×2	95~110	35~50	41		38.5	17	M8	4.5	2
60	−0.100 −0.290		110~130	40~60	50						

注：中间带孔 d₃ 者为 B 型。

冲模模柄 第 2 部分：旋入式模柄

凸缘模柄由 3~4 个螺钉固定在上模座的窝孔内，多用于较大型的模具上，有 A、B、C 三种形式，其中 B、C 型中间钻出打杆孔，A 型则无上述的规定，其结构尺寸与材料见表 5-48。

表 5-48　凸缘模柄的结构尺寸与材料(摘自 JB/T 7646.3—2008)　　　(mm)

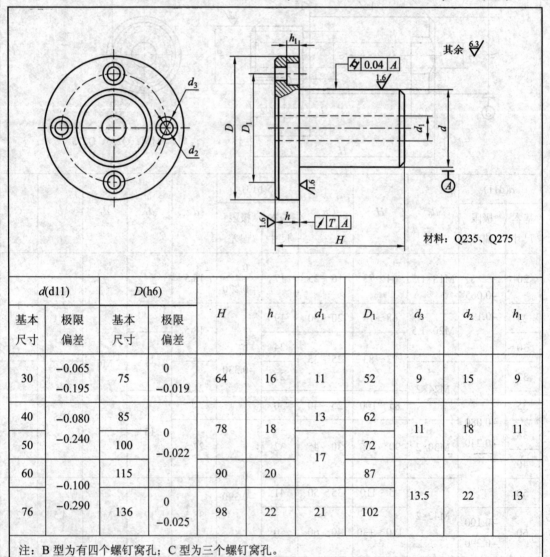

材料：Q235、Q275

d(d11)		D(h6)		H	h	d_1	D_1	d_3	d_2	h_1
基本尺寸	极限偏差	基本尺寸	极限偏差							
30	−0.065 −0.195	75	0 −0.019	64	16	11	52	9	15	9
40	−0.080 −0.240	85	0 −0.022	78	18	13	62	11	18	11
50		100				17	72			
60	−0.100 −0.290	115	0 −0.025	90	20		87	13.5	22	13
76		136		98	22	21	102			

注：B 型为有四个螺钉窝孔；C 型为三个螺钉窝孔。

冲模模柄 第 3 部分：凸缘模柄

单浮动模柄和凸球垫板的结构尺寸、材料与热处理见表 5-49、表 5-50。

表 5-49　浮动模柄的结构尺寸、材料与热处理(摘自 JB/T 7646.5—2008)　　(mm)

材料：45 钢
热处理：43～48 HRC

基本尺寸 d(d11)	极限偏差	D	D_1	L	l	h	SR_1	SR	H	d_1
25		44	34	64		3.5	69	75	6	7
25		48	36	64		3.5	74	80	6	7
30	−0.085 −0.196	53	41	67	48	4	82	90	8	11
30		63	51	67	48	4.5	102	110	8	11
30		73	61	68		5.5	122	130	8	11
30		83	67	69		6	135	145	10	11
40	−0.080 −0.240	63	51	79		4.5	102	110	8	13
40		73	61	80		5.5	122	130	8	13
40		83	67	81		6	135	145	8	13
40		93	77	81		6.5	155	165	8	13
40		103	87	83		7.5	170	180	8	13
50		83	67	81	60	6	135	145	10	17
50		93	77	81	60	6.5	155	165	10	17
50		103	87	83		7.5	170	180	10	17
50		113	97	83		8	190	200	10	17
50		118	98	85		8.5	193	205	12	17
50		128	108	85		9	213	225	12	17

注：球 SR_1 与凸球面垫块在摇摆旋转时吻合接触面积不小于 80%。

冲模模柄 第 5 部分：浮动模柄

表 5-50　凸球垫板的结构尺寸、材料与热处理　　　　　(mm)

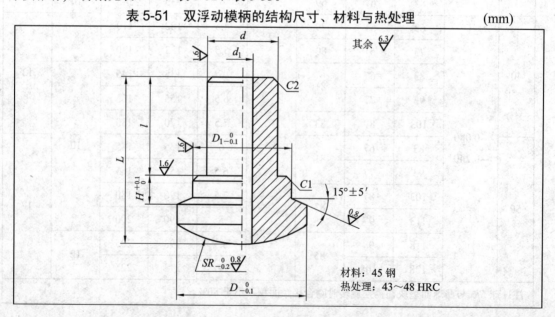

D(g6)		H	SR₁	d₁
基本尺寸	极限偏差	H	SR_1	d_1
46	−0.009	9	69	10
50	−0.025	9.5	74	
55		10	82	14
65	−0.010	10.5	102	
75	−0.029	11	122	
85		12	135	
95	−0.012	12.5	155	16
105	−0.034	13.5	170	
115		14	190	
120		15	193	20
130	−0.014 −0.039	15.5	213	

其余 $\sqrt{6.3}$

材料：45 钢
热处理：43～48 HRC

注：球 SR_1 与凹球面模柄在摇摆旋转时吻合接触面积不小于 80%。

　　双浮动模柄、双凹球垫块、双凹球面垫块锥面压圈的结构尺寸、材料与热处理(注：郑家贤推荐)，分别见表 5-51、表 5-52、表 5-53。

表 5-51　双浮动模柄的结构尺寸、材料与热处理　　　　　(mm)

其余 $\sqrt{6.3}$

材料：45 钢
热处理：43～48 HRC

续表

d(d11)		D	D_1	L	l	H	SR	d_1
基本尺寸	极限偏差							
25		46	34	66	47.5	9.5	69	7
		50	36	67	48	9.5	74	
30	−0.085 −0.196	55	41	68	48	10	82	11
		65	51	69	47.5	11	102	
		75	61	70	48	11	122	
		85	67	84	59.5	12.5	135	
40		65	51	81	59.5	11	102	13
		75	61	82	60	11	122	
		85	67	84	59.5	12.5	135	
		95	77	86	60	13.5	155	
		105	87	87	60	13.5	170	
50	−0.080 −0.240	85	67	84	59.5	12.5	135	17
		95	77	86	60	13.5	155	
		105	87	87	60	13.5	170	
		115	97	88	60	14	190	
		120	98	90	60	15	193	
		130	108	91	60	15.5	213	

注：球 SR 与双凹球面垫块在摇摆旋转时吻合接触面积不小于80%。

表 5-52　双凹球垫块的结构尺寸、材料与热处理　　　　　(mm)

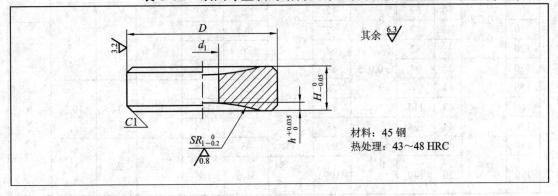

材料：45 钢
热处理：43~48 HRC

续表

D(d10)		H	SR_1	h	d_1
基本尺寸	极限偏差				
48	−0.080	12	69	4	10
54	−0.180	14	74	4.2	
60	−0.100	16	82	4.6	14
70	−0.220	18	102	5.2	
80		20	122	5.8	
92		22	135	6.8	
102	−0.120	23.5	155	7.4	16
112	−0.260	25.5	170	8.2	
122		27	190	8.8	
128		28.5	193	9.5	20
138	−0.145 −0.305	30	213	10	

注：球 SR_1 与凸球模柄在摇摆旋转时吻合接触面积不小于 80%。

表 5-53　双凹球面垫块锥面压圈的结构尺寸与材料　　　　　(mm)

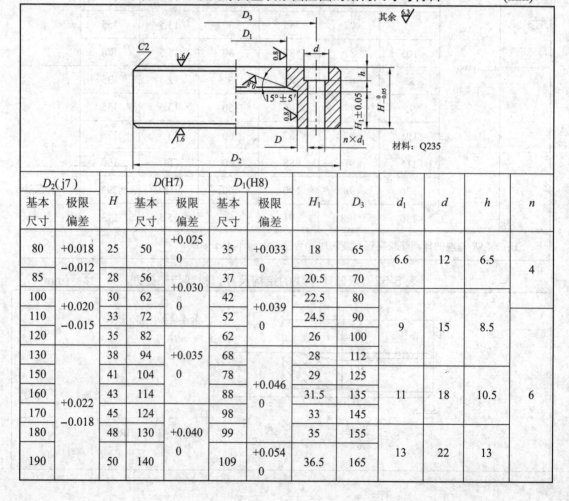

材料：Q235

D_2(j7)		H	D(H7)		D_1(H8)		H_1	D_3	d_1	d	h	n
基本尺寸	极限偏差		基本尺寸	极限偏差	基本尺寸	极限偏差						
80	+0.018 −0.012	25	50	+0.0250	35	+0.0330	18	65	6.6	12	6.5	4
85		28	56	+0.0300	37		20.5	70				
100	+0.020 −0.015	30	62		42	+0.0390	22.5	80	9	15	8.5	
110		33	72		52		24.5	90				
120		35	82		62		26	100				
130		38	94	+0.0350	68		28	112				
150		41	104		78		29	125				
160	+0.022 −0.018	43	114		88	+0.0460	31.5	135	11	18	10.5	6
170		45	124		98		33	145				
180		48	130	+0.0400	99		35	155				
190		50	140		109	+0.0540	36.5	165	13	22	13	

　　推入式活动模柄接头、凹球垫块、浮动模柄球头的结构尺寸、材料与热处理，分别见表 5-54、表 5-55、表 5-56。

表 5-54　推入式活动模柄接头的结构尺寸、材料与热处理(摘自 JB/T 7646.6—2008)　(mm)

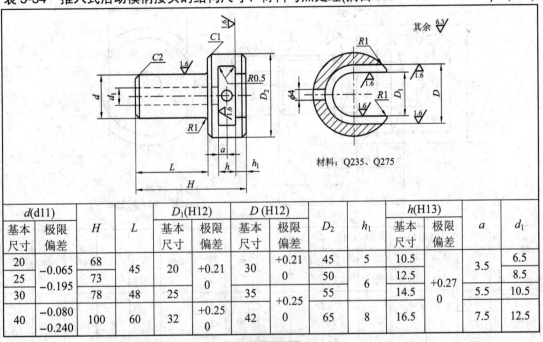

材料：Q235、Q275

d(d11)		H	L	D₁(H12)		D (H12)		D₂	h₁	h(H13)		a	d₁
基本尺寸	极限偏差			基本尺寸	极限偏差	基本尺寸	极限偏差			基本尺寸	极限偏差		
20	−0.065 −0.195	68	45	20	+0.21 0	30	+0.21 0	45	5	10.5	+0.27 0	3.5	6.5
25		73						50	6	12.5			8.5
30		78	48	25		35	+0.25 0	55		14.5		5.5	10.5
40	−0.080 −0.240	100	60	32	+0.25 0	42		65	8	16.5		7.5	12.5

冲模模柄　第 6 部分：推入式活动模柄

表 5-55　推入式活动模柄凹球垫块的结构尺寸、材料与热处理　　(mm)

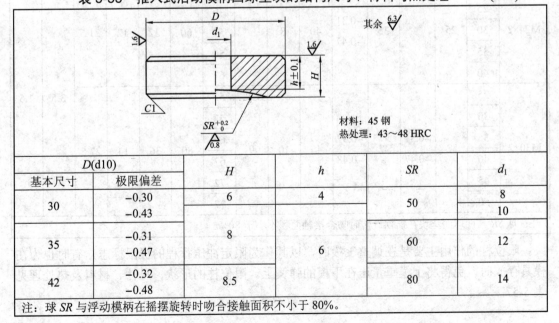

材料：45 钢
热处理：43～48 HRC

D(d10)		H	h	SR	d₁
基本尺寸	极限偏差				
30	−0.30 −0.43	6	4	50	8
					10
35	−0.31 −0.47	8	6	60	12
42	−0.32 −0.48	8.5		80	14

注：球 SR 与浮动模柄在摇摆旋转时吻合接触面积不小于80%。

表 5-56 推入式活动模柄浮动模柄球头的结构尺寸、材料与热处理 (mm)

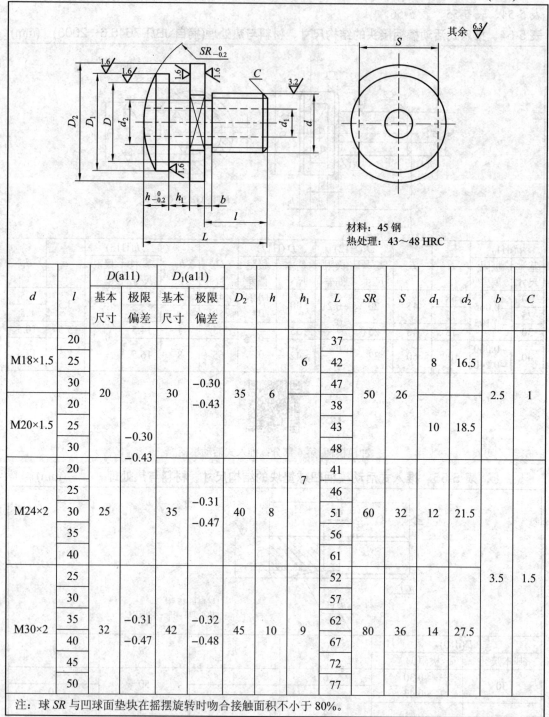

材料：45 钢
热处理：43～48 HRC

d	l	D(a11) 基本尺寸	D(a11) 极限偏差	D_1(a11) 基本尺寸	D_1(a11) 极限偏差	D_2	h	h_1	L	SR	S	d_1	d_2	b	C
M18×1.5	20							6	37						
	25								42				8	16.5	
	30	20		30	−0.30 −0.43	35	6		47	50	26				2.5	1
M20×1.5	20		−0.30 −0.43						38			10	18.5		
	25								43						
	30								48						
M24×2	20							7	41						
	25								46						
	30	25		35	−0.31 −0.47	40	8		51	60	32	12	21.5		
	35								56						
	40								61						
M30×2	25								52					3.5	1.5
	30								57						
	35	32	−0.31 −0.47	42	−0.32 −0.48	45	10	9	62	80	36	14	27.5		
	40								67						
	45								72						
	50								77						

注：球 SR 与凹球面垫块在摇摆旋转时吻合接触面积不小于 80%。

限位柱的作用主要是在调整上模时，以其作为限定冲压行程的极限标志，有时也为在模具存放时，免得将上模重量压在下模的弹簧上。限位柱的形状、尺寸、材料及热处理见表 5-57。

表 5-57 限位柱的形状、尺寸、材料及热处理 (mm)

材料：45 钢
热处理：43～48 HRC

D	d(r6)		h	H	D	d(r6)		h	H
	基本尺寸	极限偏差				基本尺寸	极限偏差		
12	6	+0.023 +0.015	10	18	25	12	+0.034 +0.023	20	32
			15	23				25	37
			20	28				30	42
			25	33				35	47
			30	38				45	57
16	8	+0.028 +0.019	15	25				55	67
			20	30	30	14		30	46
			25	35				40	56
			30	40				50	66
			35	45				60	76
20	10		20	30				65	85
			25	35				75	95
			30	40	40	18		85	105
			35	45				95	115
			40	50				105	125
			50	60				115	135

注：a 面按实际需要修磨。

5.3.7 冷冲模传动零件材料与热处理的选用

压力机的工作方向大多是垂直上下的运动，相应的冲压加工也都是垂直上下。而当工件加工方向要求水平方向或成倾斜等某种特定的运动方向时，就得通过诸如侧楔(斜楔)、凸轮、导向块(滑板)和铰链接头等形式的传动零件来改变运动方向，使压力机垂直上下的运动变成工艺过程中所需要的特定运动方向。

斜楔是滑块式弯曲模、自动送料冲模和冲侧向孔模中将压力机滑块的垂直运动转化为凹模、凸模及送料机构的水平或倾斜运动的零件，常用的材料为 T8A，54～58 HRC。如果接触面和滑动面上的单位压力过大，还应设置防磨板，以提高使用寿命，如图 5-18 所示。

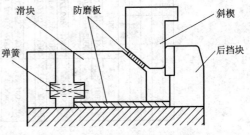

图 5-18 斜楔的结构示意图

5.4 冷冲压模具零件材料与热处理选用实例

【实例5-1】 图5-19所示为成型钢片落料件工件(材料为10钢，材料厚度为0.8 mm，生产批量为大批量)的冲裁模装配图。请选择各模具零件的材料及热处理，填写完装配图内各标题栏，并绘制上模座、下模座、落料凸模、落料凹模、垫板、凸模固定板、卸料板零件图。

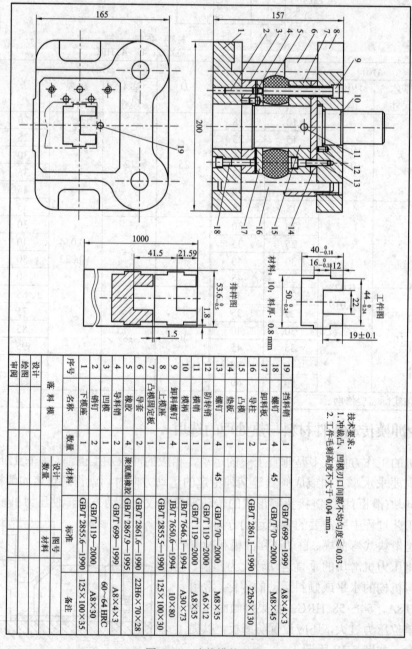

技术要求：
1. 冲裁凸、凹模刃口间隙不均匀度≤0.03。
2. 工件毛刺高度不大于0.04 mm。

序号	名称	数量	材料	标准	备注
19	挡料销	1		GB/T 699—1999	A8×4×3
18	螺钉	4	45	GB/T 70—2000	M8×45
17	卸料板	1	45	GB/T 2861.1—1990	22×5×130
16	导柱	2		GB/T 2861.1—1990	22×5×130
15	凸模	1			
14	垫板	1	45	GB/T 119—2000	M8×35
13	螺钉	4		GB/T 119—2000	A6×12
12	防旋销	1		GB/T 119—2000	A8×35
11	模柄	1		JB/T 7646.1—1994	A30×73
10	导套	4		JB/T 7650.6—1994	10×80
9	卸料螺钉	4		GB/T 2855.5—1990	125×100×30
8	凸模固定板	1		GB/T 2861.6—1990	22H6×70×28
7	导套	2		GB/T 2867.9—1995	22H6×70×28
6	导柱	2		GB/T 699—1999	A8×4×3
5	橡胶	4	聚氨酯橡胶		
4	导料销	2		GB/T 119—2000	A8×4×3
3	凹模	1			60～64 HRC
2	销钉	2		GB/T 119—2000	
1	下模座	1		GB/T 2855.6—1990	125×100×35
序号	名称	数量	材料	标准	备注
	落料模	设计 数量	设计 材料	图号	

	设计				
	绘图				
	审阅				

图 5-19 冲裁模装配图

【解】　通过查阅设计手册、国家标准，填写完装配图内各标题栏，如图 5-20 所示。
上模座、下模座、落料凸模、落料凹模、垫板、凸模固定板、卸料板零件图，如图 5-21～
图 5-27 所示。

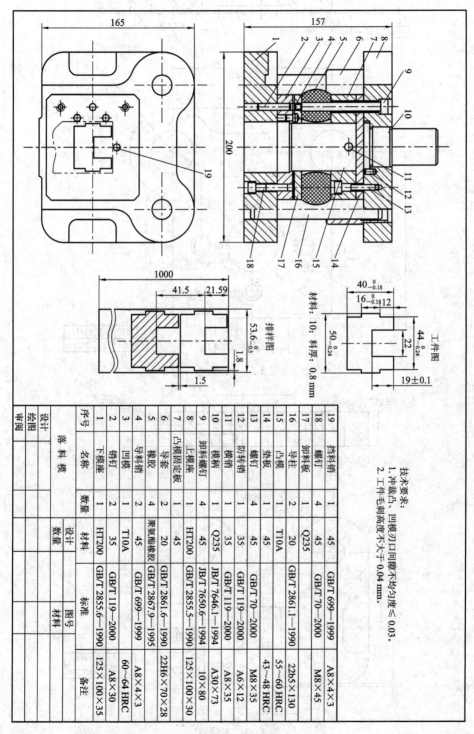

序号	名称	数量	材料	标准	备注
1	下模座	1	HT200	GB/T 2855.6—1990	125×100×35
2	销钉	2	35	GB/T 119—2000	A8×30
3	凹模	1	T10A	GB/T 699—1999	A8×4×3
4	导料销	2	45	GB/T 2867.9—1995	A8×4×3
5	橡胶	2	聚氨酯橡胶	GB/T 2867.9—1995	22H6×70×28
6	导套	2	20	GB/T 2861.6—1990	22H6×70×28
7	凸模固定板	1	45		125×100×30
8	上模座	1	HT200	JB/T 7650.6—1994	125×100×30
9	卸料螺钉	4	45	JB/T 7646.1—1994	10×80
10	模柄	1	Q235		A30×73
11	防转销	1	35	GB/T 119—2000	A6×35
12	螺钉	4	45	GB/T 70—2000	M8×35
13	垫板	1	45		2×65×130
14	凸模	1	T10A		55～60 HRC
15	导柱	2	20	GB/T 2861.1—1990	2×65×130
16	卸料板	2	Q235		43～48 HRC
17	卸料板	1	Q235		
18	螺钉	4	45	GB/T 70—2000	M8×45
19	挡料销	1	45	GB/T 699—1999	A8×4×3

落料模

设计　　绘图　　审阅

材料：10；料厚：0.8 mm

技术要求：
1. 冲裁凸、凹模刃口间隙不均匀度 ≤ 0.03。
2. 工件毛刺高度不大于 0.04 mm。

图 5-20　冲裁模装配图

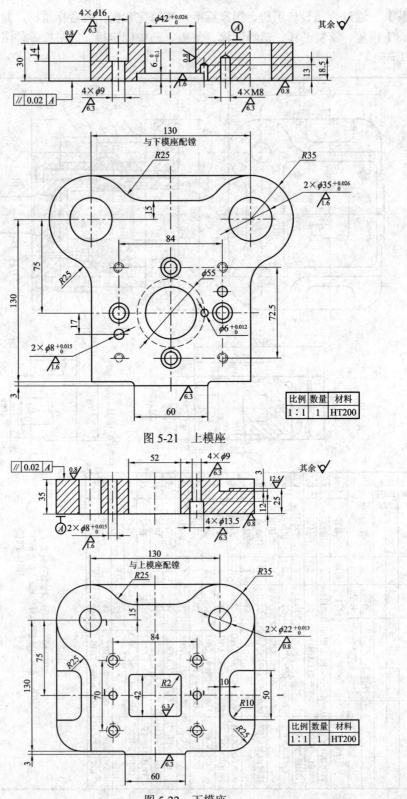

图 5-21 上模座

图 5-22 下模座

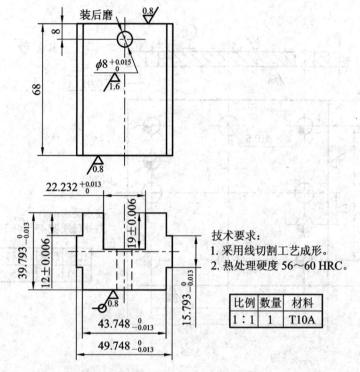

技术要求：
1. 采用线切割工艺成形。
2. 热处理硬度 56～60 HRC。

比例	数量	材料
1∶1	1	T10A

图 5-23　落料凸模

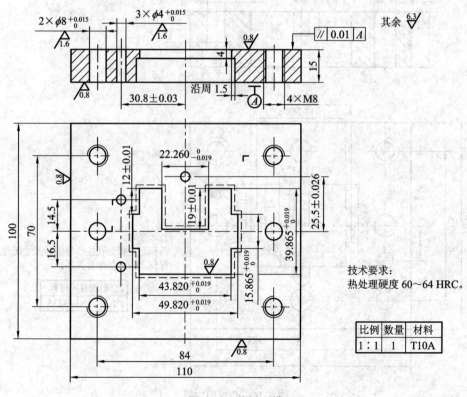

技术要求：
热处理硬度 60～64 HRC。

比例	数量	材料
1∶1	1	T10A

图 5-24　落料凹模

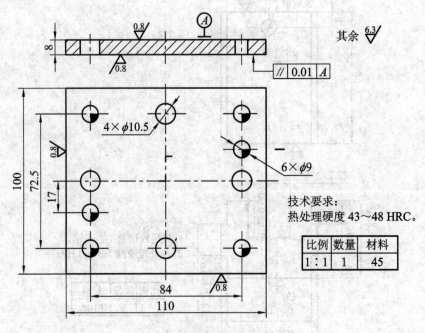

图 5-25　垫板

技术要求：
热处理硬度 43～48 HRC。

比例	数量	材料
1 : 1	1	45

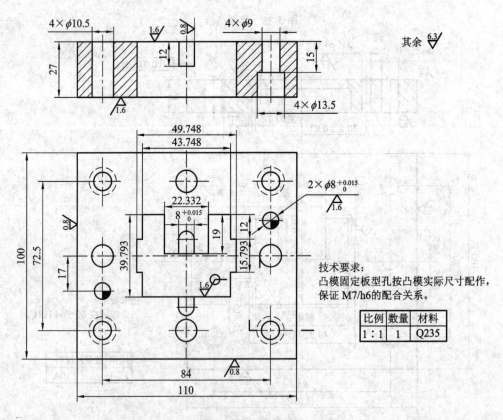

技术要求：
凸模固定板型孔按凸模实际尺寸配作，
保证 M7/h6 的配合关系。

比例	数量	材料
1 : 1	1	Q235

图 5-26　凸模固定板

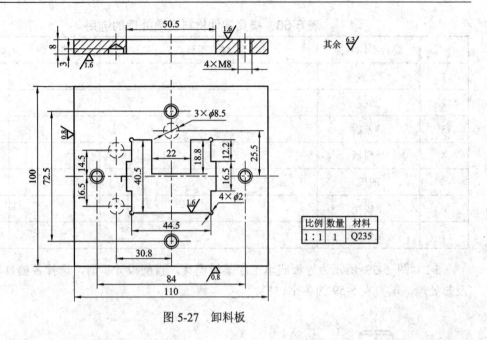

图 5-27　卸料板

复习与思考题

5-1　图 5-28 所示为冲裁圆垫片零件(材料 10 钢，板材厚度 0.5 mm，生产批量为 10 万件)的无导向开式单工序冲裁模，查阅设计手册，选择各模具零件的材料及热处理，填写表 5-58 的各空白栏。

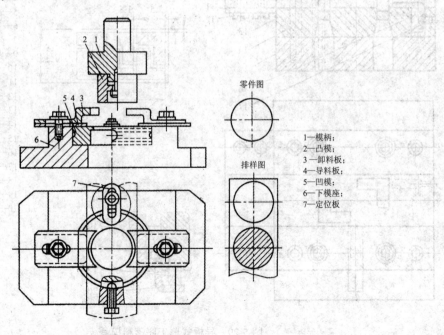

图 5-28　无导向开式单工序冲裁模

表 5-58　模具零件材料及热处理的选用

序号	模具零件名称	材　料	热处理	备注
1	模柄			
2	凸模			
3	卸料板			
4	导料板			
5	凹模			
6	下模座			
7	定位板			

　　5-2　图 5-29 所示为导板式单工序落料模具，查阅设计手册，选择各模具零件的材料及热处理，填写表 5-59 的各空白栏。

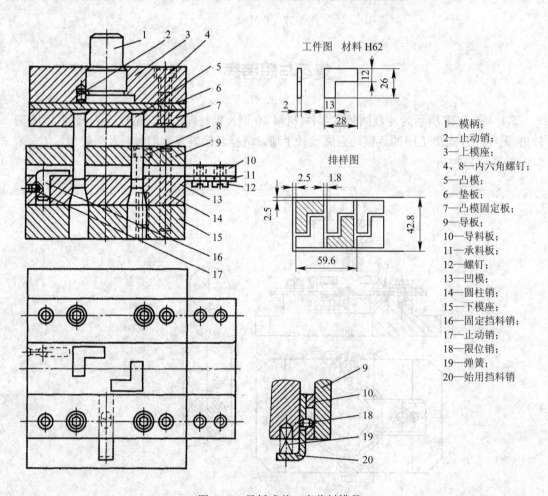

1—模柄；
2—止动销；
3—上模座；
4、8—内六角螺钉；
5—凸模；
6—垫板；
7—凸模固定板；
9—导板；
10—导料板；
11—承料板；
12—螺钉；
13—凹模；
14—圆柱销；
15—下模座；
16—固定挡料销；
17—止动销；
18—限位销；
19—弹簧；
20—始用挡料销

图 5-29　导板式单工序落料模具

表 5-59　模具零件材料及热处理的选用

序号	模具零件名称	材　料	热处理	备注
1	模柄			
2	止动销			
3	上模座			
4	内六角螺钉			
5	凸模			
6	垫板			
7	凸模固定板			
8	内六角螺钉			
9	导板			
10	导料板			
11	承料板			
12	螺钉			
13	凹模			
14	圆柱销			
15	下模座			
16	固定挡料销			
17	止动销			
18	限位销			
19	弹簧			
20	始用挡料销			

5-3　图 5-30 所示为用导正销定距的冲孔落料连续模具(材料 08 钢，板材厚度 0.5 mm，生产批量为 50 万件)，查阅设计手册，选择各模具零件的材料及热处理，填写表 5-60 的各空白栏。

表 5-60　模具零件材料及热处理的选用

序号	模具零件名称	材　料	热处理	备注
1	模柄			
2	螺钉			
3	冲孔凸模			
4	落料凸模			
5	导正销			
6	固定挡料销			
7	始用挡料销			

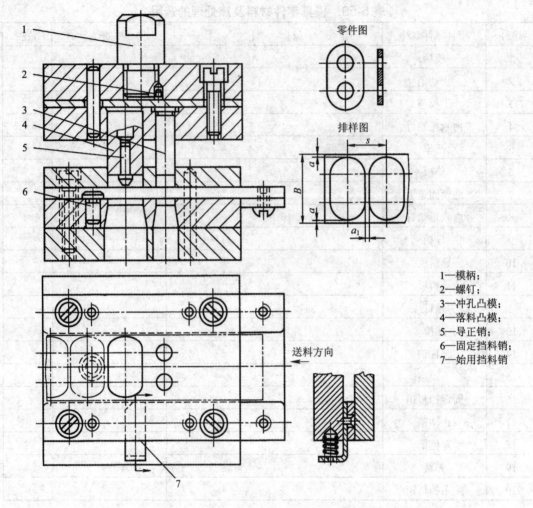

零件图

排样图

1—模柄；
2—螺钉；
3—冲孔凸模；
4—落料凸模；
5—导正销；
6—固定挡料销；
7—始用挡料销

送料方向

图 5-30　用导正销定距的冲孔落料连续模具

5-4　图 5-31 所示为冲孔模，查阅设计手册，选择各模具零件的材料及热处理，填写表 5-61 的各空白栏。

表 5-61　模具零件材料及热处理的选用

序号	模具零件名称	材　　料	热处理	备注
1	下模座			
2	凹模			
3	定位板			
4	弹压卸料板			
5	弹簧			
6	上模座			
7	固定板			
8	垫板			
9	销钉			

续表

序号	模具零件名称	材　　料	热处理	备注
10	凸模			
11	销钉			
12	模柄			
13	螺钉			
14	卸料螺钉			
15	导套			
16	导柱			
17	螺钉			
18	固定板			
19	销钉			

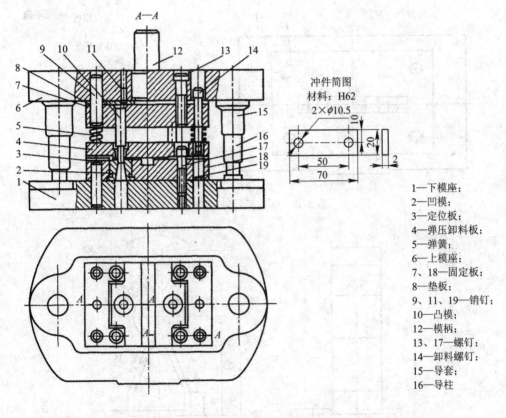

冲件简图
材料：H62

1—下模座；
2—凹模；
3—定位板；
4—弹压卸料板；
5—弹簧；
6—上模座；
7、18—固定板；
8—垫板；
9、11、19—销钉；
10—凸模；
12—模柄；
13、17—螺钉；
14—卸料螺钉；
15—导套；
16—导柱

图 5-31　冲孔模

5-5　图 5-32 所示为成型图 5-33 所示保持架零件(材料 20 钢，板材厚度 0.5 mm，生产批量为 10 万件)的最终弯曲模，图 5-34 所示为保持架零件弯曲工序简图，图 5-35 所示为保持架零件异向弯曲件简图，查阅设计手册，选择各模具零件的材料及热处理，填写表 5-62 的各空白栏。

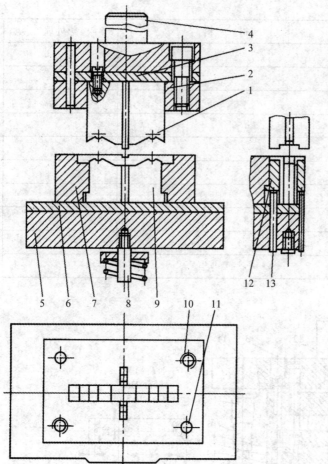

1—凸模；
2—凸模固定板；
3、6—垫板；
4—带柄矩形上模座；
5—模座；
7—凹模固定板；
8—弹顶器；
9—凹模；
10—螺栓；
11—销钉；
12—顶件块；
13—顶杆

图 5-32　保持架异向弯曲模

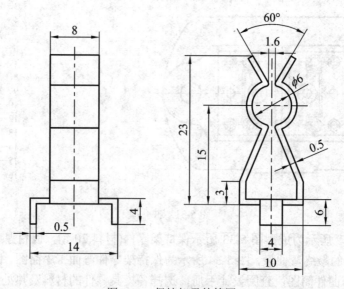

图 5-33　保持架零件简图

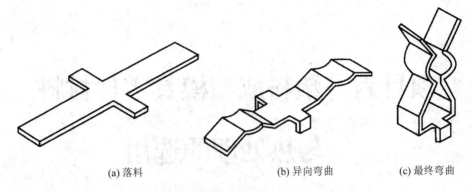

(a) 落料   (b) 异向弯曲   (c) 最终弯曲

图 5-34 保持架零件弯曲工序简图

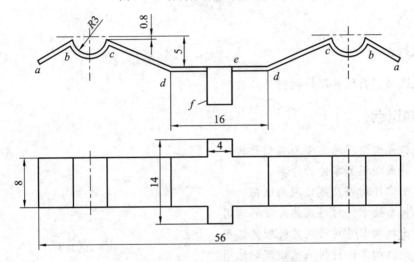

图 5-35 保持架零件异向弯曲件简图

表 5-62 模具零件材料及热处理的选用

序号	模具零件名称	材 料	热处理	备注
1	凸模			
2	凸模固定板			
3	垫板			
4	带柄矩形上模座			
5	模座			
6	垫板			
7	凹模固定板			
8	弹顶器			
9	凹模			
10	螺栓			
11	销钉			
12	顶件块			
13	顶杆			

项目六　塑料成型模具零件材料
与热处理的选用

◎ **学习目标**

- 能选用塑料模具零件材料与热处理。

◎ **主要知识点**

- 塑料成型模具的类型与典型结构。
- 塑料成型模具零件的分类。
- 成型零件材料及热处理的选用。
- 浇注系统零件材料及热处理的选用。
- 推出机构零件材料及热处理的选用。
- 导向机构零件材料及热处理的选用。
- 模架零件材料及热处理的选用。
- 压缩成型模具零件材料及热处理的选用。
- 压注成型模具零件材料及热处理的选用。

6.1　塑料成型模具的类型与典型结构

6.1.1　塑料成型模具的分类

　　国家标准 GB/T 8846—2005《塑料成型模术语》规定以成型材料，成型工艺，溢料，机外、机内装卸方式以及浇注系统对塑料成型模进行分类，见表 6-1。

塑料成型模术语

表 6-1　塑料成型模具的分类

标准条目	术语(英文)	定　　义
2.1　按成型材料分类		
2.1.1	热塑性塑料模(mould for thermoplastics plastics)	热塑性塑料成型用的模具
2.1.2	热固性塑料模(mould for thermoset plastics)	热固性塑料成型用的模具
2.2　按成型工艺分类		
2.2.1	压缩模(compression mould)	使直接放入型腔内的塑料熔融,并固化成型所用的模具
2.2.2	压注模(transfer mould)	通过柱塞,使加料腔内塑化熔融的塑料经浇注系统注入闭合型腔,并固化成型所用的模具
2.2.3	注射模(injection mould)	通过注射机的螺杆或活塞,使料筒内塑化熔融的塑料经喷嘴与浇注系统注入型腔,并固化成型所用的模具
2.2.3.1	热塑性塑料注射模(injection mould for thermoplastic plastics)	成型热塑性塑件用的注射模
2.2.3.2	热固性塑料注射模(injection mould for thermoset plastics)	成型热固性塑件用的注射模
2.3　按溢料分		
2.3.1	溢式压缩模(flash mould)	加料腔即型腔。合模加压时允许过量的塑料溢出的压缩模
2.3.2	半溢式压缩模(semi-positive mould)	加料腔是型腔向上的扩大部分。合模加压时允许少量的塑料溢出的压缩模
2.3.3	不溢式压缩模(positive mould)	加料腔是型腔向上的延续部分。合模加压时几乎无塑料溢出的压缩模
2.4　按机外、机内装卸方式分类		
2.4.1	移动式压缩模(portable compression mould)	将成型中的辅助作业(如开模、卸件、装料、合模等)移到压机工作台面外进行的压缩模
2.4.2	移动式压注模(portable transfer mould)	将成型中的辅助作业(如开模、卸件、装料、合模等)移到压机工作台面外进行的压注模
2.4.3	固定式压缩模(fixed compression mould)	固定在压机工作台面上,全部成型作业均在机床上进行的压缩模
2.4.4	固定式压注模(fixed transfer mould)	固定在压机工作台面上,全部成型作业均在机床上进行的压注模
2.5　按浇注系统分类		
2.5.1	无流道模(runnerless mould)	连续成型作业中,采用适当的温度控制,使流道内的塑料保持熔融状态,成型塑件的同时,几乎无流道凝料产生的注射模,如采用延伸喷嘴的注射模

标准条目	术语(英文)	定　义
2.5.2	热流道模(hot-runner mould)	连续成型作业中，借助加热使流道内的热塑性塑料始终保持熔融状态的注射模
2.5.3	绝热流道模(insulated-runner mould)	连续成型作业中，利用塑料与流道壁接触的固体层所起的绝热作用，使流道中心部位的热塑性塑料始终保持熔融状态的注射模
2.5.4	温流道模(warm-runner mould)	连续成型作业中，采用适当的温度控制，使流道内的热固性塑料始终保持熔融状态的注射模

6.1.2　塑料成型模具的典型结构

图 6-1～图 6-14 所示为几种典型塑料成型模具结构。

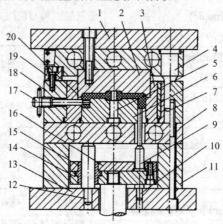

1—上模座板；2、6—凸模；3—凹模；4—带肩导柱；5—型芯；7—带头导套；8—支承板；9—带肩推杆；
10—限位钉；11—垫块；12—推板导柱；13—下模座板；14—推板；15—推板导套；16—推杆固定板；
17—侧型芯；18—模套；19—限位块；20—溢料槽

图 6-1　半溢式压缩模

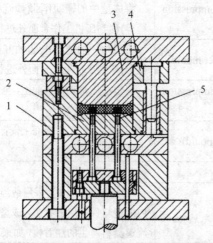

1—凹模；
2、3—凸模；
4—凸模固定板；
5—嵌件

图 6-2　不溢式压缩模

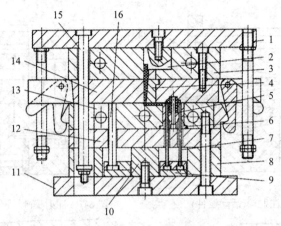

1—上模座板；2—柱塞；3—加料腔；4—浇口套；5—型芯；6—镶件；7—圆柱头推杆；8—垫块；9—推板；
10—支承柱；11—下模座板；12—支承板；13—凹模固定板；14—上模板；15—定距拉杆；16—复位杆

图 6-3　压注模

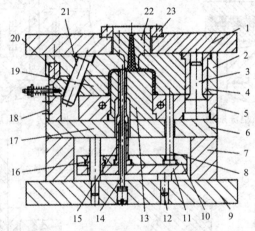

1—定模座板；2—凹模；3—带肩导柱；4—带头导套；5—型芯固定板；6—支承板；7—垫块；8—复位杆；
9—动模座板；10—推杆固定板；11—推板；12—限位钉；13、14—型芯；15—推管；16—推板导套；
17—推板导柱；18—限位块；19—侧型芯滑块；20—楔紧块；21—斜导柱；22—浇口套；23—定位圈

图 6-4　注射模(斜导柱侧抽芯)

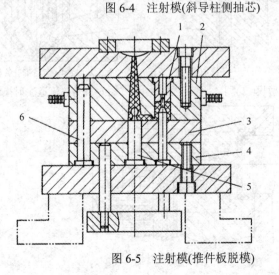

1—镶件；

2—凹模；

3—推件板；

4—型芯固定板；

5—拉料杆；

6—带头导柱

图 6-5　注射模(推件板脱模)

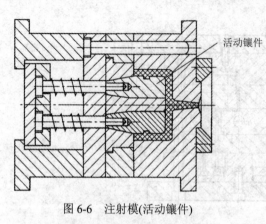

图 6-6　注射模(活动镶件)

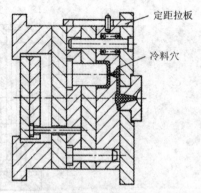

图 6-7　注射模(弹簧分型拉板定距双分型面)

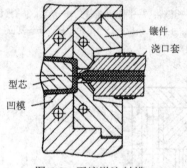

图 6-8　无流道注射模

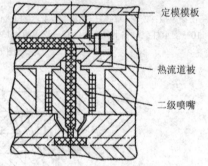

图 6-9　热流道注射模(一)

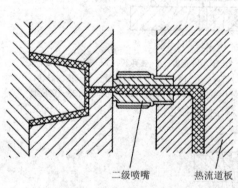

图 6-10　热流道注射模(二)

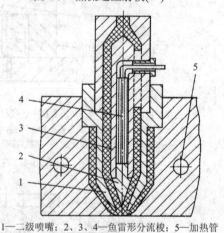

1—二级喷嘴；2、3、4—鱼雷形分流梭；5—加热管

图 6-11　热流道注射模(三)

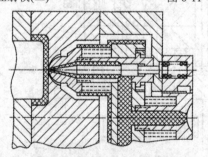

图 6-12　热流道注射模(四)

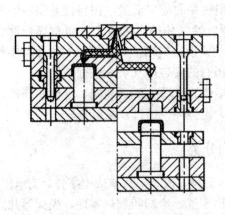 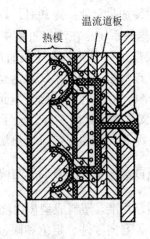

图 6-13　绝热流道注射模　　　　　　　　　图 6-14　温流道模

6.2　塑料成型模具零件的类型

6.2.1　注射成型模具零件的分类

注射模具的结构是根据塑料件所用塑料品种的性质、成型工艺性能、塑料件自身的形状结构及尺寸精度、一次成型塑料件的数量和选用塑料注射机的种类等因素所决定的。注射模的结构形式很多，但其基本结构都是由动模部分和定模部分所组成，模具的动模部分安装在注射机的动模固定板(也称为移动模板)上，定模部分安装固定在注射机的定模固定板(也叫作固定模板)上。一般的塑料注射模是由以下几个主要部分组成的：

(1) 型腔。注射模的型腔通常由凹模(成型塑料件的外形)、凸模或型芯(成型塑料件的内形)以及螺纹型芯、螺纹型环及镶件等组成。

(2) 浇注系统。模具的浇注系统是注射机将塑料熔体注入各个型腔的通道。而浇注系统通常是由主浇道、分浇道、浇口(进料口)及冷料穴四个部分组成，其功能是起到一个输送物料的管道作用。

(3) 导向机构。导向机构是由导柱和导套(或导向孔)构成的，主要是对动模部分和定模部分实现导向和定位。除此之外，对于多型腔和较为大型的注射模具，其推出机构中也设置有导向零件，目的是避免推出装置工作时发生歪斜偏移，造成推杆的弯曲、阻滞或是断裂，影响塑料件的推出脱模甚至是顶坏塑料件而成为废品。

(4) 推出机构。在开模过程中，将塑料件(及浇注系统中的凝料)推出(或拉出)的装置叫作推出机构。

(5) 分型抽芯机构。当塑料件上具有侧孔或侧凹时，在开模推出制品之前，必须先进行侧向分型，将侧向型芯从塑料件中先抽拔出来，然后才能使塑料件进行脱模，这个动作过程是由分型抽芯机构来完成的。

(6) 模具工作温度的调控系统。为了满足塑料件注射成型工艺对模具工作温度的要求，模具上需要配置加热、冷却和测试温度的装置。通常，对模具进行加热时，是在模具内部或周围安装加热元件；冷却时，则在模具型腔或型芯相应位置开设冷却通道。

(7) 排气系统。在注射过程中，为保障塑料件的成型质量，需将模具型腔中的空气和塑料在成型过程中受热和冷凝时所产生的挥发性气体排出模腔之外而布局开设的气流通道，称作排气槽。排气系统通常是在分型面处开设排气槽，有的模具利用活动零件的配合间隙来排气，有的利用糙化分型面来排气，还有的安装排气块来进行排气。

(8) 支承件与紧固零件。支承件与紧固零件的作用主要是装配、定位和联接，包括定模座板、型芯、动模固定板、垫块、支承板、定位环、销钉和螺钉等。

6.2.2　国家标准对塑料成型模具零件的分类

按国家标准，塑料成型模由浇注、排溢和分型、模具部件或成型零件、支承固定零件、抽芯零件、导向零件、定位和限位零件、推出零件、冷却和加热零件、模架等几大部分组成，具体模具零件的名称、定义等见表 6-2。塑料成型模具的结构要素与零部件如图 6-15～图 6-31 所示。

表 6-2　塑料成型模具结构要素与零部件(摘自 GB/T 8846—2005)

标准条目编号	术语(英文)	定　义
3.1	浇注、排溢和分型	
3.1.1	浇注系统(feed system)	注射机喷嘴或压注模加料腔到型腔之间的进料通道，包括主流道、分流道、浇口和冷料穴，如图 6-15 所示
3.1.1.1	主流道(sprue)	a)注射模中，使注射机喷嘴与型腔(单型腔模)或分流道连接的一段进料通道，见图 6-15 中的 2；b)压注模中，使加料腔与型腔(单型腔模)或分流道连接的一段进料通道
3.1.1.2	分流道(runner)	连接主流道和浇口的进料通道，见图 6-15 中的 4
3.1.1.3	浇口(gate)	熔融塑料经分流道注入型腔的进料口，见图 6-15 中的 5
a)	直浇口(direct gate)	熔融塑料经主流道直接注入型腔的浇口，见图 6-4 和图 6-6
b)	环形浇口(ring gate)	熔融塑料沿塑件的整个外圆周而扩展进料的浇口，见图 6-16 中的 1
c)	盘形浇口(disk gate)	熔融塑料沿塑件的内圆周而扩展进料的浇口，见图 6-17 中的 1
d)	轮辐浇口(spoke gate)	分流道呈轮辐状分布在同一平面或圆锥面内，熔融塑料沿塑件的部分圆周而扩展进料的浇口，见图 6-18 中的 1
e)	点浇口(pin-point gate)	截面形状如针点的浇口，见图 6-7 和图 6-13
f)	侧浇口(edge gate)	设置在模具的分型面处，从塑件的内侧或外侧进料，截面为矩形的浇口，见图 6-3 和图 6-5
g)	潜伏浇口(submarine gate)	分流道的一部分呈倾斜状潜伏在分型面下方或上方，进料口设置于塑件内外侧面，脱模时便于分流道凝料与塑件自动切断的点状浇口，见图 6-19 中的 1
h)	扇形浇口(fan gate)	宽度从分流道往型腔方向逐渐增加呈扇形的侧浇口，见图 6-20 中的 1

标准条目编号	术语(英文)	定　义
i)	护耳浇口(tab gate)	为避免在浇口附近的应力集中而影响塑件质量，在浇口和型腔之间增设护耳式的小凹槽，使凹槽进入型腔处的槽口截面充分大于浇口截面，从而改变流向、均匀进料的浇口，见图6-21中的1
3.1.1.4	冷料穴(cold-slug well)	浇注系统中，用以在注射过程中贮存熔融塑料的前端冷料，直接对着主流道的孔或分流道延伸段的槽，见图6-15中的3、图6-7中的2
3.1.1.5	浇口套(sprue bush)	直接与注塑机喷嘴或压注模加料腔接触，带有主流道通道的衬套零件，见图6-3中的4、图6-4中的22、图6-15中的1
3.1.1.6	浇口镶块(gate insert)	为提高使用寿命而对浇口采用的可更换的耐磨金属镶块，见图6-22中的1
3.1.1.7	分流锥(spreader)	设在主流道内使塑料分流并平缓改变流向，一般是带有圆锥头的圆柱形零件
3.1.1.8	流道板(runner plate)	为开设分流道而专门设置的板件
3.1.1.9	热流道板(hot-runner plate)	热流道模中，开设分流道并设置加热与控温元件，以使流道内的热塑性塑料始终保持熔融状态的板状或柱状零件，见图6-9中的2、图6-10中的2、图6-23
3.1.1.10	温流道板 (warm-runner plate)	温流道模中，开设分流道并通过适当的温度控制，以使流道内热固性塑料始终保持熔融状态的板状或柱状零件，见图6-14中的1、2
3.1.1.11	二级喷嘴 (secondary nozzle)	为热流道板(柱)向型腔直接或间接提供进料通道的喷嘴，见图6-9中的3、图6-10中的1、图6-11中的1
3.1.1.12	鱼雷形分流梭(torpedo)	设置在热流道模浇口套或二级喷嘴内，起分流和加热作用的鱼雷形状的组合体，包括鱼雷头、鱼雷体和管式加热器，见图6-11中的2、3、4
3.1.1.13	管式加热器 (cartridge heater)	设置在热流道板或鱼雷体的管形加热元件，见图6-11中的5
3.1.1.14	热管　(heat tube)	缩小热流道和浇口之间温差的高效导热元件。也可以用于模具的冷却系统，见图6-24、图6-25中的1
3.1.1.15	阀式浇口(valve gate)	设置在热流道二级喷嘴内，利用阀门控制进料口开启与关闭的浇口形式，见图6-12
3.1.1.16	加料腔(loading chamber)	a) 压缩模中，指型腔开口端用来装料的延续部分； b) 压注模中，指装料并使之加热的腔体零件，见图6-3中的3
3.1.1.17	柱塞(force plunger)	压注模中，传递机床压力，使加料腔内的塑料通过浇注系统注入型腔的圆柱形零件，见图6-3中的2

标准条目编号	术语(英文)	定　义
3.1.2	溢料槽(flash groove)	a) 压缩模中，为排除过量的塑料而在适当位置开设的排溢沟槽，见图 6-1 中的 20 b) 注射模中，为避免在塑件上产生熔接痕而在相应位置开设的排溢沟槽
3.1.3	排气槽(air vent)	为排出型腔内的气体而在适当位置开设的气流通槽
3.1.4	分型面(parting line)	从模具中取出塑件和浇注系统凝料的可分离的接触表面
3.1.4.1	水平分型面 (horizontal parting line)	与压机或注射机工作台面平行的模具的分型面
3.1.4.2	垂直分型面 (vertical parting line)	与压机或注射机工作台面垂直的模具的分型面
3.2	模具部件和成型零件	
3.2.1	定模 (fixed half of a mould)	安装在注射机固定工作台面上的模具部分
3.2.2	动模 (moving half of a mould)	安装在注射机移动工作台面上的模具部分
3.2.3	上模 (upper half of a mould)	压缩模和压注模中，安装在压力机上工作台面的模具部分
3.2.4	下模 (lower half of a mould)	压缩模和压注模中，安装在压力机下工作台面的模具部分
3.2.5	型腔(cavity)	合模时，用来填充塑料已成型塑件的空间，见图 6-15 中的 6
3.2.6	凹模(cavity plate)	成型塑件外表面的凹状零件，见图 6-1 中的 3、图 6-2 中的 1、图 6-4 中的 2、图 6-5 中的 2、图 6-8 中的 3
3.2.7	镶件(insert)	当成型零件易损或难以整体加工的部位时，与主体件分离制造并镶嵌在主体件上的局部成型零件，见图 6-5 中的 1、图 6-8 中的 1
3.2.8	活动镶件 (movable insert)	根据工艺和结构要求，需随塑件一起脱模后从塑件上分离取出的局部成型零件，见图 6-6 中的 1
3.2.9	拼块(split)	按设计和工艺要求，用以拼合成凹模或型芯的若干分离制造的零件
3.2.9.1	凹模拼块(cavity split)	用以拼合成凹模的分离制造的成型零件
3.2.9.2	型芯拼块(core split)	用以拼合型芯的分离制造的成型零件
3.2.10	型芯(core)	成型塑件内表面的凸状零件，见图 6-1 中的 5、图 6-3 中的 5、图 6-4 中的 13 和 14 、图 6-8 中的 4
3.2.11	侧型芯(side core)	成型塑件的侧孔、侧凹或侧台，可手动或随滑块在模内做抽拔、复位运动的型芯，见图 6-1 中的 17
3.2.12	螺纹型芯(threaded core)	成型塑件内螺纹的零件，见图 6-1 中的 17

续表三

标准条目编号	术语(英文)	定　义
3.2.13	螺纹型环(threaded ring cavity)	成型塑件外螺纹的零件
3.2.14	凸模(punch)	半溢式压缩模与不溢式压缩模中,承受与传递压力机压力,与凹模有配合段,直接接触塑料,成型塑件内表面或上、下端面的零件,见图6-1中的2和6、图6-2中的2和3
3.2.15	嵌件(inlay)	成型过程中,埋入塑件中的金属或其他材质的零件,见图6-2中的5
3.3	支承固定零件	
3.3.1	定模座板(clamping plate of the fixed half)	使定模固定在注射机固定工作台面上的板件,见图6-4中的1
3.3.2	动模座板(clamping plate of the moving half)	使动模固定在注射机移动工作台面上的板件,见图6-4中的9
3.3.3	上模座板 (upper clamping plate)	使上模固定在压机上工作台面上的板件,见图6-1中的1、图6-3中的1
3.3.4	下模座板 (lower clamping plate)	使下模固定在压机下工作台面上的板件,见图6-1中的13、图6-3中的11
3.3.5	凹模固定板 (cavity-retainer plate)	用于固定凹模的板件零件,见图6-3中的13
3.3.6	型芯固定板 (core-retainer plate)	用于固定型芯的板状零件,见图6-4中的5、图6-5中的4
3.3.7	凸模固定板 (punch-retainer plate)	用于固定凸模的板状零件,见图6-2中的4
3.3.8	模套(chase bolster)	使成型零件定位并紧固在一起的框套形零件,见图6-1中的18、图6-26中的2
3.3.9	支承板(support plate)	防止成型零件和导向零件轴向移动并承受成型压力的板件,见图6-1中的8、图6-3中的12、图6-4中的6
3.3.10	垫块(spacer)	调节模具闭合高度,形成推出机构所需空间的块状零件,见图6-1中的11、图6-3中的8、图6-4中的7
3.3.11	支架(mould base leg)	使动模能固定在压机或注射机上的L形垫块
3.3.12	支承柱(support pillar)	为增强动模的刚度而设置的支承板和动模座板之间起支承作用的柱形零件,见图6-3中的10
3.3.13	模板(mould plate)	组成模具的板类零件的统称
3.4	抽芯零件	
3.4.1	斜导柱(angle pin)	倾斜于分型面装配,随着模具的开闭,驱动滑块产生往复移动的圆柱形零件,见图6-4中的21
3.4.2	滑块(slide)	沿导向结构滑动,带动侧型芯完成抽芯和复位动作的零件

标准条目编号	术语(英文)	定 义
3.4.3	侧型芯滑块 (side core- slide)	侧型芯与滑块由整体材料制成一体的滑动零件,见图 6-4 中的 19
3.4.4	滑块导板 (slide guide strip)	与滑块的导滑面配合,起导轨作用的板件
3.4.5	楔紧块(wedge block)	带有楔角,用于合模时楔紧滑块的零件,见图 6-4 中的 20
3.4.6	斜槽导板 (finger guide plate)	具有斜导槽,用以使滑块随槽做抽芯和复位运动的板状零件,见图 6-27 中的 1
3.4.7	弯销(angular cam)	随着模具的开闭,使滑块做抽芯、复位动作的矩形截面的弯折零件,见图 6-28 中的 1
3.4.8	斜滑块 (angled sliding split)	与斜面配合滑动,往往兼有成型、推出和抽芯作用的拼块,见图 6-26 中的 1
3.5	导向零件	
3.5.1	导柱(guide pillar)	与导套(或孔)滑动配合,保证模具合模导向和确定动模、定模相对位置的圆柱形零件
3.5.1.1	带头导柱 (headed guide pillar)	带有轴向定位台阶,固定段与导向段具有同一基本尺寸、不同公差带的导柱,见图 6-5 中的 6
3.5.1.2	带肩导柱 (shouldered guide pillar)	带有轴向定位台阶,固定段基本尺寸大于导向段的导柱,见图 6-4 中的 3
3.5.2	推板导柱(ejector guide pillar)	与推板导套滑动配合,用于推出机构导向的圆柱形零件,见图 6-1 中的 12、图 6-4 中的 17
3.5.3	拉杆导柱 (limit guide pillar)	开模分型时,导向并限制某一模板仅在规定的距离内移动的导柱,见图 6-29 中的 4
3.5.4	导套(guide bush)	与导柱滑块配合,保证模具合模导向和确定动模、定模相对位置的圆套形零件
3.5.4.1	直导套 (straight guide bush)	不带轴向定位台阶的导套
3.5.4.2	带头导套(headed guide bush)	带有轴向定位台阶的导套,见图 6-1 中的 7、图 6-4 中的 4
3.5.5	推板导套 (ejector guide bush)	与推板导柱滑动配合,用于推出机构导向的圆套形零件,见图 6-1 中的 15、图 6-4 中的 16
3.6	定位和限位零件	
3.6.1	定位圈(locating ring)	确定模具在注射机上的安装位置,保证注射机喷嘴与模具浇口套对中的定位零件,见图 6-4 中的 23
3.6.2	定位元件 (locating element)	利用相互配合的锥面或直面,使动模、定模精确合模定位的组件,见图 6-30

标准条目编号	术语(英文)	定　　义
3.6.3	复位杆(return pin)	借助模具的闭合动作，使推出机构复位的杆件，见图 6-4 中的 8
3.6.4	限位钉(stop pin)	对推出机构起支承和调整作用并防止其在复位时受异物障碍的零件，见图 6-1 中的 10、图 6-4 中的 12
3.6.5	限位块(stop block)	a) 起承压作用并调整、限制凸模行程的块状零件，见图 6-1 中的 19； b) 限制滑块抽芯后最终位置的块状零件，见图 6-4 中的 18
3.6.6	定距拉杆(limit bolt)	开模分型时，限制某一模板仅在规定的距离内移动的杆件，见图 6-3 中的 15、图 6-29 中的 1
3.6.7	定距拉板(limit plate)	开模分型时，限制某一模板仅在规定的距离内移动的板件，见图 6-7 中的 1
3.7	推出零件	
3.7.1	推杆(ejector pin)	用于推出塑件或浇注系统凝料的杆件
3.7.1.1	圆柱头推杆(ejector pin with a cylindrical head)	头部带有圆柱形轴向定位台阶的推杆，见图 6-3 中的 7
3.7.1.2	带肩推杆(shouldered ejector pin)	带有圆柱形轴向定位台阶，固定段直径大于工作段直径的推杆，见图 6-1 中的 9
3.7.1.3	扁推杆(flat ejector pin)	工作截面为矩形的推杆
3.7.2	推管(ejector sleeve)	用于推出塑件的管状零件，见图 6-4 中的 15
3.7.3	推块(elector pad)	型腔的组成部分，并在开模时把塑件从型腔内推出的块状零件，见图 6-31 中的 1
3.7.4	推件板(stripper plate)	用于推出塑件的板状零件，见图 6-5 中的 3、图 6-29 中的 5
3.7.5	推件环(stripper ring)	起局部或整体推出塑件作用的环形或盘形零件
3.7.6	推杆固定板(ejector retainer plate)	用以固定推出和复位零件以及推板导套的板件，见图 6-1 中的 16、图 6-4 中的 10
3.7.7	推板(ejector plate)	支承推出和复位零件，直接传递机床推出力的板件，见图 6-1 中的 14、图 6-3 中的 9、图 6-4 中的 11
3.7.8	连接推杆(ejector tie rod)	连接推件板与推杆固定板，传递推出力的杆件
3.7.9	拉料杆(sprue puller pin)	开模分型时，拉住浇注系统凝料，头部带有侧凹形状的杆件，见图 6-5 中的 5
3.7.9.1	钩形拉料杆(z-shaped sprue puller)	头部形状为钩形的拉料杆
3.7.9.2	球头拉料杆(sprue puller with a ball head)	头部形状为球形的拉料杆
3.7.9.3	圆锥头拉料 (sprue puller with a conical head)	头部形状为倒圆锥形的拉料杆

续表六

标准条目编号	术语(英文)	定　义
3.7.10	分流道拉料杆 (runner puller)	将埋入分流道的一端制成某种侧凹形状,用以保证开模时拉住分流道凝料的杆件,见图 6-29 中的 3
3.7.11	推料板 (runner stripper plate)	随开模分型,推出浇注系统凝料的推板,见图 6-29 中的 2
3.8	冷却和加热零件	
3.8.1	冷却通道 (cooling channel)	为控制模具温度而设置的通过冷却循环介质的通道,见图 6-24、图 6-25 中的 2
3.8.2	隔板(plug baffle)	为改变循环介质的流向而在模具冷却通道内设置的板件
3.8.3	加热板(heater plate)	为保证塑件成型温度而设置有加热机构的板件,见图 6-1 中的 8
3.8.4	隔热板 (thermal insulating sheet)	防止热量散失的板件
3.9	模架	
3.9.1	注射模模架 (injection mould base)	注射模中,由模板和导向件等基础零件组成,但未加工型腔的组合体
3.9.2	标准模架 (standard mould base)	结构、形式和尺寸都标准化、系列化并具有一定互换性的零件成套组合而成的模架

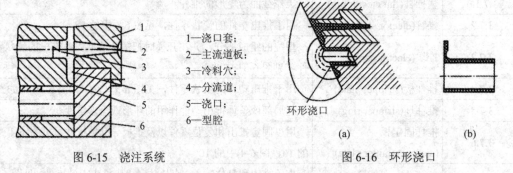

1—浇口套;
2—主流道板;
3—冷料穴;
4—分流道;
5—浇口;
6—型腔

图 6-15　浇注系统　　　　　　　　　　图 6-16　环形浇口

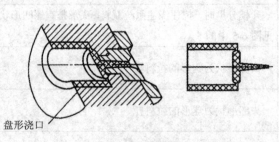

图 6-17　盘形浇口

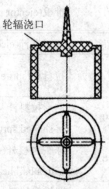

图 6-18　轮辐浇口

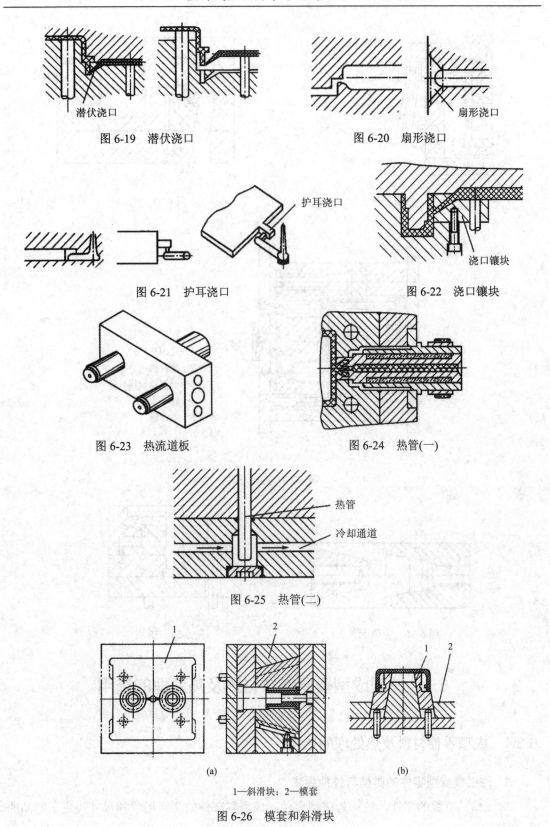

图 6-19 潜伏浇口

图 6-20 扇形浇口

图 6-21 护耳浇口

图 6-22 浇口镶块

图 6-23 热流道板

图 6-24 热管(一)

图 6-25 热管(二)

1—斜滑块；2—模套

图 6-26 模套和斜滑块

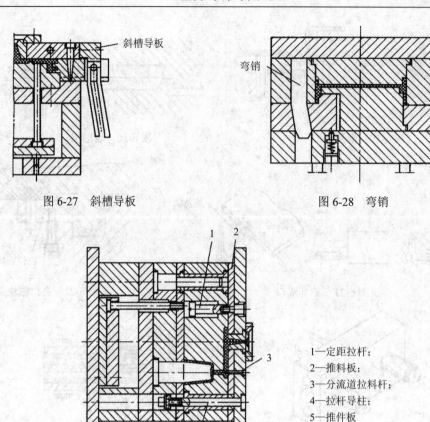

图 6-27　斜槽导板　　　　　　　　　　图 6-28　弯销

1—定距拉杆；
2—推料板；
3—分流道拉料杆；
4—拉杆导柱；
5—推件板

图 6-29　拉杆导柱

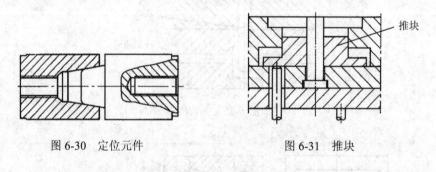

图 6-30　定位元件　　　　　　　　　图 6-31　推块

6.3　注射成型模具零件材料及热处理的选用

6.3.1　成型零件材料及热处理的选用

1. 注射模成型零件的类型与性能要求

构成模具型腔的零件，统称为成型零件。成型零部件的几何形状和尺寸决定了制品的几何形状和尺寸，通常包括凹模、凸模、型芯、定模镶块、动模镶块、成型环和成型镶件(块)等。

制造模具成型零件所采用的钢材，一般应具备下列性能：

(1) 加工性能良好，热处理后变形小。因为模具零件往往形状很复杂，而在淬火以后加工又很困难，或根本就不好加工，所以在选择模具材料时，应尽量选择热处理后变形小的钢材。模具零件也可以先进行粗加工，再进行调质处理，但调质后的硬度不得高于 300 HB，其目的是便于机械加工和钳工加工。热处理后的材料变形即使大一些，也没有关系，因为粗加工后的半成品毛坯还要进行精加工才能达到图样的要求。

(2) 抛光性良好。塑件常要求具有良好的光泽和表面状态，因而型腔必须很好地抛光，所以，选用的钢材不应含有粗糙的杂质和气孔等。

(3) 耐磨性良好。塑件的表面光度和尺寸精度都和模具表面的耐磨性有直接关系，特别是含硬质填料或玻璃纤维的塑料，就更要求模具有很高的耐磨性。模具表面硬度大，也可以承受操作中对模具的机械划伤。

2. 注射模成型零件材料及热处理的选用

按国家标准 GB/T 12554—2006《塑料注射模技术条件》规定，模具成型零件推荐材料及热处理硬度见表 6-3。

表 6-3　模具成型零件推荐材料及热处理硬度(摘自 GB/T 12554—2006)

零件名称	材　料	硬度/HRC
成型零件：凹模、凸模、型芯、定模镶块、动模镶块、成型环和成型镶件(块)、侧型芯等	45、40Cr	40～45
	CrWMn、9Mn2V	48～52
	Cr12、Cr12MoV	52～58
	3Cr2Mo	预硬态 35～45
	4Cr5MoSiV1	45～55
	3Cr13	45～55

国家标准 GB/T 12554—2006《塑料注射模技术条件》还规定：成型对模具易腐蚀的塑料时，成型零件应采用耐腐蚀材料制作，或其成型面应采取防腐蚀措施；成型对模具易磨损的塑料时，成型零件硬度应不低于 50HRC，否则成型表面应做表面硬化处理，硬度应高于 600 HV。

塑料注射模技术条件

6.3.2　浇注系统零件材料及热处理的选用

1. 注射模浇注系统零件的类型与性能要求

浇注系统是指从主流道的始端到型腔之间的熔体流动的通道。其作用是使塑料熔体平稳而有序地充填到型腔中，以获得组织致密、外形轮廓清晰的塑件。

浇注系统由主流道、分流道、浇口等组成。浇注系统设计的优劣，直接影响到塑件的外观、物理性能、尺寸精度、成型周期等。从注射机喷嘴注出的熔融树脂，对于单型腔模具来说，是通过主流道直接注入型腔，而对于多型腔模具来说，则是通过主流道及枝状分流道注入型腔。通往型腔入口的狭窄部分称为浇口。浇注系统组成形式如图 6-15 所示。

2. 注射模浇注系统零件材料及热处理的选用

按国家标准 GB/T 12554—2006《塑料注射模技术条件》规定，注射模具浇注系统零件推荐材料及热处理硬度见表 6-4。

表 6-4　模具成型零件推荐材料及热处理硬度(摘自 GB/T 12554—2006)

零件名称	材　　料	硬度/HRC
浇注系统零件：浇口套、分流锥、推杆	45、40Cr	40～45
	CrWMn、9Mn2V	48～52
	Cr12、Cr12MoV	52～58
	3Cr2Mo	预硬态 35～45
	4Cr5MoSiV1	45～55
	3Cr13	45～55

浇口套的结构如图 6-32 所示，推荐材料为 45 钢，局部热处理，SR19 mm 球面硬度 38～45 HRC。

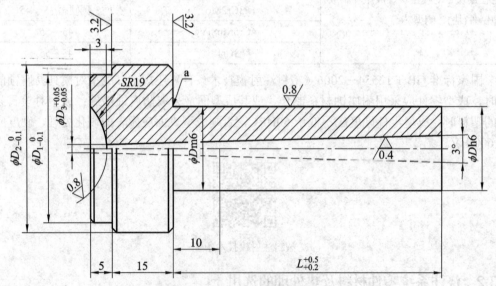

未注表面粗糙度 Ra＝6.3 μm；未注倒角 1 mm×45°。
a：可选砂轮越程槽或 R＝0.5～1 mm 的圆角。

图 6-32　浇口套

6.3.3　推出机构零件材料及热处理的选用

1. 注射模推出机构零件的类型与性能要求

注射模开模时，将塑件、浇注系统凝料与模具分开并将塑件、浇注系统凝料推出的机构称为推出机构。如图 6-4、图 6-5 所示，推出机构由推杆、推管(如图 6-4 中的 15)、推件板(如图 6-5 中的 3)等推出元件，推板导柱(如图 6-4 中的 17)和推板导套(如图 6-4 中的 16)等导向元件，以及推板(如图 6-4 中的 11)、推杆固定板(如图 6-4 中的 10)、复位杆(如图 6-4 中的 8)、拉料杆(如图 6-5 中的 5)、限位钉(如图 6-4 中的 12)等组成。推出元件直接与塑件接触并完成推出塑件的动作。

由于推出元件的端部为构成模具型腔的一小部分，推出机构需要一定的推出行程才能将塑件、浇注系统凝料推出模具，推出机构零件须具有一定的强度、较好的耐磨性能、运动平稳可靠。

2. 注射模推出机构零件材料及热处理的选用

1) 推杆

国家标准规定了推杆的尺寸规格和公差、材料指南和硬度要求、标记，如图 6-33 所示。

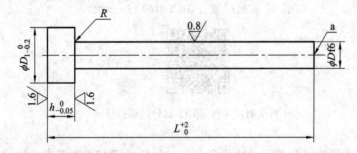

未注表面粗糙度 Ra＝6.3 μm。

a：端面不允许留有中心孔，棱边不允许倒钝。

标记示例：

　　　直径 D＝1 mm、长度 L＝80 mm 的推杆，标记为：推杆 1×80　GB/T 4169.1—2006。

注：1. 材料由制造者选定，推荐采用 4Cr5MoSiV1、3Cr2W8V。
　　2. 硬度 50～55 HRC，其中固定端 30 mm 范围内硬度 35～45 HRC。
　　3. 淬火后表面可进行渗氮处理，渗氮层深度为 0.08～0.15 mm，心部硬度 40～44 HRC，表面硬度 ≥900 HV。
　　4. 其余应符合 GB/T 4170—2006 的规定。

图 6-33　推杆(摘自 GB/T 4169.1—2006)(mm)

塑料注射模零件　第 1 部分：推杆

2) 扁推杆

国家标准规定了扁推杆的尺寸规格和公差、材料指南和硬度要求、标记，如图 6-34 所示。

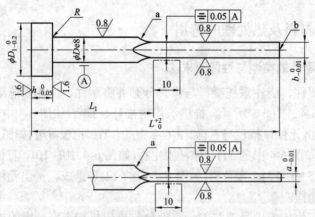

未注表面粗糙度 Ra＝6.3 μm。

a：圆弧半径小于10 mm；

b：端面不允许留有中心孔，棱边不允许倒钝。

标记示例：

　　厚度 a＝1 mm、宽度 b＝4 mm、长度 L＝80 mm的扁推杆，

标记为：扁推杆　1×4×80　GB/T 4169.15—2006。

注：1. 材料由制造者选定，推荐采用4Cr5MoSiV1、3Cr2W8V。

　　2. 硬度45～50 HRC。

　　3. 淬火后表面可进行渗碳处理，渗碳层深度为0.08～0.15 mm，心部硬度40～44 HRC，表面硬度≥900 HV。

　　4. 其余应符合GB/T 4170—2006的规定。

图 6-34　扁推杆(摘自 GB/T 4169.15—2006)

塑料注射模零件　第 15 部分：扁推杆

3) 带肩推杆

国家标准规定了带肩推杆的尺寸规格和公差、材料指南和硬度要求、标记，如图 6-35 所示。

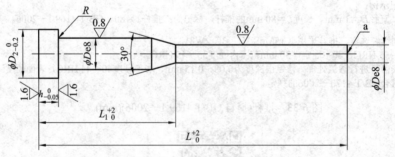

未注表面粗糙度 Ra＝6.3 μm。

a：端面不允许留有中心孔，棱边不允许倒钝。

标记示例：

　　直径 D＝1 mm、长度 L＝80 mm的带肩推杆，标记为：带肩推杆　1×80　GB/T 4169.16—2006。

注：1. 材料由制造者选定，推荐采用4Cr5MoSiV1、3Cr2W8V。

　　2. 硬度45～50 HRC。

　　3. 淬火后表面可进行渗碳处理，渗碳层深度为0.08～0.15 mm，心部硬度40～44 HRC，表面硬度≥900 HV。

　　4. 其余应符合GB/T 4170—2006的规定。

图 6-35　带肩推杆(摘自 GB/T 4169.16—2006)

塑料注射模零件 第 16 部分：带肩推杆

4) 推管

国家标准规定了推管的尺寸规格和公差、材料指南和硬度要求、标记，如图 6-36 所示。

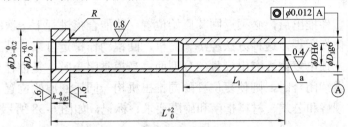

未注表面粗糙度 $Ra=6.3\ \mu m$，未注倒角 1 mm×45°。
a：端面棱边不允许倒钝。
标记示例：
　　直径 $D=2$ mm、长度 $L=80$ mm 的推管，标记为：推管　2×80　GB/T 4169.17—2006。

注：1. 材料由制造者选定，推荐采用 4Cr5MoSiV1、3Cr2W8V。
　　2. 硬度 45～50 HRC。
　　3. 淬火后表面可进行渗碳处理，渗碳层深度为 0.08～0.15 mm，心部硬度 40～44 HRC，表面硬度≥900 HV。
　　4. 其余应符合 GB/T 4170—2006 的规定。

图 6-36　推管(摘自 GB/T 4169.17—2006)

塑料注射模零件 第 17 部分：推管

5) 推板和推杆固定板

推板用于支承推出复位(杆)零件，传递机床推出力，也可用作推杆固定板和热固性塑料压胶模、挤胶模和金属压注模中的推板。国家标准规定了推板和推杆固定板的尺寸规格和公差、材料指南和硬度要求、标记，如图 6-37 所示。

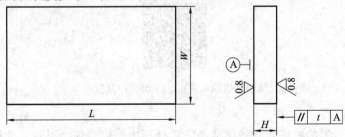

未注表面粗糙度 $Ra=6.3\ \mu m$，全部棱边倒角 2 mm×45°。
标记示例：
　　宽度 $W=90$ mm、长度 $L=150$ mm、厚度 $H=13$ mm 的推板，标记为：
推板　90×150×13　GB/T 4169.7—2006。

注：1. 材料由制造者选定，推荐采用 45 钢。
　　2. 硬度 28～32 HRC。
　　3. 标注的形位公差应符合 GB/T 1184—1996 的规定，t 为 6 级精度。
　　4. 其余应符合 GB/T 4170—2006 的规定。

图 6-37　推板和推杆固定板(摘自 GB/T 4169.7—2006)

塑料注射模零件　第 7 部分：推板

6) 复位杆

推杆或推管将塑件推出后，必须返回其原始位置，才能合模进行下一次的注射成型。最常用的方法是复位杆回程，这种方法经济、简单，回程动作稳定可靠。其工作过程为：当开模时，推杆向上顶出复位杆突出模具的分型面；当模具闭合时，复位杆与定模侧的分型面接触，注射机继续闭合时，则使复位杆随同推出机构一同返回原始位置。国家标准规定了复位杆的尺寸规格和公差、材料指南和硬度要求、标记，如图 6-38 所示。

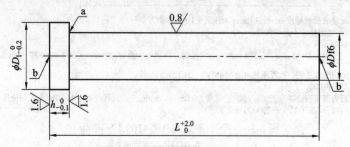

未注表面粗糙度 Ra=6.3 μm。
a：可选砂轮越程槽或 R=0.5～1 mm 圆角；
b：端面允许留有中心孔。
标记示例：
　　直径 D=10 mm，长度 L=100 mm 的复位杆，标记为：
复位杆　10×100　GB/T 4169.13—2006。
注：1. 材料由制造者选定，推荐采用 T10A、GCr15。
　　2. 硬度 56～60 HRC。
　　3. 其余应符合 GB/T 4170—2006 的规定。

图 6-38　复位杆(摘自 GB/T 4169.13—2006)

塑料注射模零件　第 13 部分：复位杆

7) 推板导柱

对大型模具设置的推杆数量较多或由于塑件顶出部位面积的限制，推杆必须做成细长形时以及推出机构受力不均衡时(脱模力的总重心与机床推杆不重合)，顶出后，推板可能发生偏斜，造成推杆弯曲或折断，此时应考虑设置导向装置，以保证推板移动时不发生偏斜。一般采用导柱，也可加上导套来实现导向。导柱与导向孔或导套的配合长度不应小于 10 mm。当动模垫板支承跨度大时，导柱还可兼起辅助支承的作用。

国家标准规定了推板导柱的尺寸规格和公差、材料指南和硬度要求、标记，如图 6-39 所示。

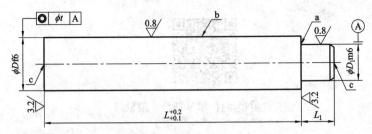

未注表面粗糙度 $Ra=6.3\ \mu m$，未注倒角 $1\ mm\times 45°$。

a：可选砂轮越程槽或 $R=0.5\sim 1\ mm$ 圆角；

b：允许开油槽；

c：允许保留两端的中心孔。

标记示例：

　　直径 $D=30\ mm$、长度 $L=100\ mm$ 的推板导柱，标记为：推板导柱　30×100　GB/T 4169.14—2006。

注：1. 材料由制造者选定，推荐采用T10A、GCr15、20Gr。

　　2. 硬度56~60 HRC，20Cr渗碳0.5~0.8 mm，硬度56~60 HRC。

　　3. 标注的形位公差应符合GB/T 1184—1996的规定，t为6级精度。

　　4. 其余应符合GB/T 4170—2006的规定。

图 6-39　推板导柱(摘自 GB/T 4169.14—2006)

塑料注射模零件 第 14 部分：推板导柱

8) 限位钉

限位钉用于支承推出机构，并用以调节推出距离，防止推出机构复位时受异物障碍的零件。国家标准规定了限位钉的尺寸规格和公差、材料指南和硬度要求、标记，如表 6-5 所示。

表 6-5　限位钉(摘自 GB/T 4169.9—2006)　　　　(mm)

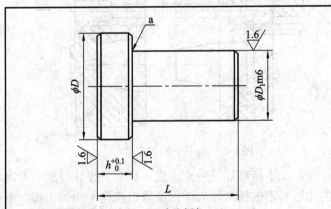

未注表面粗糙度 $Ra=6.3\ \mu m$，未注倒角 $1\ mm\times 45°$。

a：可选砂轮越程槽或 $R=0.5\sim 1\ mm$ 圆角。

标记示例：

　　直径 $D=16\ mm$ 的限位钉，标记为：限位钉　16　GB/T 4169.9—2006。

D	D_1	h	L
16	8	5	16
20	16	10	25

注：1. 材料由制造者选定，推荐采用45钢。

　　2. 硬度40~45 HRC。

　　3. 其余应符合GB/T 4170—2006的规定。

塑料注射模零件 第9部分：限位钉

9) 拉料杆

由于拉料杆直接与塑料熔体接触，并且与冷却的浇注系统凝料有较大摩擦，故需要具有一定的高温硬度，推荐使用 45 钢，热处理硬度 35～40 HRC。

6.3.4　导向机构零件材料及热处理的选用

1. 注射模导向机构零件的类型与性能要求

塑料注射模具导向机构的功能是保证其动模部分和定模部分在模具工作时，能够进行正确的导向与定位作用。由于导向装置在模具工作过程中，承受了一定的侧向压力(塑料熔体在充型过程中会产生侧向的压力)，或者由于成型设备精度下降的影响，也会使导柱承受一定的侧向压力，所以，模具的正常工作得以保证。注射模的导向机构主要有导柱导套定位和锥面定位两种形式，一般采用导柱导向与定位，如图 6-40 所示。

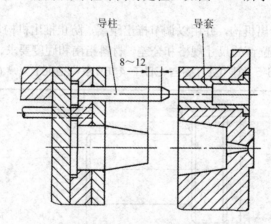

图 6-40　导柱导向与定位

如果侧向压力很大时，就不能单靠导柱来承受，那么，设计时就应考虑增设锥面定位机构。不仅如此，有的比较精密的模具，为了保证顶出机构平稳的工作，不使塑件在顶出过程中产生变形等质量问题，还在顶出机构中设置了导向机构。

2. 注射模导向机构零件材料及热处理的选用

1) 直导套

直导套主要用于厚模板中，可缩短模板的镗孔深度，在浮动模板中使用较多。国家标准规定了塑料注射模用直导套的尺寸规格和公差、材料指南和硬度要求、标记，如图 6-41 所示。

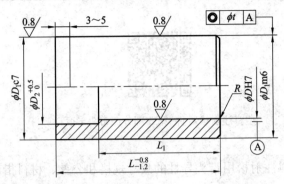

未注表面粗糙度Ra＝3.2 μm，未注倒角1 mm×45°。

标记示例：

　　直径D＝12 mm、长度L＝15 mm的直导套，标记为：直导套 12×15　GB/T 4169.2—2006。

注：1. 材料由制造者选定，推荐采用T10A、GCr15、20Cr。

　　2. 硬度52～56 HRC，20Cr渗碳0.5～0.8 mm，硬度56～60 HRC。

　　3. 标注的形位公差应符合GB/T 1184—1996的规定，t为6级精度。

　　4. 其余应符合GB/T 4170—2006的规定。

图 6-41　标准直导套(摘自 GB/T 4169.2—2006)(mm)

塑料注射模零件 第 2 部分：直导套

2) 带头导套

国家标准规定了塑料注射模用带头导套的尺寸规格和公差、材料指南和硬度要求、标记，如图 6-42 所示。

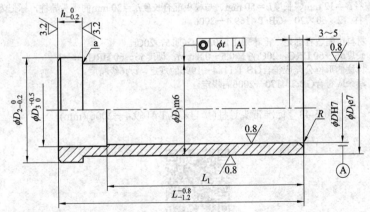

未注表面粗糙度Ra＝6.3 μm，未注倒角1 mm×45°。

a：可选砂轮越程槽或R＝0.5～1 mm的圆角。

标记示例：

　　直径D＝12 mm、长度L＝20 mm的带头导套，标记为：带头导套 12×20　GB/T 4169.3—2006。

注：1. 材料由制造者选定，推荐采用T10A、GCr15、20Cr。

　　2. 硬度52～56 HRC，20Cr渗碳0.5～0.8 mm，硬度56～60 HRC。

　　3. 标注的形位公差应符合GB/T 1184—1996的规定，t为6级精度。

　　4. 其余应符合GB/T 4170—2006的规定。

图 6-42　带头导套(摘自 GB/T 4169.3—2006)(mm)

塑料注射模零件 第3部分：带头导套

3) 带头导柱

国家标准规定了塑料注射模用带头导柱的尺寸规格和公差、材料指南和硬度要求、标记，如图 6-43 所示。

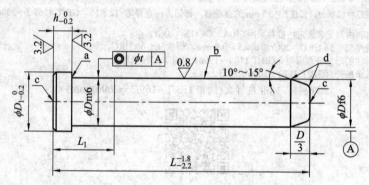

未注表面粗糙度 $Ra=6.3\ \mu m$，未注倒角 1 mm×45°。
a：可选砂轮越程槽或 $R=0.5\sim1$ mm 圆角；
b：允许开油槽；
c：允许保留两端的中心孔；
d：圆弧连接，$R=2\sim5$ mm。
标记示例：
　　直径 $D=12$ mm、长度 $L=50$ mm、与模板配合长度 $L_1=20$ mm 的带头导柱，标记为：
带头导柱 12×50×20 GB/T 4169.4—2006。

注：1. 材料由制造者选定，推荐采用 T10A、GCr15、20Cr。
　　2. 硬度 56～60 HRC，20Cr 渗碳 0.5～0.8 mm，硬度 56～60 HRC。
　　3. 标注的形位公差应符合 GB/T 1184—1996 的规定，t 为 6 级精度。
　　4. 其余应符合 GB/T 4170—2006 的规定。

图 6-43　标准带头导柱(摘自 GB/T 4169.4—2006)(mm)

塑料注射模零件 第4部分：带头导柱

4) 带肩导柱

国家标准规定了塑料注射模用带肩导柱的尺寸规格和公差、材料指南和硬度要求、标记，如图 6-44 所示。

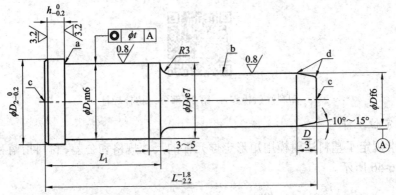

未注表面粗糙度 Ra = 6.3 μm，未注倒角 1 mm×45°。

a：可选砂轮越程槽或 R = 0.5～1 mm 圆角；

b：允许开油槽；

c：允许保留两端的中心孔；

d：圆弧连接，R = 2～5 mm。

标记示例：

　　直径 D = 16 mm、长度 L = 50 mm、与模板配合长度 L_1 = 20 mm 的带肩导柱，标记为：

带肩导柱　16×50×20　GB/T 4169.5—2006。

注：1. 材料由制造者选定，推荐采用 T10A、GCr15、20Cr。

　　2. 硬度 56～60 HRC，20Cr 渗碳 0.5～0.8 mm，硬度 56～60 HRC。

　　3. 标注的形位公差应符合 GB/T 1184—1996 的规定，t 为 6 级精度。

　　4. 其余应符合 GB/T 4170—2006 的规定。

图 6-44　标准带肩导柱(摘自 GB/T 4169.5——2006)(mm)

塑料注射模零件　第 5 部分：带肩导柱

5) 拉杆导柱

国家标准规定了塑料注射模用拉杆导柱的尺寸规格和公差、材料指南和硬度要求、标记，如图 6-45 所示。

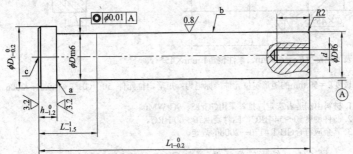

未注表面粗糙度 Ra = 6.3 μm，未注倒角 1 mm×45°。

a：可选砂轮越程槽或 R = 0.5～1 mm 圆角；

b：允许开油槽；

c：允许保留中心孔。

标记示例：

　　直径 D = 16 mm、长度 L = 100 mm 的拉杆导柱，标记为：拉杆导柱　16×100　GB/T 4169.20—2006。

注：1. 材料由制造者选定，推荐采用 T10A、GCr15、20Cr。

　　2. 硬度 56～60 HRC，20Cr 渗碳 0.5～0.8 mm，硬度 56～60 HRC。

　　3. 其余应符合 GB/T 4170—2006 的规定。

图 6-45　拉杆导柱(摘自 GB/T 4169.20—2006)(mm)

塑料注射模零件 第 20 部分：拉杆导柱

6) 矩形定位元件

　　国家标准规定了塑料注射模用矩形定位元件的尺寸规格和公差、材料指南和硬度要求、标记，如图 6-46 所示。

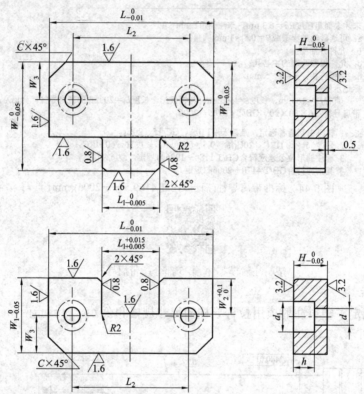

未注表面粗糙度 $Ra = 6.3\ \mu m$，未注倒角 $1\ mm \times 45°$。

标记示例：

　　长度 $L = 50\ mm$ 的矩形定位元件，标记为：矩形定位元件 50　GB/T 4169.21—2006。

注：1. 材料由制造者选定，推荐采用 GCr15、9CrWMn。
　　2. 凸件硬度 50～54 HRC，凹件硬度 56～60 HRC。
　　3. 其余应符合 GB/T 4170—2006 的规定。

图 6-46　矩形定位元件(摘自 GB/T 4169.21—2006)(mm)

塑料注射模零件 第 21 部分：矩形定位元件

7) 合模销

如图 6-47 所示，在垂直分型面的组合式型腔中，为了保证锥模套中的拼块相对位置的准确性，常采用两个合模销。开模时，为了使合模销不被拔出，其固定端部分采用 H7/k6 过渡配合，滑动端部分采用 H9/f9 间隙配合，推荐使用与导柱相同的材料和热处理或者 45 钢、38～40 HRC。

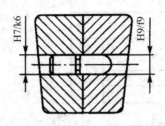

图 6-47 合模销

8) 锥面导向定位

在成型精度要求高的大型、深腔、薄壁塑件时，型腔内侧向压力可能引起型腔或型芯的偏移，如果这种侧向压力完全由导柱承担，会造成导柱折断或咬死，这时除了设置导柱导向外，应增设锥面定位机构，如图 6-48 所示。锥面定位有两种形式：一种是两锥面间留有间隙，将淬火镶块(见图中右上图)装在模具上，使它与两锥面配合，制止型腔或型芯的偏移；另一种是两锥面配合(见图中右下图)，锥面角度愈小愈有利于定位，但由于开模力的关系，锥面角也不宜过小，一般取 5°～20°，配合高度在 15 mm 以上，两锥面都要淬火处理。在锥面定位机构设计中要注意锥面配合形式，如果是型芯模块环抱型腔模块，型腔模块无法向外胀开，在分型面上不会形成间隙，这是合理的结构。

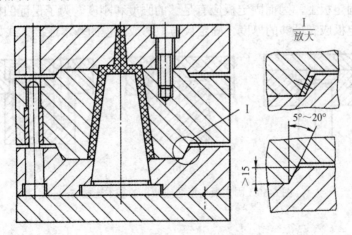

图 6-48 锥面导向定位

6.3.5 模架零件材料及热处理的选用

1. 注射模架零件的类型与性能要求

塑料模具的模架包括动模座板、定模座板、动模板、定模板、支承板、垫块等零件，这些零件起装配、定位和安装作用。注射模具的典型模架组合如图 6-49 所示。

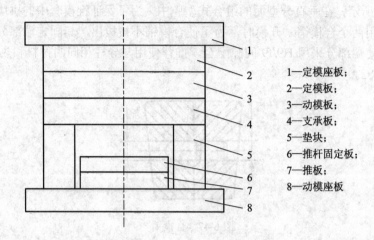

1—定模座板；
2—定模板；
3—动模板；
4—支承板；
5—垫块；
6—推杆固定板；
7—推板；
8—动模座板

图 6-49　注射模具的典型模架组合

1) 动模座板和定模座板

动模座板和定模座板分别是动模和定模的基座，也是固定式塑料模具与成型设备连接的模板。因此，两座板的轮廓尺寸和固定孔必须与成型设备上模具的安装板相适应，即动模板与定模板或上压板与下压板相适应。两座板还必须具有足够的强度和刚度。

2) 动模板和定模板

动模板和定模板的作用是固定凸模或型芯、凹模、导柱和导套等零件，又称固定板。由于模具的类型及结构的不同，固定板的工作条件也有所不同。对于移动式压缩模具，其开模力作用在固定板上，因而固定板应有足够的强度和刚度。为了保证凹模、型芯等零件固定稳固，固定板应有足够的厚度。固定板与型芯或凹模的基本连接方式如图 6-50 所示。

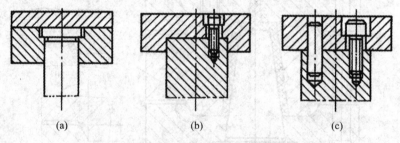

(a)　　　　　　　　　(b)　　　　　　　　　(c)

图 6-50　固定板与型芯或凹模的基本连接方式

3) 支承板

支承板是垫在固定板背面的模板。它的作用是防止型芯或凸模、凹模、导柱、导套等零件脱出，增强这些零件的稳固性并承受型芯和凹模等传递来的成型压力。支承板与固定板的连接方式如图 6-51 所示。如图 6-51(a)～(c)所示的三种方式为螺钉连接，适用于推杆推出的移动式模具和固定式模具，为了增加连接强度，一般采用圆柱头内六角螺钉；如图 6-51(d)所示为铆钉连接，适用于移动式模具，它拆装麻烦，修理不便。

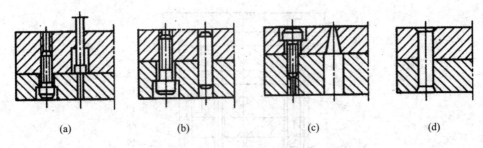

图 6-51　支承板与固定板的连接方式

支承板应具有足够的强度和刚度，以承受成型压力而不过量变形，它的强度和刚度计算方法与型腔底板的计算方法相似。

4) 垫块

垫块的作用是使动模支承板与动模座板之间形成用于推出机构运动的空间，或调节模具总高度以适应成型设备上模具安装空间对模具总高的要求。

垫块的连接方式如图 6-52 所示。所有垫块的高度应一致，否则会由于负荷不匀而造成动模板损坏。对于大型模具，为了增强动模的刚度，可在动模支承板和动模座板之间采用支承柱，如图 6-52(b)所示，这种支承柱起辅助支承作用。如果推出机构设有导向装置，则导柱也能起到辅助支承作用。

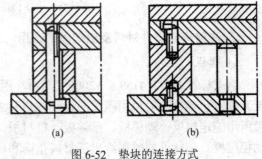

图 6-52　垫块的连接方式

国家标准 GB/T 12555—2006《塑料注射模模架》规定了塑料注射模模架的组合形式、尺寸与标记，适用于塑料注射模模架。塑料注射模模架以其在模具中的应用方式，分为直浇口与点浇口两种形式，其组成零件的名称如图 6-53 和图 6-54 所示。

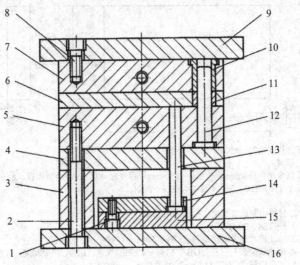

1—内六角螺钉；
2—螺栓；
3—垫块；
4—支承板；
5—动模板；
6—推件板；
7—定模板；
8—内六角螺钉；
9—定模座板；
10—带头导套；
11—直导套；
12—带头导柱；
13—复位杆；
14—推杆固定板；
15—推板；
16—动模座板

塑料注射模模架

图 6-53　直浇口模架组成零件的名称

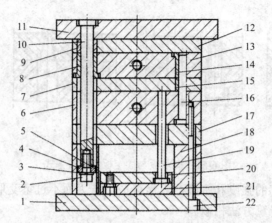

1—动模座板；2、5、22—内六角螺钉；3—弹簧垫圈；4—挡环；6—动模板；7—推件板；8、14—带头导套；
9、15—直导套；10—拉杆导柱；11—定模座板；12—推料板；13—定模板；16—带头导柱；17—支承板；
18—垫块；19—复位杆；20—推杆固定板；21—推板

图 6-54　点浇口模架组成零件的名称

2. 注射模架零件材料及热处理的选用

1) 模板

国家标准 GB/T 4169.8—2006《塑料注射模零件　第 8 部分：模板》规定了塑料注射模用模板的尺寸规格和公差，适用于塑料注射模所用的定模板、动模板、推件板、推料板、支承板、定模座板和动模座板。该标准同时还给出了材料指南和硬度要求，并规定了模板的标记。

塑料注射模零件
第 8 部分：模板

A 型标准模板(用于定模板、动模板、推件板、推料板、支承板)的材料及热处理，如图 6-55 所示。B 型标准模板(用于定模座板、动模座板)的材料及热处理，如图 6-56 所示。

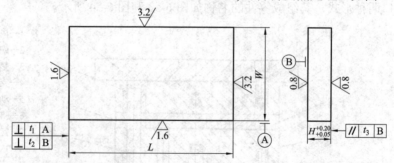

全部棱边倒角 2 mm×45°。
标记示例：
　　宽度 W＝150 mm、长度 L＝150 mm、厚度 H＝20 mm 的 A 型模板，标记为：
模板 A　150×150×20　GB/T 4169.8—2006。
注：1. 材料由制造者选定，推荐采用 45 钢。
　　2. 硬度 28～32 HRC。
　　3. 未注尺寸公差等级应符合 GB/T 1801—1999 中 js13 的规定。
　　4. 未注形位公差应符合 GB/T 1184—1996 的规定，t_1、t_3 为 5 级精度，t_2 为 7 级精度。
　　5. 其余应符合 GB/T 4170—2006 的规定。

图 6-55　A 型标准模板(用于定模板、动模板、推件板、推料板、支承板)的材料及热处理(摘自 GB/T 4169.8—2006)

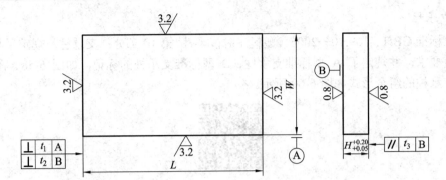

全部棱边倒角2 mm×45°。

标记示例：

宽度W＝200 mm、长度L＝150 mm、厚度H＝20 mm的B型模板，标记为：

模板B　200×150×20　GB/T 4169.8—2006。

注：1. 材料由制造者选定，推荐采用45钢。
　　2. 硬度28~32HRC。
　　3. 未注尺寸公差等级应符合GB/T 1801—1999中js13的规定。
　　4. 未注形位公差应符合GB/T 1184—1996的规定，t_1为7级精度，t_2为9级精度，t_3为5级精度。
　　5. 其余应符合GB/T 4170—2006的规定。

图6-56　B型标准模板(用于定模座板、动模座板)的材料及热处理(摘自 GB/T 4169.8—2006)

2) 垫块

垫块的用途决定于推件的距离和调节模具的高度。国家标准 GB/T 4169.6—2006《塑料注射模零件 第6部分：垫块》规定了材料指南和硬度要求，并规定了模板的标记。

塑料注射模零件 第6部分：垫块

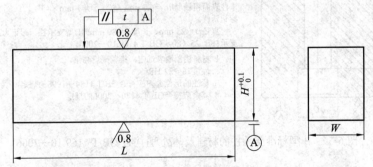

未注表面粗糙度Ra＝6.3 μm，全部棱边倒角2 mm×45°。

标记示例：

宽度W＝28 mm、长度L＝150 mm、厚度H＝50 mm的垫块，标记为：

垫板　28×150×50　GB/T 4169.6—2006。

注：1. 材料由制造者选定，推荐采用45钢。
　　2. 标注的形位公差应符合GB/T 1184—1996的规定，t为5级精度。
　　3. 其余应符合GB/T 4170—2006的规定。

图6-57　垫块的材料及热处理(摘自 GB/T 4169.6—2006)

3) 支承柱

国家标准 GB/T 4169.10—2006《塑料注射模零件 第 10 部分：支承柱》规定了材料指南和硬度要求，并规定了 A 型标准支承柱、B 型标准支承柱的标记，如图 6-58、图 6-59 所示。支承柱的组合形式如图 6-60 所示。

塑料注射模零件 第 10 部分：支承柱

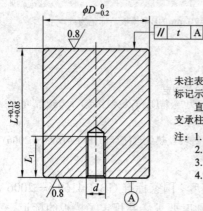

未注表面粗糙度 Ra＝6.3 μm，未注倒角 1 mm×45°。
标记示例：
　　直径 D＝25 mm、长度 L＝80 mm 的 A 型支承柱，标记为：
支承柱 A 25×80　GB/T 4169.10—2006。
注：1. 材料由制造者选定，推荐采用 45 钢。
　　2. 硬度 28～32HRC。
　　3. 标注的形位公差应符合 GB/T 1184—1996 的规定，t 为 6 级精度。
　　4. 其余应符合 GB/T 4170—2006 的规定。

图 6-58　A 型标准支承柱的材料及热处理(摘自 GB/T 4169.10—2006)

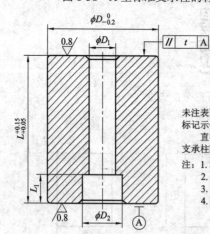

未注表面粗糙度 Ra＝6.3 μm，未注倒角 1 mm×45°。
标记示例：
　　直径 D＝25 mm、长度 L＝80 mm 的 B 型支承柱，标记为：
支承柱 B 25×80　GB/T 4169.10—2006。
注：1. 材料由制造者选定，推荐采用 45 钢。
　　2. 硬度 28～32 HRC。
　　3. 标注的形位公差应符合 GB/T 1184—1996 的规定，t 为 6 级精度。
　　4. 其余应符合 GB/T 4170—2006 的规定。

图 6-59　B 型标准支承柱的材料及热处理(摘自 GB/T 4169.10—2006)

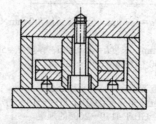

图 6-60　支承柱的组合形式

4) 定位圈

定位圈与注射机定模固定板中心的定位孔相配合,其作用是为了使主流道与喷嘴和机筒对中。国家标准 GB/T 4169.18—2006《塑料注射模零件 第 18 部分:定位圈》规定了材料指南和硬度要求,并规定了定位圈的标记,如图 6-61 所示。

塑料注射模零件 第 18 部分:定位圈

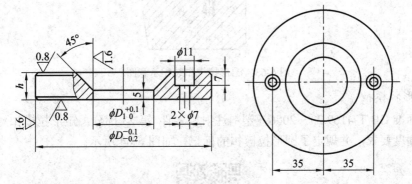

未注表面粗糙度 $Ra=6.3$ μm,未注倒角 1 mm×45°。
标记示例:
　　直径 $D=100$ mm 的定位圈,标记为:定位圈 100　GB/T 4169.18—2006。
　　注:1. 材料由制造者选定,推荐采用45钢。
　　　　2. 硬度28~32 HRC。
　　　　3. 其余应符合GB/T 4170—2006的规定。

图 6-61　定位圈的材料及热处理(摘自 GB/T 4169.18—2006)

5) 圆形拉模扣

国家标准 GB/T 4169.22—2006《塑料注射模零件 第 22 部分:圆形拉模扣》规定了材料指南和硬度要求,并规定了圆形拉模扣的标记,如图 6-62 所示。圆形拉模扣装配示意图如图 6-63 所示。

塑料注射模零件 第 22 部分:圆形拉模扣

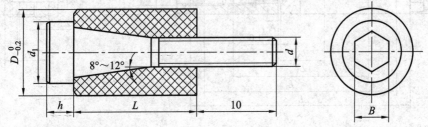

未注倒角 1 mm×45°。
标记示例:
　　直径 $D=12$ mm 的圆形拉模扣,标记为:圆形拉模扣 12　GB/T 4169.22—2006。
　　注:1. 材料由制造者选定,推荐采用尼龙66。
　　　　2. 螺钉推荐采用45钢,硬度28~32 HRC。
　　　　3. 其余应符合GB/T 4170—2006的规定。

图 6-62　圆形拉模扣的材料及热处理(摘自 GB/T 4169.22—2006)

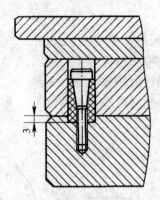

图 6-63　圆形拉模扣装配示意图

6) 矩形拉模扣

国家标准 GB/T 4169.23—2006《塑料注射模零件　第 23 部分：矩形拉模扣》规定了材料指南和硬度要求，并规定了圆形拉模扣的标记，如图 6-64 所示。

塑料注射模零件　第 23 部分：矩形拉模扣

表面粗糙度以微米为单位。

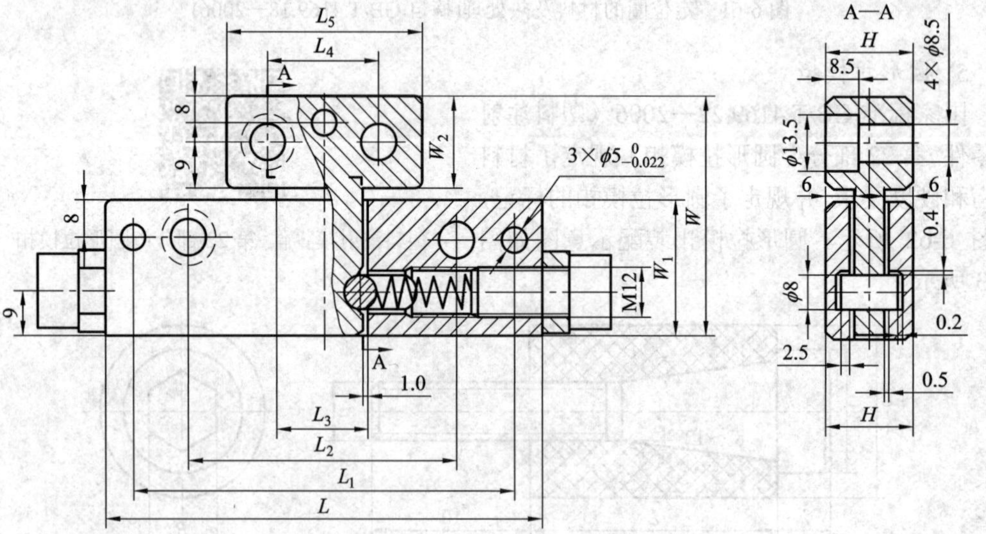

未注倒角 1 mm×45°。

标记示例：

　　宽度 $W=52$ mm、长度 $L=100$ mm 的矩形拉模扣，标记为：矩形拉模扣　52×100　GB/T 4169.23—2006。

注：1. 材料由制造者选定，本体与插体推荐采用 45 钢，顶销推荐采用 GCr15。

　　2. 插件硬度 40～45 HRC，顶销硬度 58～62 HRC。

　　3. 最大使用负荷应达到：$L=100$ mm 为 10 kN，$L=120$ mm 为 12 kN。

　　4. 其余应符合 GB/T 4170—2006 的规定。

图 6-64　矩形拉模扣的材料及热处理(摘自 GB/T 4169.23—2006)

3. 塑料注射模具零件的其他要求

国家标准 GB/T 4170—2006《塑料注射模零件技术条件》规定的对塑料注射模零件的要求，见表6-6。

表6-6　对塑料注射模零件的要求

标准条目编号	内　　容
3.1	图样中线性尺寸的一般公差应符合 GB/T 1804—2000 中 m 的规定
3.2	图样中未注形状和位置公差应符合 GB/T 1184—1996 中 H 的规定
3.3	零件均应去毛刺
3.4	图样中螺纹的基本尺寸应符合 GB/T 196 的规定，其偏差应符合 GB/T 197 中 6 级的规定
3.5	图样中砂轮越程槽的尺寸应符合 GB/T 6403.5 的规定
3.6	模具零件所选用材料应符合相应牌号的技术标准
3.7	零件经热处理后硬度应均匀，不允许有裂纹、脱碳、氧化斑点等缺陷
3.8	质量超过 2.5 kg 的板类零件应设置吊装用螺孔
3.9	图样上未注公差角度的极限偏差应符合 GB/T 1804—2000 中 c 的规定
3.10	图样中未注尺寸的中心孔应符合 GB/T 145 的规定
3.11	模板的侧向基准面上应作明显的基准标记

国家标准 GB/T 4170—2006《塑料注射模零件技术条件》规定了对塑料注射模零件的检验要求，见表6-7。

表6-7　对塑料注射模零件的检验内容

标准条目编号	内　　容
4.1	零件应按 GB/T 4169.1～4169.23—2000 和本标准 3.3.3 的第 1 项和第 2 项的规定进行检验
4.2	检验合格后应做出检验合格标志，标志应包含以下内容：检验部门、检验员、检验日期

国家标准 GB/T 12554—2006《塑料注射模零件技术条件》规定了对塑料注射模的零件要求，见表6-8。

表6-8　对塑料注射模的零件要求

标准条目编号	内　　容
3.1	设计塑料注射模宜选用 GB/T 12555、GB/T 4169.1～4169.23—2000 规定的塑料注射模标准模架和塑料注射模零件
3.2	模具成型零件和浇注系统零件所选用材料应符合相应牌号的技术标准
3.3	模具成型零件和浇注系统零件推荐材料和热处理硬度见表 3-31，允许质量的性能高于表 3-31 推荐的材料
3.4	成型对模具易腐蚀的塑料时，成型零件应采用耐腐蚀材料制作，或其成型面应采取防腐蚀措施
3.5	成型对模具易磨损的塑料时，成型零件硬度应不低于 50 HRC，否则成型表面应做表面硬化处理，硬度应高于 600 HV

续表

标准条目编号	内　　容
3.6	模具零件的几何形状、尺寸、表面粗糙度应符合图样要求
3.7	模具零件不允许有裂纹，成型表面不允许有划痕、压伤、锈蚀等缺陷
3.8	成型部位未注公差尺寸的极限偏差应符合 GB/T 1804—2000 中 f 的规定
3.9	成型部位转接圆弧未注公差尺寸的极限偏差应符合表 3-32 的规定
3.10	成型部位未注角度和锥度公差尺寸的极限偏差应符合表 3-33 的规定。锥度公差按锥体母线长度决定，角度公差按角度短边长度决定
3.11	当成型部位未注脱模斜度时，除 3.1～3.5 的要求外，单边脱模斜度应不大于表 3-34 的规定值，当图中未注脱模斜度方向时，按减小塑件壁厚并符合脱模要求的方向制造： (1) 文字、符号的单边脱模斜度应为 10°～15°； (2) 成型部位有装饰纹时，单边脱模斜度允许大于表 3-34 的规定值； (3) 塑件上凸起或加强筋单边脱模斜度应大于 2°； (4) 塑件上有数个并列圆孔或格状栅孔时，其单边脱模斜度应大于表 3-34 的规定值； (5) 对于表 3-30 中所列的塑料，若填充玻璃纤维等增强材质后，其脱模斜度应增加 1°
3.12	非成型部位未注公差尺寸的极限偏差应符合 GB/T 1804—2000 中 m 的规定
3.13	成型零件表面应避免有焊接熔痕
3.14	螺钉安装孔、推杆孔、复位杆孔等未注孔距公差的极限偏差应符合 GB/T 1804 中 f 的规定
3.15	模具零件图中螺纹的基本尺寸应符合 GB/T 196 的规定，选用的公差与配合应符合 GB/T 197 的规定
3.16	模具零件图中未注形位公差应符合 GB/T 1184—1996 中 H 的规定
3.17	非成型零件外形棱边应均应倒角或倒圆。与型芯、推杆和配合的孔在成型面和分型面的交接边缘不允许倒角或倒圆

塑料注射模零件技术条件

6.4　塑料成型模具零件材料与热处理的选用实例

【实例 6-1】肥皂盒上盖、肥皂盒底座塑件简图如图 6-65、图 6-66 所示，图 6-67 为注射成型这对配套塑件的注射模具装配图简图。请根据本书提供的经验数据或查阅设计手册，将图 6-67 所示注射模具装配图简图标题栏中的空白栏(模具零件材料及热处理)填写完整。

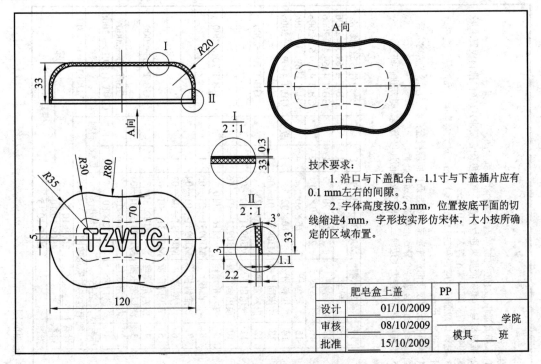

技术要求：
　1. 沿口与下盖配合，1.1寸与下盖插片应有0.1 mm左右的间隙。
　2. 字体高度按0.3 mm，位置按底平面的切线缩进4 mm，字形按实形仿宋体，大小按所确定的区域布置。

肥皂盒上盖		PP	
设计	01/10/2009		学院
审核	08/10/2009		模具____班
批准	15/10/2009		

图 6-65　肥皂盒上盖塑件简图

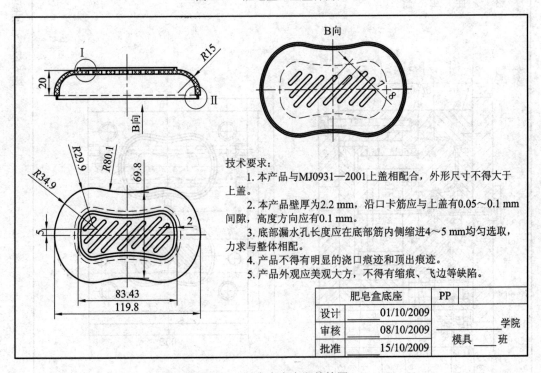

技术要求：
　1. 本产品与MJ0931—2001上盖相配合，外形尺寸不得大于上盖。
　2. 本产品壁厚为2.2 mm，沿口卡筋应与上盖有0.05～0.1 mm间隙，高度方向应有0.1 mm。
　3. 底部漏水孔长度应在底部筋内侧缩进4～5 mm均匀选取，力求与整体相配。
　4. 产品不得有明显的浇口痕迹和顶出痕迹。
　5. 产品外观应美观大方，不得有缩痕、飞边等缺陷。

肥皂盒底座		PP	
设计	01/10/2009		学院
审核	08/10/2009		模具____班
批准	15/10/2009		

图 6-66　肥皂盒底座塑件简图

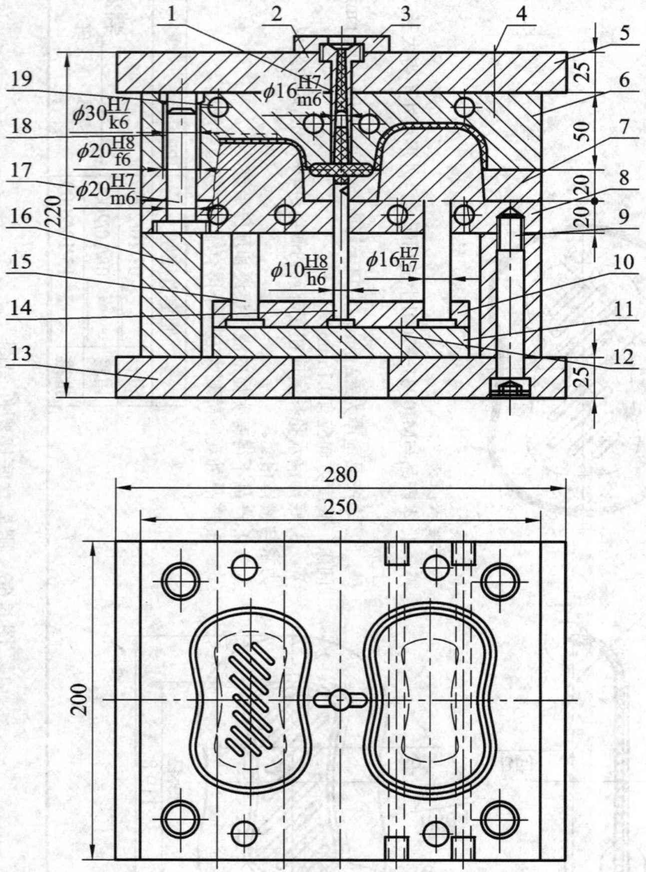

技术要求:

1. 本模具适用SZ100/60或相近规格的注射机生产。
2. 推料板与凸模斜面要求进行研配, 其精度要配合要求H7/f6; 推料板要求采用耐磨的45锻件; 其间隙不得大于0.03 mm。
3. 进料口截面尺寸应锥制在0.5 mm×1 mm, 过大会影响产品质量; 进料口长度不应超过1 mm。
4. 模具在长期使用时应注意推料板与凸模同隙检查, 特别注意飞边增大后残片留在该处的贴合边, 会导致推料板背面的加削磨损。
5. 推料板处出现较大飞边时, 将推料板背面加以磨削, 重新进行研配。

19	冷却水嘴	MJ0931—01—10	8		GB/T 4169.3—2006
18	导套	20×50	4		GB/T 4169.4—2006
17	导柱	20×90	4		GB/T 4169.6—2006
16	垫块	200×40×90	2		GB/T 4169.13—2006
15	复位杆	16×80	4		GB/T 4169.13—2006
14	拉料杆	10×92	1	改制	GB/T 4169.1—2006
13	动模固定板	MJ0931—01—08	1		
12	内六角螺丝	M10×25	4		GB/T 70—2000
11	顶出板	MJ0931—01—07	1		
10	顶出固定板	MJ0931—01—06	1		
9	内六角螺丝	M16×110	6		GB/T 70—2000
8	推料板	MJ0931—01—05	1		
7	凸模	MJ0931—01—04	1		
6	型腔	MJ0931—01—03	1		
5	定模固定板	MJ0931—01—02	1		
4	内六角螺丝	M12×30	3		GB/T 70—2000
3	浇口套压圈	MJ0931—01—01	1		
2	内六角螺丝	M4×15	6		GB/T 4169.19—2006
1	浇口套	12×80	1		MJ0931—01—00
序号	名称	零件编号	数量	材料	备注

设计		2009.10.8	共　　页	模具　　学院
审核		2009.10.10		班
批准		2009.10.15		

图 6-67　注射模具装配图简图

肥皂盒注射模总装图

【解】根据装配图的结构特征，对照本书参考经验数据以及国家标准，填写标题栏中的空白栏(模具零件材料及热处理)，注射模具装配图简图如图 6-68 所示。

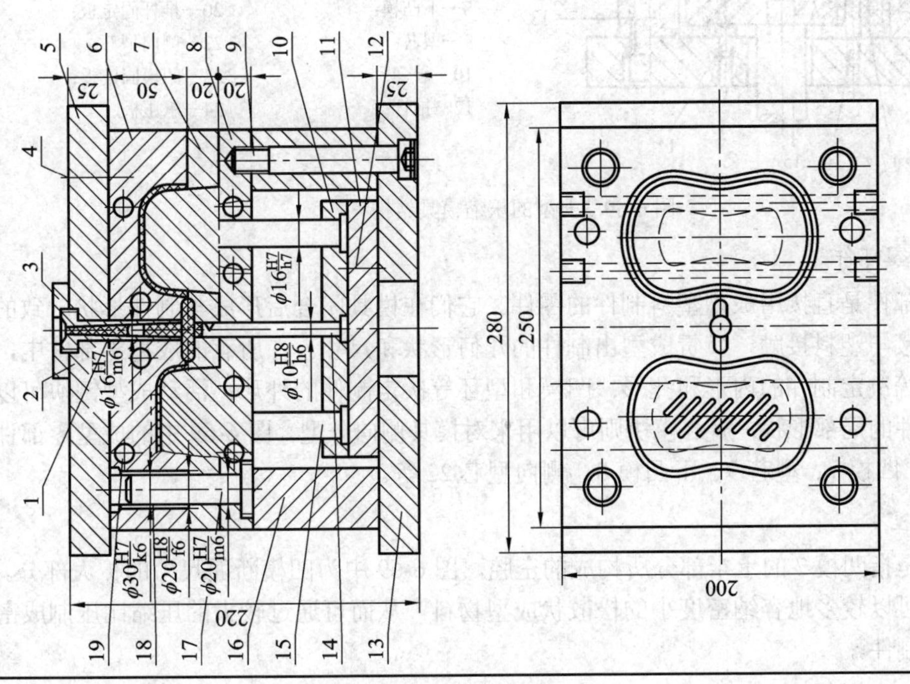

技术要求：

1. 本模具适用SZ100/60或相近规格的注射机的注射生产。
2. 推料板与凸模斜面要求进行研配，其精度配合要求H7/f6；推料板要求采用耐磨的45锻件；其间隙不得大于0.03 mm。
3. 进料口截面尺寸应控制在0.5 mm×1 mm，进料口长度不应超过1 mm。
4. 模具在长期使用时应注意推料板与凸模同模间隙检查；特别注意飞边增大后，会导致推料板的加剧磨损。
5. 推料板处出现较大飞边时，将推料板背面加以刷磨削。残片留在该处的贴合边，重新进行研配。

序号	名称	零件编号	数量	材料	外购件或选用标准
19	冷却水嘴	MJ0931—01—10	8		GB/T 4169.3—2006
18	导套	20×50	4		GB/T 4169.4—2006
17	导柱	20×90	4		GB/T 4169.6—2006
16	垫块	200×40×90	2		GB/T 4169.13—2006
15	复位杆	16×80	4		GB/T 4169.1—2006
14	拉料杆	10×92	1	改制	
13	动模固定板	MJ0931—01—08	1	45	
12	内六角螺丝	M10×25	4		GB/T 70—2000
11	顶出固定板	MJ0931—01—07	1	45	锻件
10	顶出固定板	MJ0931—01—06	1	45	锻件
9	内六角螺丝	M16×110	6		GB/T 70—2000
8	凸模	MJ0931—01—05	1	45	锻件
7	推料板	MJ0931—01—04	1	45	氮化
6	型腔	MJ0931—01—03	1	45	调质
5	定模固定板	MJ0931—01—02	1	45	
4	内六角螺丝	M12×30	3		GB/T 70—2000
3	浇口套压圈	MJ0931—01—01	1	45	淬火
2	内六角螺丝	M4×15	6		GB/T 70—2000
1	浇口套	12×80	1		GB/T 4169.19—2006

设计		2009.10.8	肥皂盒注射模总装图		备注
审核		2009.10.10		学院	MJ0931—01—00
批准		2009.10.15	模具	___班	

图 6-68　注射模具装配图简图

6.5　其他塑料成型模具零件材料及热处理的选用

6.5.1　压缩成型模具零件材料及热处理的选用

1. 压缩模的组成零件

压缩成型模具简称压缩模，典型的压缩模具结构如图 6-1、图 6-2、图 6-69 所示。图 6-69 所示模具属于倒装结构，即凸模安装在下模部分。压缩模具可分为装于压机上模板的上模和装于下模板的下模两大部件。上下模闭合使装于加料室和型腔中的塑料受热受压，成为熔融状态充满整个型腔。当制件固化成型后，上下模打开，利用推出装置推出制件。若按零部件的功能划分，压缩模具可像注塑模一样分为以下几大部分：

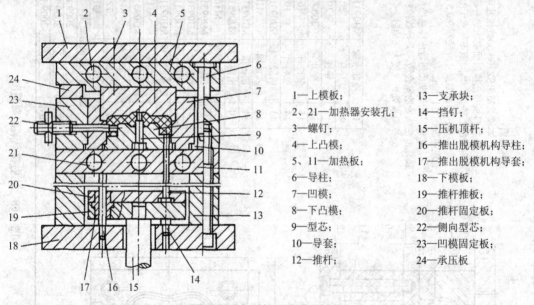

1—上模板；	13—支承块；
2、21—加热器安装孔；	14—挡钉；
3—螺钉；	15—压机顶杆；
4—上凸模；	16—推出脱模机构导柱；
5、11—加热板；	17—推出脱模机构导套；
6—导柱；	18—下模板；
7—凹模；	19—推杆推板；
8—下凸模；	20—推杆固定板；
9—型芯；	22—侧向型芯；
10—导套；	23—凹模固定板；
12—推杆；	24—承压板

图 6-69　典型的压缩模具结构

1) 成型零部件

成型零部件是直接用成型塑料制件的零件。它们在模具闭合后形成与制件形状一致的型腔，并直接与塑料接触，负责成型出制件的几何形状和尺寸。在所有的成型零部件中，凸模和型芯等决定制件的内形和孔形；凹模和型环等决定制件的外形；活动成型镶块可以用来决定制件的局部形状；瓣合模块则可以用来对模具侧向分型。图 6-69 中的成型零部件有上凸模 4、凹模 7、型芯 9、下凸模 8、侧向型芯 22 等。

2) 加料室

加料室是指凹模 7 的上半部分所构成的空腔，图 6-69 中为凹模断面尺寸的扩大部分。利用加料室可以较多地容纳密度小的松散状成型物料，从而可通过较大的压缩比压制成密度大的塑料制件。

3) 支承零部件与合模导向机构

压缩模中的各种固定板、垫板、垫块以及上、下模板等，用来固定和支承压缩模中其他各种功能的零部件，并将压机的力能传递给成型零部件和成型塑料。图 6-69 中的上模板1、凹模固定板(加热板)11、支承块 13、下模板 18、承压板 24 等均属于支承零件。

与注塑模相似，压缩模一般有合模导向机构，以保证上模和下模两大部分或模具内部其他零部件之间准确对合。合模导向机构主要由导柱和导套构成，如图 6-69 中的导柱 6、导套 10。

支承部件与合模导向机构是压缩模中的基本结构零部件，将它们组装起来，可以构成压缩模架。任何压缩模都可借用这种模架为基础，再添加成型零部件和其他一些必要的功能结构来形成。

4) 推出脱模机构

压缩模一般也都需要设置推出脱模机构，与注塑模相似，常用的推出零件有推杆、推管、推板(脱模板)、推块、凹模型腔板等。图 6-69 所示模具的推出机构由推杆 12、推杆推板 19、压机顶杆 15 和推杆固定板 20 等零件组成。通过压机顶杆 15 顶动推杆推板 19、带动推杆 12 向上运动，完成制件推出脱模动作。

压缩模的推出脱模机构有手动、机动、气动等不同类型，以及一次推出、二次推出和双脱模等不同机构形式。它们与注塑模中相应的推出脱模机构类型具有相似的运动形式，设计时可参考注塑模中的有关内容。

5) 侧向分型抽芯机构

与注塑模一样，当塑件带有侧孔、侧凹时，模具必须设置侧向分型抽芯机构，才能使制件脱出，图 6-69 中的零件 22 就是一个利用手动操作的侧向抽芯机构。设计时可参照注塑模中有关内容，但应注意注塑模成型是先合模后注射塑料，而压缩模成型是先加料后合模，故注塑模的某些侧向分型抽芯机构不能应用于压缩模。

6) 排气机构

压缩成型过程中，必须进行排气。排气方法有利用模内的排气结构自然排气、通过压机短暂卸压排放等两种，可参照注塑模排气结构进行设计。

7) 加热系统

热固性塑料压缩成型需要在较高的温度下进行，必须高于塑料的固化交联温度，因此模具必须加热。常见的加热方式有电加热、蒸汽加热、煤气或天然气加热等。一般不使用热油加热，以免渗出的压力油与空气接触产生爆炸性混合物而造成意外事故。图 6-69 中加热板 5、11 内设有电热器安装孔 2、21，在圆孔中插入电热棒，通过电热棒分别对凹模、凸模进行加热。

2. 压缩模的分类

压缩模与注塑模一样，分类方法很多，可按模具在压机上的连接方式进行分类，也可按模具的加料室形式进行分类，还可以按模具分型面形式、型腔数目、制件推出方式进行分类等。

(1) 按模具在压机上的连接方式或固定形式，压缩模可分为移动式、半固定式、固定式等三种。

(2) 按压缩模加料室的形式，压缩模可分为敞开式(溢式)压缩模、封闭式(不溢式)压缩模、半敞开式(半溢式)压缩模、带加料板的压缩模、半封闭式压缩模。

(3) 按分型面形式，压缩模可分为水平分型面压缩模、垂直分型面压缩模、复合分型面压缩模。

(4) 按成型型腔数目，压缩模可分为单型腔压缩模和多型腔压缩模。

3. 压缩模零件材料及热处理的选用

压缩模零件材料及热处理的选用见表 6-9。

表 6-9　压缩模、压注模零件常用材料及热处理

零件类型	零件名称	材料牌号	热处理方法	硬度/HRC	说　明
成型零件	凹模 凸模 成型镶件 成型推杆 型芯 螺纹型芯 螺纹型环	T8A，T10A	淬火	54～58	用于形状简单的小型腔、型芯
		CrWMn CrNiMo Cr12MoV Cr12 Cr4Mn2SiWMoV	淬火	54～58	用于形状复杂、要求热处理变形小的型腔、型芯或镶件和增强塑料的成型模具
		18CrMnTi 15CrMnMo	渗碳、淬火	54～58	
		40CrMnMo	淬火	54～58	用于高耐磨、高强度和高韧性的大型型芯、型腔等
		38CrMoA1A	调质氮化	1000 HV	用于形状复杂、要求耐腐蚀的高精度型腔、型芯
		45	调质 淬火	22～26 43～48	用于形状简单、要求不高的型腔、型芯
模体零件	垫板 浇口板 锥模套	45	淬火	43～48	
	上、下模板 上、下模座板	45	调质	43～48	
	加热板	45	调质	50～55	
	固定板	45，Q235	调质	43～48	
	推件板	T8A，T10A 45	淬火 调质	54～58	
浇注系统零件	主流道衬套 拉料杆 拉料套 分流锥	T8A，T10A	淬火	50～55	

零件类型	零件名称	材料牌号	热处理方法	硬度/HRC	说　　明
导向零件	导柱	20 T8，T10	渗碳、淬火 淬火	56～60	
	导套	T8A，T10A	淬火	50～55	
	限位导柱 推板导柱 推板导套 导钉	T8A，T10A	淬火	50～55	
抽芯机构零件	斜导柱 滑块 斜滑块	T8A，T10A	淬火	54～58	
	锲块	T8A，T10A 45	淬火	54～58 43～48	
推出机构零件	推杆 推管 推板	T8A，T10A	淬火	54～58	
	推块 复位杆	45	淬火	43～48	
	尾轴	45	淬火	43～48	
	挡块、挡钉	45	淬火	43～48	
	推杆固定板 卸模杆固定板	45，Q235			
定位零件	圆锥定位件	T10A	淬火	58～62	
	定位圈	45，Q235			
	定位螺钉 限位钉 限制块	45	淬火	43～48	
支承零件	支承柱 承压板	45	淬火	43～48	
	垫块	45，Q235			
其他零件	加料圈 柱塞	T8A，T10A	淬火	50～55	
	手柄 套筒	Q235			
	喷嘴 水嘴	黄铜			
	吊钩	45，Q235			

6.5.2　压注成型模具零件材料及热处理的选用

由于压注成型工艺能成型比较精密的带细薄嵌件的塑料制件，对设备要求不高，即可在专用压注机和普通压注机上进行，对原料无特殊要求，因此在某些行业得到了广泛应用。

压注成型工艺吸收了注塑和压制工艺的特点，因此，压注模兼有压制模和注塑模的结构特点。例如，压注模有单独的外加料室，物料塑化是在加料室内进行，因此模具需设置加热装置，同时与压注模和注塑模一样，具有浇注系统。物料在加料室内预热熔融，在压柱的作用下经过浇注系统，以高速挤入型腔，在型腔内既受热又受压，最后交联硬化成型。

1. 压注模的结构组成

图 6-70 所示为典型的移动式压注模，它在开模时分为下模、与上模连在一起的加料室和压柱三部分。打开上分型面 I-I，拔出主流道废料并清理加料室。打开下分型面 II-II，取制件和分流道废料。与压制模具相仿，压注模具可分为以下几大部分：

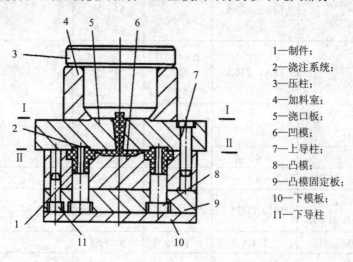

1—制件；
2—浇注系统；
3—压柱；
4—加料室；
5—浇口板；
6—凹模；
7—上导柱；
8—凸模；
9—凸模固定板；
10—下模板；
11—下导柱

图 6-70　移动式压注模

1) 成型零部件

成型零部件指直接成型塑件的部位，它由凸模、凹模、型芯和侧向型芯等组成，如图 6-70 中型腔由零件 5、6、8 等组成。分型面配合形式与敞开式压制模相仿，此模为多型腔压注模。

2) 加料室

图 6-70 中加料室由压柱 3 和加料室 4 构成。移动式压注模的加料室和模具本身是可分离的，开模前先敲下加料室，然后开模取出制件并将压柱从加料室内取出。固定式压注模的加料室与上模连接在一起。

3) 浇注系统

多型腔压注模的浇注系统与注塑模相似，同样可分为主流道、分流道和浇口，如图 6-70 中所示由零件 5、6 等组成。单型腔压注模一般只有主流道。与注塑模不同的是，加料室底部可开设几个流道同时进入型腔。

4) 导向机构

导向机构一般由导柱和导套组成，有时也可省去导套，直接由导柱和模板上的导向孔导向。在压柱和加料室之间，在型腔和各部分型面之间及推出机构中，均应设导向机构。图 6-70 中的导向机构由零件 7、11 等组成。

5) 加热系统

在固定式压注模中，对压柱、加料室和上下模部分应分别加热，加热方式通常有电加热、蒸汽加热等。

除上述几部分外，压注模也有与注塑模、压制模类似的脱模机构和侧向分型抽芯机构等。

2. 压注模的分类

压注模可按固定方式分为移动式压注模和固定式压注模，目前国内移动式压注模占绝大多数。按型腔数目可分为单腔模和多腔模。按分型面特征可分为一个或两个水平分型面压注模和带垂直分型面的压注模，后者用于生产线轴型制件或其他带有侧孔或侧凹的制件。

图 6-3 所示为固定式压注模。固定式压注模的上、下模两部分分别与压机的滑块和工作台面固定连接，压柱固定在上模部分。生产操作均在压机工作空间进行。塑料制件脱模由模内的推出脱模机构保证，劳动强度较低，生产效率较高，主要适用于制件批量较大的压注成型生产。与移动式压注模相似，压柱对加料室内物料施加的成型压力，同时也起合模力的作用。

图 6-71 所示为上加料室固定式压注模，柱塞和加料室在模具上部，因此辅助缸应安装在压机的上方，自上而下进行压注。主缸位于压机上方，自下而上进行闭模动作。它的工作过程是先闭模，再加料，最后压注推出塑件。

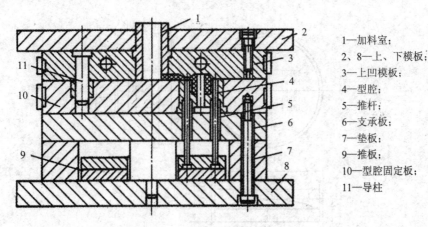

1—加料室；
2、8—上、下模板；
3—上凹模板；
4—型腔；
5—推杆；
6—支承板；
7—垫板；
9—推板；
10—型腔固定板；
11—导柱

图 6-71　上加料室固定式压注模

图 6-72 所示为下加料室固定式压注模，将推杆、柱塞设计在模具的下方，因此辅助缸应安装在压机下方，主缸则设置在压机上方，自上而下完成闭模动作。它的工作过程是先加料，后闭模，最后压注推出塑件。

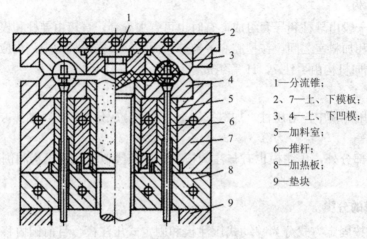

图 6-72　下加料室固定式压注模

1—分流锥;
2、7—上、下模板;
3、4—上、下凹模;
5—加料室;
6—推杆;
8—加热板;
9—垫块

3. 压注模零件材料及热处理的选用

压注模零件材料及热处理的选用见表 6-9。

复习与思考题

6-1　图 6-73 所示为塑料卡盖塑件简图(材料为聚丙烯，生产批量为大批量)，图 6-74 所示为成型该塑件的注射模具装配图简图，表 6-10 为模具零件明细表。请根据本书提供的经验数据或查阅设计手册，将该模具零件明细表中的空白栏(模具零件材料及热处理)填写完整。

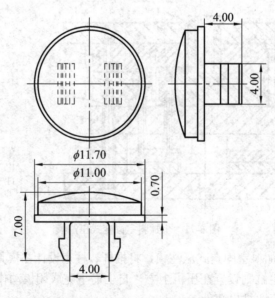

图 6-73　塑料卡盖塑件简图

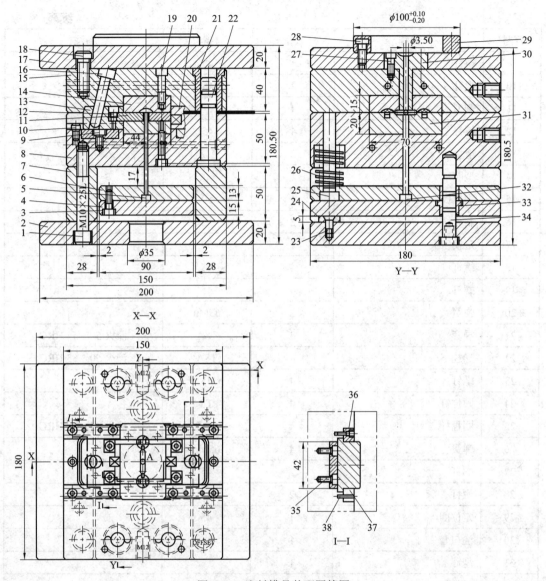

图 6-74　注射模具装配图简图

表 6-10　模具零件明细表

序号	名　称	数量	材料	备　注
1	螺钉	4	45	
2	动模座板	1		
3	螺钉	4	45	
4	推板	1		
5	推杆(B)	2	Cr12	
6	推杆固定板	1		
7	垫块	2		
8	动模板	1		

序号	名称	数量	材料	备注
9	螺钉	4	45	
10	螺钉	2	45	
11	侧型芯	4		
12	螺钉	4	45	
13	滑块	2	718	
14	型腔	1		
15	定模板	1	50	
16	斜导柱	2		
17	定模座板	1	50	
18	螺钉	4	45	
19	螺钉	4	45	
20	弹簧	2	65Mn	
21	导套	4	T8A	淬火 50~55 HRC
22	导柱	4	T8A	淬火 50~55 HRC
23	螺钉	4	45	
24	限位钉	4	T8	
25	回程杆	4	Cr12	淬火 45~50 HRC
26	弹簧	4	65Mn	
27	螺钉	2	45	
28	螺钉	2	45	
29	定位圈	1	45	
30	浇口套	1		
31	型芯	1		
32	推杆(A)	1		
33	推板导套	2		
34	推板导柱	2		
35	耐磨块	2	718	
36	螺钉	8	45	
37	压条	4	718	
38	销钉	4		

6-2　注射成型图 6-75 所示胀管的注射模如图 6-76 所示，表 6-11 为模具零件明细表。请根据本书提供的经验数据或查阅设计手册，将该模具零件明细表中的空白栏(模具零件材料及热处理)填写完整。

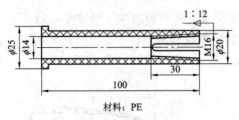

材料：PE

图 6-75 胀管简图

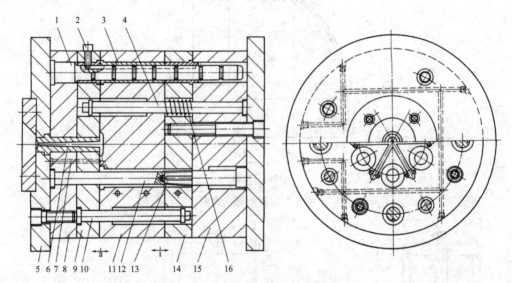

图 6-76 胀管注射模装配图

表 6-11 胀管注射模零件明细表

序号	名称	数量	材料	热处理硬度	备注
1	导柱	4			
2	限位钉	4			
3	导套	4			
4	动模拉杆	4			
5	定模座板	1			
6	喷嘴	1			
7	拉料杆	6			
8	定模板	1			
9	推板	1			
10	定模拉杆	4			
11	前型腔板	1			
12	芯杆	6			
13	螺纹型芯	6			
14	后型腔板	1			
15	动模板	1			
16	弹簧	4			

6-3 注射成型图 6-77 所示直角弯头的注射模如图 6-78 所示，表 6-12 为模具零件明细表。请根据本书提供的经验数据或查阅设计手册，将该模具零件明细表中的空白栏(模具零件材料及热处理)填写完整。

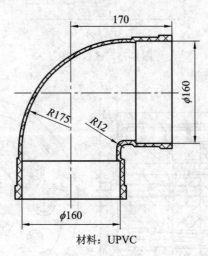

材料：UPVC

图 6-77 直角弯头简图

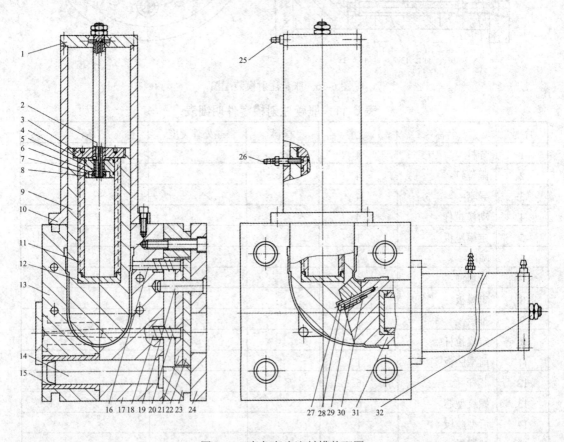

图 6-78 直角弯头注射模装配图

表 6-12　直角弯头注射模零件明细表

序号	名　称	数量	材料	热处理硬度	备　注
1	活塞杆固定板	2			
2	活塞杆	2			
3	缸体盖	2			
4	"O"形圈	4			
5	堵头	2			
6	垫片	2			
7	螺母1	2			
8	活塞	2			
9	2#型芯	1			
10	型芯套	2			
11	镶套	2			
12	闷盖	2			
13	定模座板	1			
14	导柱	4			
15	导套	4			
16	顶杆	2			
17	动模板	1			
18	脱料杆	1			
19	小导柱	4			
20	弹簧1	3			
21	顶杆(推杆)固定板	1			
22	顶板(推杆)	1			
23	支承块(垫块)	2			
24	动模座板	1			
25	油嘴	4			
26	长水嘴	4			
27	斜导销	1			
28	限位螺钉	1			
29	斜滑块	1			
30	弹簧2	1			
31	1#型芯	1			
32	螺母2				

6-4　压缩成型图 6-79 所示螺纹瓶盖(酚醛塑料)的压缩模如图 6-80 所示，表 6-13 为模具零件明细表。请根据本书提供的经验数据或查阅设计手册，将该模具零件明细表中的空白栏(模具零件材料及热处理)填写完整。

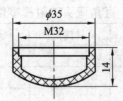

图 6-79 螺纹瓶盖零件简图

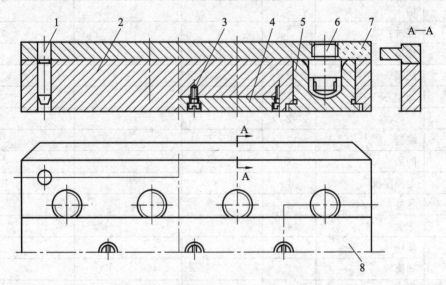

1—导柱；2—下模套；3—螺钉；4—下模定位块；5—下模；6—上模；7—上模板；8—上模定位块

图 6-80 螺纹瓶盖压缩模简图

表 6-13 螺纹瓶盖压缩模零件明细表

序 号	名 称	材 料	热处理硬度	备 注
1	导柱			
2	下模套			
3	螺钉			
4	下模定位块			
5	下模			
6	上模			
7	上模板			
8	上模定位块			

6-5 压缩成型图 6-81 所示螺纹轴套(酚醛塑料)的压缩模如图 6-82 所示，表 6-14 为模具零件明细表。请根据本书提供的经验数据或查阅设计手册，将该模具零件明细表中的空白栏(模具零件材料及热处理)填写完整。

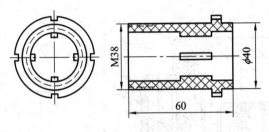

图 6-81　螺纹轴套零件简图

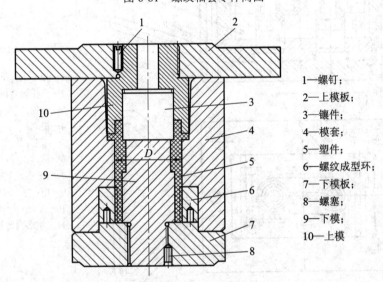

1—螺钉;

2—上模板;

3—镶件;

4—模套;

5—塑件;

6—螺纹成型环;

7—下模板;

8—螺塞;

9—下模;

10—上模

图 6-82　螺纹轴套压缩模简图

表 6-14　压缩模零件明细表

序　号	名　　称	材　料	热处理硬度	备　注
1	螺钉			
2	上模板			
3	镶件			
4	模套			
6	螺纹成型环			
7	下模板			
8	螺塞			
9	下模			
10	上模			

6-6　压注成型凸缘衬套(环氧树脂塑料)的压注模如图 6-83 所示, 表 6-15 为模具零件明细表。请根据本书提供的经验数据或查阅设计手册, 将该模具零件明细表中的空白栏(模具零件材料及热处理)填写完整。

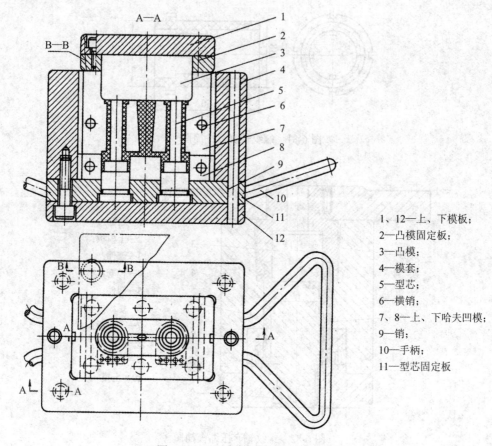

1、12—上、下模板；
2—凸模固定板；
3—凸模；
4—模套；
5—型芯；
6—横销；
7、8—上、下哈夫凹模；
9—销；
10—手柄；
11—型芯固定板

图 6-83　凸缘衬套移动式压注模简图

表 6-15　凸缘衬套移动式压注模零件明细表

序 号	名　称	材　料	热处理硬度	备　注
1	螺钉			
2	上模板			
3	镶件			
4	模套			
6	螺纹成型环			
7	下模板			
8	螺塞			
9	下模			
10	上模			

项目七　其他模具零件材料与
热处理的选用

◎ **学习目标**

- 了解压铸模、热锻模、热挤压模、热冲裁模、玻璃模零件材料及热处理的选用。

◎ **主要知识点**

- 压铸模零件材料及热处理的选用。
- 热锻模零件材料及热处理的选用。
- 热挤压模零件材料及热处理的选用。
- 热冲裁模零件材料及热处理的选用。
- 玻璃模零件材料及热处理的选用。

7.1　压铸模零件材料及热处理的选用

7.1.1　压铸模的组成与典型结构

金属压铸是机械化程度和生产效率很高的生产方法，是先进的少、无切削工艺。压铸生产可以将熔化的金属直接压铸成各种结构复杂、尺寸精确、表面光洁、组织致密以及镶衬组合的零件。

压铸模具分锌合金压铸模具、铝合金压铸模具、铜合金压铸模具、黑色金属压铸模具。各类模具分别用于压铸锌合金(或镁合金)、铝合金、铜合金或黑色金属(钢铁)铸件。压铸件中以铝合金铸件需求量最大，锌合金制件及铜合金制件次之。

压力铸造是在高压作用下，将液态或半液态金属以极高的速度充填入金属铸型(压铸模)型腔，并在压力作用下凝固而获得铸件的方法。压铸模、压铸设备和压铸工艺是压铸生产的三个要素。在这三个要素中，压铸模最为关键。

1. 压铸模的组成

压铸模是由定模和动模两个主要部分组成的。定模固定在压铸机压室一方的定模座板上，是金属液开始进入压铸模型腔的部分，也是压铸模型腔的所在部分之一。定模上有直浇道直接与压铸机的喷嘴或压室连接。动模固定在压铸机的动模座板上，随动模座板向左、向右移动，与定模分开、合拢，一般抽芯和铸件顶出机构设在其内。

压铸模的基本结构如图 7-1 所示。

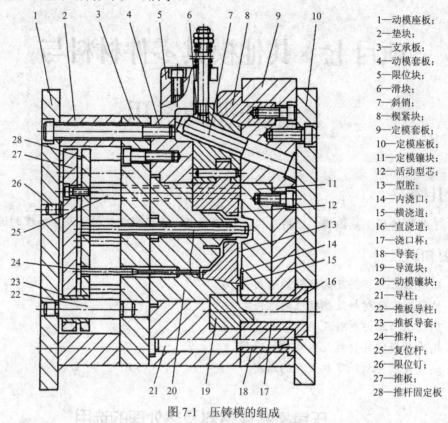

1—动模座板；
2—垫块；
3—支承板；
4—动模套板；
5—限位块；
6—滑块；
7—斜销；
8—楔紧块；
9—定模套板；
10—定模座板；
11—定模镶块；
12—活动型芯；
13—型腔；
14—内浇口；
15—横浇道；
16—直浇道；
17—浇口杯；
18—导套；
19—导流块；
20—动模镶块；
21—导柱；
22—推板导柱；
23—推板导套；
24—推杆；
25—复位杆；
26—限位钉；
27—推板；
28—推杆固定板	

图 7-1　压铸模的组成

1) 成型部分

定模与动模合拢后，形成一个构成铸件形状的空腔(成型空腔)，通常称为型腔，而构成型腔的零件即为成型零件。成型零件包括固定的和活动的镶块与型芯。有时，又可以同时成为构成浇注系统和排溢系统的零件，如局部的横浇道、内浇口、溢流槽和排气槽等部分。

2) 模架

模架包括各种模板、座架等构架零件，其作用是将模具各部分按一定的规律和位置加以组合和固定，并使模具能够安装到压铸机上，如图 7-1 中的 4、9、10 等就属于这类零件。

3) 导向零件

图 7-1 中的 18、21 为导向零件，其作用是准确地引导动模和定模合拢或分离。

4) 顶出机构

顶出机构是将铸件从模具上脱出的机构，包括顶出和复位零件，还包括这个机构自身的导向和定位零件，如图 7-1 中的 22、23、24、25、27、28。对于在重要部位和易损部分(如浇道、浇口处)的推杆，应采用与成型零件相同的材料来制造。

5) 浇注系统

与成型部分及压室连接，引导金属液按一定的方向进入铸型的成型部分，它直接影响金属液进入成型部分的速度和压力，由直浇道、横浇道和内浇口等组成，如图 7-1 中的 14、15、16、17、19。

6) 排溢系统

排溢系统是排除压室、浇道和型腔中的气体的通道，一般包括排气槽和溢流槽。溢流槽是储存冷金属和涂料余烬的处所。有时在难以排气的深腔部位设置通气塞，借以改善该处的排气条件。

7) 其他零件

除前述的各结构单元外，模具内还有其他如紧固用的螺栓、销钉以及定位用的定位件等。

上述的结构单元是每副模具都必须具有的。此外，由于铸件的形状和结构上的需要，在模具上还常常设有抽芯机构，以便消除影响铸件从模具中取出的障碍。抽芯机构也是压铸模中十分重要的结构单元，其形式是多种多样的。另外，为了保持模具的温度场的分布，使其符合工艺的需要，模具内又设有冷却装置或冷却—加热装置。对实现科学地控制工艺参数和确保铸件质量来说，这一点尤其重要。具有良好的冷却(或冷却—加热)系统的模具，能使模具寿命有所延长，有时往往可以延长一倍以上。

压铸模的结构组成见表 7-1。

表 7-1 压铸模的结构组成

压铸模	模体	定模	型腔
			型芯
			镶块
		浇注系统	浇口套
			分流锥
			内浇口
			横浇道
			直浇道
		溢流排气系统	溢流槽
			排气槽、排气塞
	动模	抽芯机构	活动型芯
			滑块、斜滑块
			斜销、弯销、齿轮、齿条
			楔紧块、楔紧销
			限位钉、限位块
		导向部分	导柱、导套
		模体部分	套板、座板、支承板
		加热冷却系统	加热及冷却通道
	模架	推出机构	推杆、推管、卸料板
			推板、推杆、固定板
			复位杆、导柱、导套、限位钉
		预复位机构	摆轮、摆轮架
			预复位推杆
		模架	模脚垫块、座板

2. 压铸模的典型结构

热室压铸机用压铸模的基本结构如图 7-2 所示。

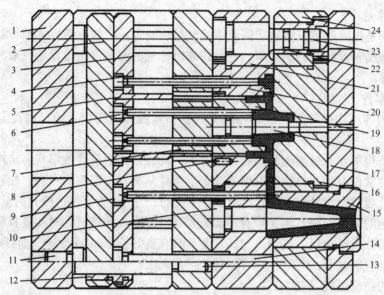

1—动模座板；2—推板；3—推杆固定板；4、6、9—推杆；5—扇形推杆；7—支承板；8—止转销；10—分流锥；
11—限位钉；12—推板导套；13—推板导柱；14—复位杆；15—浇口套；16—定位镶块；17—定模板；
18—型芯；19、20—动模镶块；21—动模座板；22—导套；23—导柱；24—定模套板

图 7-2　热室压铸机用压铸模的基本结构

立式冷室压铸机用压铸模的基本结构如图 7-3 所示。

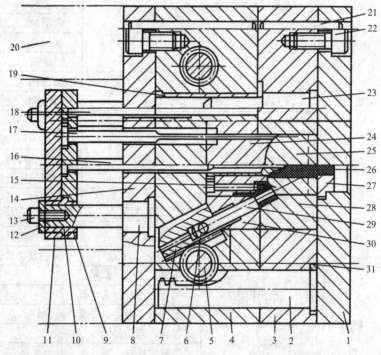

1—定模座板；2—传动齿条；3—定模套板；4—动模套板；5—齿轴；6、21—销；7—齿条滑块；
8—推板导柱；9—推杆固定板；10—推板导套；11—推板；12—限位垫圈；13、22—螺钉；14—支承板；
15—型芯；16—中心推杆；17—成形推杆；18—复位杆；19—导套；20—通用模座；23—导柱；
24、30—动模镶块；25、28—定模镶块；26—分流锥；27—浇口套；29—活动型芯；31—止转块

图 7-3　立式冷室压铸机用压铸模的基本结构

卧式冷室压铸机偏心浇口压铸模的基本结构如图 7-4 所示。

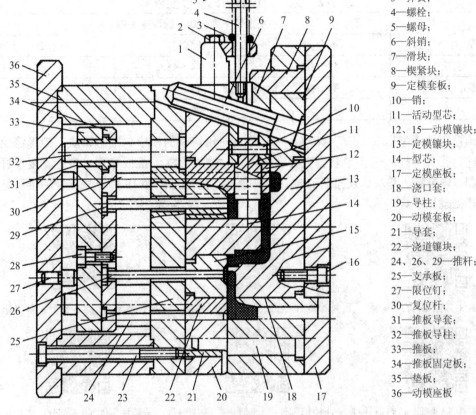

1—限位块；
2、16、23、28—螺钉；
3—弹簧；
4—螺栓；
5—螺母；
6—斜销；
7—滑块；
8—楔紧块；
9—定模套板；
10—销；
11—活动型芯；
12、15—动模镶块；
13—定模镶块；
14—型芯；
17—定模座板；
18—浇口套；
19—导柱；
20—动模板；
21—导套；
22—浇道镶块；
24、26、29—推杆；
25—支承板；
27—限位钉；
30—复位杆；
31—推板导套；
32—推板导柱；
33—推板；
34—推板固定板；
35—垫板；
36—动模座板

图 7-4　卧式冷室压铸机偏心浇口压铸模的基本结构

7.1.2　压铸模零件材料的选择及热处理

近年来，压铸成型已广泛应用于汽车、仪器仪表、航空航海、电机制造、日用五金等行业，在压铸设备、压铸方法、压铸材料等方面取得了很大进展。但是，如何选用及应用合适的模具材料，提高压铸模使用寿命，特别是高熔点金属(例如铜和黑色金属)的压铸模具寿命，是该项工艺发展的关键。

1. 压铸模具的工作条件及性能要求

压铸模具是在高压(30～150 MPa)下将 400～1600℃的熔融金属压铸成型。成型过程中，模具周期性地经加热和冷却，且受到高速喷入的灼热金属的冲刷和腐蚀。因此，模具用钢要求有较高的热疲劳抗力、导热性及良好的耐磨性、耐蚀性、高温力学性能。

压铸模具的选材主要依据浇铸金属的温度以及浇注金属的种类而定。温度越高，压铸模的破坏及磨损也越严重。

由于压铸模的各部件在不同条件下服役，受到浇注金属冲击而且磨损较严重，因此对压铸模的硬度要求应根据零件的用途以及浇注金属种类的不同而有所区别。例如，磨损较严重的部件应比那些主要在受热条件下工作的零件具有更高的硬度。

表 7-2 是某厂对压铸模的硬度要求,可供参考。各厂所要求的硬度高低各不相同,应根据具体情况而定。

表 7-2　某厂对压铸模的硬度要求

类别 零件名称	在压铸下列金属时的硬度/HRC		
	铜合金	铝合金	锌合金
型腔,型芯	44~48	44~48	45~50
分流锥,浇口套	44~48	44~48	45~50
推杆	45~50	45~50	45~50

压铸模零件国家标准 GB/T 4678.1~19 分别对压铸模的模板、圆形镶块、矩形镶块、带肩导柱、带头导柱、带头导套、直导套、推板、推板导柱、推板导套、推杆、复位杆、推板垫圈、限位钉、垫块、扁推杆、推管、支承柱、定位元件等 19 种类型零件的推荐选用材料及热处理做了详细规定。

压铸模零件 第1部分:模板　　压铸模零件 第2部分:圆形镶块　　压铸模零件 第3部分:矩形镶块

压铸模零件 第4部分:带肩导柱　　压铸模零件 第5部分:带头导柱　　压铸模零件 第6部分:带头导套

压铸模零件 第7部分:直导套　　压铸模零件 第8部分:推板　　压铸模零件 第9部分:推板导柱

压铸模零件 第10部分:推板导套　　压铸模零件 第11部分:推杆　　压铸模零件 第12部分:复位杆

压铸模零件 第13部分:推板垫圈　　压铸模零件 第14部分:限位钉　　压铸模零件 第15部分:垫块

压铸模零件　第16部分：扁推杆　　压铸模零件　第17部分：推管

压铸模零件　第18部分：支承柱　　压铸模零件　第19部分：定位元件

2. 压铸模的材料选择和热处理

压铸模成型部位(动、定模镶块，型芯等)及浇注系统使用的热模钢必须进行热处理，为保证热处理质量，避免出现畸变、开裂、脱碳、氧化和腐蚀等疵病，可在盐浴炉、保护气氛炉中保护加热或在真空炉中进行热处理，尤其是在高压气冷真空炉中淬火时，质量最好。

淬火前应进行一次除应力退火处理，以消除加工时残留的应力、减少淬火时的变形程度及开裂危险。淬火加热宜先预热两次，然后加热到规定温度，接着保温一段时间，最后油淬或气淬。压铸模零件淬火后即进行回火，以免开裂，回火次数 2～3 次。压铸铝、镁合金最适宜用的压铸模硬度为 43～48 HRC。为防止粘模，可在淬火处理后进行软氮化处理。压铸铜合金的压铸模硬度宜取低些，一般不超过 44 HRC。

压铸模主要零件材料的选用及热处理要求见表7-3。

表7-3　压铸模主要零件材料的选用及热处理要求

零件名称		压铸合金			热处理要求	
		锌合金	铝、镁合金	铜合金	压铸锌、铝、镁合金	压铸铜合金
与金属液接触的零件	型腔镶块、型芯、滑块中成型部位等成型零件	4Cr5MoSiV1 3Cr2W8V (3Cr2W8) 5CrNiMo 4CrW2Si	4Cr5MoSiV1 3Cr2W8V (3Cr2W8)	3Cr2W8V (3Cr2W8) 4Cr3Mo3W2V 4Cr3Mo3SiV 4Cr5MoSiV1	43～47 HRC (4Cr5MoSiV1) 44～48 HRC (3Cr2W8V)	38～42 HRC
	浇道镶块、浇口套、分流锥等浇注系统	4Cr5MoV1Si 3Cr2W8V (3Cr2W8)				
滑动配合零件	导柱、导套(斜销，弯销等)	T8A (T10A)			50～55 HRC	
	推杆	4Cr5MoSiV1, 3Cr2W8V(3Cr2W8)			45～50 HRC	
		T8A(T10A)			50～55 HRC	
	复位杆	T8A(T10A)			50～55 HRC	
模架结构零件	动、定模套板，支承板，垫块，动、定模底板，推板，推杆固定板	45			调质 220～250 HBS	
		Q235 铸钢				

注：1. 表中所列材料，先列者为优先选用。
　　2. 压铸锌、镁、铝合金的成型零件经淬火后，成型面可进行软氮化或氮化处理，氮化层深度为 0.08～0.15 mm，硬度≥600 HV。

3. 国外的压铸模用模具钢

对于铜合金压铸模镶块材料,国外大多采用 3Cr2W8V 钢,也有采用附加 w_{Co}= 2%~5%,或 w_{Ni}= 2%的钢;对铝镁合金压铸模镶块,大多采用铬钼系热模钢,如美国采用 H11、H12、H13,德国采用 X38CrMoV51,日本采用 SKD6 和 SKD61,俄罗斯采用铬钨系热模钢 4Cr5W2VSi。美国、德国、俄罗斯压铸模用钢的化学成分及应用范围分别见表 7-4~表 7-6。

表 7-4　美国压铸模用钢的化学成分(质量分数)和用途

类别	钢号	化学成分/%						用　途	相应钢号
		C	Cr	Mo	V	W	其他元素		
I	P-20	0.30	0.75	0.25			1.25 Ni	压铸锌合金镶块	30CrMo
	P-3	0.10	0.60						10CrNi
II	H-11	0.35	5.0	1.50	0.40			压铸铝、镁合金镶块。P-4 钢用于经受挤压的镶模	4Cr5MoVSi
	H-12	0.35	5.0	1.50	0.40	1.50			4Cr5MoWVSi
	H-13	0.35	5.0	1.50	0.10				4Cr5MoVSi
	H-14	0.40	5.0			5.0			4Cr5W5
	P-4	0.07	5.0						0Cr5
III	H-20	0.35	2.0			9.0		压铸铜合金镶块	3Cr2W8
	H-21	0.35	3.5			9.0			3Cr2W9
	Co-W	0.30	4.0		1.0	4.0	5.0Co		3Cr4W4Co5V
IV	H-26	0.50	4.0		1.0	18.0		推杆型芯,滑块,座板	5W18Cr4V
	H-42	0.60	4.0	5.0	2.0	6.0			6Cr4Mo5W6V2
	氮化钢	0.35	1.25	2.0			1.25A1		35CrMoA1
	4140	0.40	0.90	0.25			0.90Si		40CrSiMo

表 7-5　德国压铸模用钢的钢号、用途以及硬度和强度

钢号	用　途	硬度/HBS	σ_b/MPa	相应钢号	备　注
1740	座板、圈套等	205~250	700~850	60	适用于高载荷
2311		265~320	900~1000	4Cr2Mn2V	
2323	压铸锌合金镶块	320~455	1100~1400	4Cr5MoV	(1) 2343 和 2567 钢用于细型芯;
2343		320~455	1100~1400	4Cr5MoVSi	
2341		235~320	800~1100	10Cr4Mo	(2) 2341 钢用于经受冷挤压的镶块
2567		375~455	1300~1600	3Cr2W4V	
2343	压铸铝、镁合金镶块	405~455	1400~1600	4Cr5MoVSi	2365 和 2581 钢可用于直径达 15 mm 的型芯
2606		405~455	1400~1600	4Cr5MoWVSi	
2567		375~430	1300~1500	3Cr2W4V	
2365		450~455	1400~1600	3Cr3Mo3V	
2581		375~430	1300~1500	3CrW9V	

表 7-6 俄罗斯压铸模零件所采用的钢号

压模零件名称	在压铸下列材料时采用的钢号			
	锡铅合金	锌合金	铝镁合金	铜合金
凹模	y8A-y10A	5XHM 4XHB	5XHM 3X2B8Φ 4X2B8Φ 716	3X2B8Φ 4X2B8Φ 3H121
具有镶块的凹模	y8A-y10A	5XHM 7X3	3X2B8Φ 4XBC 5XHM	3X2B8Φ 4XBC 5XBC
镶块	y8A-y10A	5XHM 4XHM	3X2B8Φ 3H121 4X2B8Φ	3X2B8Φ 4XBC X12M
分流器	4X2B8Φ	4X2B8Φ	3X2B8Φ 4X2B8Φ 4XBC	X12M 3X2B8Φ
型芯	y8A-y10A	4X2B8Φ 5XHM	4XBC 4X2B8Φ	3X2B8Φ X12M
推杆衬套	y8A-V10A	y8A-y10A	y10A 3X2B8Φ	y10A 3X2BΦ

7.1.3 压铸模零件材料及热处理选用实例

【实例 7-1】 图 7-5 所示为屏蔽盒压铸件简图,材料为 YZAlSi12,合金代号为 YL102,压铸件未注尺寸精度取 IT14 级,未注铸造圆角为 R1.5。图 7-6 所示为屏蔽盒压铸模装配图简图。请根据本书及有关设计手册,选择模具零件材料及热处理。

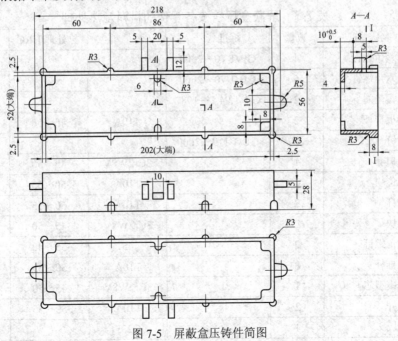

图 7-5 屏蔽盒压铸件简图

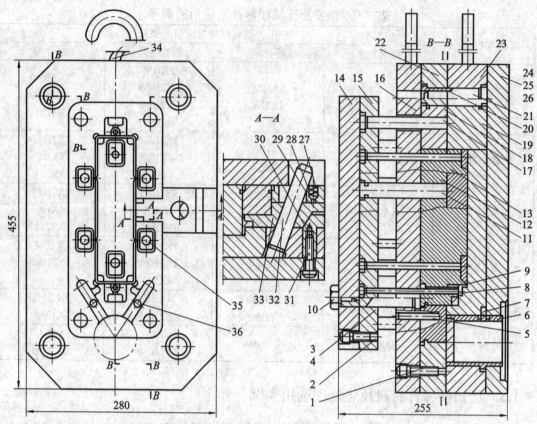

图 7-6　屏蔽盒压铸模装配图简图

【解】 根据本书推荐并查阅设计手册，确定屏蔽盒压铸模各零件的材料及热处理见表 7-7。

表 7-7　屏蔽盒压铸模各零件的材料及热处理

序号	名　称	数量	标准代号	材　料	热处理/HRC	备　注
1	内六角螺钉	4	GB/T 70—2000			M12×45
2	内六角螺钉	6	GB/T 70—2000			M12×40
3	弹簧垫圈	2	GB/T 94.1—1987			弹簧垫圈 16
4	推板导杆	2		T10A	45～50	
5	销钉	2	GB/T 119—2000			销 16×45
6	浇口套	1		3Cr2W8V	45～50	表面氮化
7	定位块	1		T10A	50～55	
8	推杆	2		T10A	50～55	
9	镶块	2		3Cr2W8V	45～50	表面氮化
10	六角螺钉	2		45	35～40	
11	扁推杆	8		T10A	50～55	
12	动模型芯	1		3Cr2W8V	45～50	表面氮化
13	推杆	2		T10A	50～55	
14	推板	1		Q235		

续表

序号	名　称	数量	标准代号	材　料	热处理/HRC	备　注
15	推杆固定板	1		Q235		
16	动模固定板	1		Q235		
17	复位杆	4		T10A	50～55	
18	动模模块	1		3Cr2W8V	45～50	表面氮化
19	定模模块	1		3Cr2W8V	45～50	表面氮化
20	带头导套	4		T10A	50～55	
21	有肩导柱	4		T10A	50～55	
22	动模套板	1		45		
23	定模套板	1		45		
24	定模固定板	1		Q235		
25	内六角螺钉	4	GB/T 70—2000			M12×45
26	销钉	2	GB/T 119—2000			销 16×45
27	螺塞	1		45	30～35	
28	弹簧	1		4Cr13	30～35	
29	定位钉	1		T10A	50～55	
30	楔紧块	1		T10A	50～55	
31	内六角螺钉	2	GB/T 70—2000			M8×40
32	斜导柱	1		T10A	50～55	
33	滑块	1		3Cr2W8V	45～55	表面氮化
34	吊钩	2		45		
35	推杆	4		T10A	50～55	
36	推杆	2		T10A	50～55	

7.2　热锻模零件材料及热处理的选用

热锻模是在高温下通过冲击力或压力对金属坯料进行热加工成型的模具。热锻模包括锤锻模、压力机锻模、热墩模、精锻模和高速锻模等，其中锤锻模最有代表性。热锻模用钢主要用于各种尺寸的锤锻模、平锻机锻模、大型压力机锻模等。

7.2.1　热锻模的工作条件与性能要求

锤锻模是在模锻锤上使用的热作模具，锤锻模工作时受到很大的压应力和冲击载荷的作用，而且冲击频率很高。金属坯料的温度一般为 850～1150℃，模具型腔表面接受炽热金属的不断加热，可使模具升温到 300～400℃，局部温度可达 500～700℃。因此，锻完一个零件毛坯之后，必须用水或油冷却模具，以对模具起急冷急热的作用。同时，坯料对模具型腔还产生强烈的摩擦。如此的高温会使得模具材料的塑性变形抗力和耐磨性下降，也会造成模具型腔腔壁的塌陷及加剧磨损等。

　　锤锻模模块尾部呈燕尾状，易形成应力集中，会在燕尾的凹槽底部形成裂纹从而产生开裂现象。在锤锻模的工作过程中，由于在热载荷的循环反复加热和冷却的交替作用，将会产生热疲劳裂纹，导致模具失效。锤锻模在机械载荷与热载荷的共同作用下，会在其型腔表面形成复杂的磨损过程，其中包括黏着磨损、热疲劳磨损、氧化磨损等。另外，当锻件的氧化皮未清除或未很好清除时，也会产生磨粒磨损。因此，锤锻模的主要失效形式为磨损失效、断裂失效、热疲劳开裂失效及塑性变形失效等。从模具的失效部位来看，型腔中的水平面和台阶易产生塑性变形失效，侧面易产生磨损失效，型腔深处和燕尾的凹角半径处因易萌生裂纹而产生断裂失效。

　　锤锻模的性能要求主要是：较高强度和良好的韧性，良好的耐磨性和耐冷热疲劳性，由于模具尺寸比较大，应具有高的淬透性。

7.2.2　热锻模零件材料及热处理的选用

　　热作模具材料的选用应充分考虑模具工作中的受力、受热、冷却情况以及模具的尺寸大小、成型件的材质、生产批量等因素对模具寿命的影响，还要考虑模具的特点与热处理的关系。

　　根据热锻模种类、锻模大小、锻模形状复杂程度等情况，锤锻模的选材可参照表 7-8 进行，其他热锻模的选材可参照表 7-9 进行。锤锻模的材料主要有 3Cr2MoWVNi、5Cr2NiMoVSi 及 45Cr2NiMoVSi 钢，国外进口的锻模钢有 55CrNiMoV6 钢等。机械压力机模块用钢为 4Cr5MoSiV1、4CrMoSiV、4Cr3W2VSi、3Cr3Mo3W2V、5Cr4W5Mo2V 钢，其他应用较好的钢有 4Cr3Mo3W4VNb、2Cr3Mo2NiVSi，国外进口锻模钢有 YHD3 钢等。

表 7-8　锤锻模零件材料及热处理的选用

锻模种类		工作条件	推荐选用的材料		热处理后的硬度要求			
			简单工作条件	复杂工作条件	模腔表面		燕尾部分	
					HBS	HRC	HBS	HRC
整体锻模或嵌镶模块		小型锻模（高度<275 mm）	5CrMnMo、5SiMnMoV	4Cr5MoSiV、4Cr5MoSiV1、4Cr5W2VSi	387～444[①] 364～415[②]	42～47[①] 39～44[②]	321～364	35～39
		中型锻模（高度275～325 mm）			364～415[①] 340～387[②]	39～44[①] 37～42[②]	302～340	32～37
整体锻模或嵌镶模块		大型锻模（高度325～375 mm）	4CrMnSiMoV、5CrNiMo、5Cr2NiMoVSi		321～364	35～39	286～321	30～35
		特大型锻模（高度375～500 mm）			302～340	32～37	269～321	28～35
嵌模块模		4CrMnSiMoV、5CrNiMo、5Cr2NiMoVSi	ZG50Cr 或 ZG40Cr		—	—	269～321	28～35
堆焊锻模	模体	4CrMnSiMoV、5CrNiMo、5Cr2NiMoVSi	ZG45Mn2		—	—	269～321	28～35
	堆焊材料	4CrMnSiMoV、5CrNiMo、5Cr2NiMoVSi	5Cr4Mo、5Cr2MnMo		302～340	32～37	—	—

① 用于模腔浅而形状简单的锻模。② 用于模腔深而形状复杂的锻模。

表 7-9 其他热锻模零件材料及热处理的选用

锻模类型或零件名称		推荐选用的材料	可代用的材料	硬度要求	
				HBS	HRC
摩擦压力机锻模	凸模镶块	4Cr5W2VSi、4Cr5MoSiV、3Cr2W8V、3Cr3Mo3V、3Cr3Mo3W2V	5CrMnMo、5CrMnSiMoV、5CrNiMo	390～490	
	凹模镶块			390～440	
	凸、凹模镶块模体	40Cr	45	349～390	
	整体凸、凹模	5CrMnMo、5SiMnMoV	8Cr3	369～422	
	上、下压紧圈	45	40、35	349～390	
	上、下垫板和顶杆	T7	T8	369～422	
热模锻压力机锻模	终锻模腔镶块	5CrMnSiMoV、5CrNiMo、3Cr3Mo3V、4Cr5W2VSi、4Cr5MoSiV、4Cr3W4Mo2VTiNb	5CrMnMo、5SiMnMoV	368～415	
	顶锻模腔镶块			352～388	
	锻件顶杆	4Cr5MoSiV、4Cr5W2VSi、3Cr2W8V	GCr15	477～555	
	顶出板、顶杆	45	40Cr	368～415	
	垫板			444～514	
	镶块固紧零件	45 40Cr	40Cr	341～388 368～415	

7.3 热挤压模零件材料及热处理的选用

热挤压模是使被加热的金属坯料在高温压应力下成型的一种模具。很多有色金属和钢的型材、管材和异型材是采用热挤压工艺成型的。

7.3.1 热挤压模的工作条件与性能要求

热挤压模具是在高温、高压、磨损和热疲劳等恶劣条件下服役的。热挤压模具的工作特点是加载速度较慢，因此，模具所承受的冲击载荷比热锻模小，对冲击韧度与淬透性的要求没有热锻模具钢高。但其工作时与炽热金属接触的时间比热锻模长，受热温度比热锻模高。在挤压铜合金和结构钢时，模具的型腔温度可达到600～800℃；若挤压不锈钢或耐热钢坯料，则模具的型腔温度会更高。为防止模具的温度升高影响加工质量和模具寿命，需要对模具(特别是凸模)进行冷却：工件脱模后，每次用润滑剂和冷却介质涂抹模具的工作表面。

由于挤压模具经常受到急冷、急热的交替作用，导致热疲劳损坏更为严重，因此要求挤压模具材料具有很高的室温及高温硬度和热稳定性，有较高的抗氧化能力，以减缓模具磨损失效的发生。热挤压模工作时，模具既要承受较高的压应力和弯曲应力，脱模时还要承受一定的拉应力，其受力极为复杂，又由于热挤压变形时的变形率较大，金属坯料塑性变形时的金属流动对模具型腔表面产生的摩擦比锤锻模剧烈得多，且由于硬颗粒(如氧化皮)的存在将导致摩擦的进一步加剧，所以热挤压模的主要失效形式是模腔过量塑性变形、开裂、冷热疲劳、热磨损以及模具型腔表面的氧化腐蚀等。为提高热挤压模具的耐磨性，常用的化学热处理方法有渗碳、渗硼、离子氮化、氮碳共渗、渗金属及复合渗等方法。

热挤压模具主要由挤压筒、冲头、凹模和芯棒(用于挤压管材)等主要部件组成。挤压模具的寿命与所挤压的材料、挤压比密切相关，在加工变形拉力大的金属材料或在高挤压比的情况下，凹模和芯棒的寿命大为缩短。模具的润滑条件和冷却条件对模具寿命有很大的影响。热挤压模的尺寸一般比锤锻模小。因此，对热挤压模的性能要求主要是：高的热稳定性，良好的冷热疲劳抗力和高耐磨性，较高的高温强度和足够的韧性。

7.3.2　热挤压模零件材料及热处理的选用

选用热挤压模的零件材料时，主要应根据被挤压金属种类及挤压温度来决定，另外也应考虑到挤压比、挤压速度和润滑条件对模具使用寿命的影响。热挤压模具的选材可参照表 7-10 进行。

表 7-10　热挤压模零件材料及热处理的选用

工具名称 被挤金属		钢、钛及镍合金 (挤压温度 1100～1260℃)	铜及铜合金 (挤压温度 650～1000℃)	铝、镁及其合金 (挤压温度 350～510℃)	铜、锌及其合金 (挤压温度<100℃)
挤压模	凹模(整体模块或嵌镶模块)	4Cr5MoSiV1、4Cr5W2VSi、3Cr2W8V、4Cr4Mo2WVSi、5Cr4W5Mo2V、4Cr3W4Mo2VTiNb 高温合金 43～51 HRC[①]	4Cr5MoSiV1、4Cr5W2VSi、3Cr2W8V、4Cr4Mo2WVSi、5Cr4W5Mo2V、4Cr3W4Mo2VTiNb 高温合金 40～48 HRC[①]	4Cr5MoSiV1、4Cr5W2VSi 46～50HRC[①]	45 16～20 HRC
	模垫	4Cr5MoSiV1、4Cr5W2VSi 42～46 HRC	5CrMnMo 4Cr5MoSiV1、4Cr5W2VSi 45～48 HRC	5CrMnMo 4Cr5MoSiV1、4Cr5W2VSi 45～52 HRC	不用
	模座	4Cr5MoSiV、4Cr5MoSiV1 42～46 HRC	5CrMnMo 4Cr5MoSiV 42～46 HRC	5CrMnMo 4Cr5MoSiV 44～50 HRC	不用

续表

工具名称 / 被挤金属		钢、钛及镍合金(挤压温度1100～1260℃)	铜及铜合金(挤压温度650～1000℃)	铝、镁及其合金(挤压温度350～510℃)	铜、锌及其合金(挤压温度<100℃)
挤压筒	内衬套	4Cr5MoSiV1、4Cr5W2VSi、3Cr2W8V、4Cr4Mo2WVSi、5Cr4W5Mo2V、4Cr3W4Mo2VTiNb 高温合金 400～475 HBS	4Cr5MoSiV1、4Cr5W2VSi、3Cr2W8V、4Cr4Mo2WVSi、5Cr4W5Mo2V、4Cr3W4Mo2VTiNb 高温合金 400～475 HBS	4Cr5MoSiV1、4Cr5W2VSi、 400～475 HBS	不用
	外衬套	5CrMnMo、4Cr5MoSiV 300～350 HBS	5CrMnMo、4Cr5MoSiV 300～350 HBS		T10A(退火)
挤压垫		45Cr5MoSiV1、4Cr5W2VSi、3Cr2W8V、4Cr4Mo2WVSi、5Cr4W5Mo2V、4Cr3W4Mo2VTiNb 高温合金 40～44 HRC		4Cr5MoSiV1、4Cr5W2VSi 44～48 HRC	不用
挤压杆		5CrMnMo、4Cr5MoSiV、4Cr5MoSiV1 450～500 HBS			5CrMnMo 450～500 HBS
挤压芯棒(挤压管材用)		4Cr5MoSiV1、4Cr5W2VSi、3Cr2W8V 42～50 HRC	4Cr5MoSiV1、4Cr5W2VSi、3Cr2W8V 40～48 HRC	4Cr5MoSiV1、4Cr5W2VSi 48～52 HRC	45 16～20 HRC

① 对于复杂形状的模具，硬度比表中值应低4～5 HRC。

7.4　热冲裁模零件材料及热处理的选用

热冲裁模是用于冲切模锻件的飞边和连皮的模具。热冲裁模具主要由凸模和凹模组成，工作时，凸模压住锻件，由凹模切去锻坯的飞边。

7.4.1　热冲裁模的工作条件与性能要求

热冲裁模的工作特点是：凸模磨损并不严重，故要求硬度不必过高，有35～40 HRC 即可；凹模则要求硬度较高，应为43～45 HRC，以保证其耐磨性。凹模有整体式及组合式两种。整体式凹模适用于中、小型或简单的切边模；组合式凹模由两块或多块镶块组成，制造工艺简单易行，热处理变形小，不易淬火开裂，也便于调整、更换及修复使用，特别适用于大型及形状复杂的切边模。

切边模在工作过程中要承受一定的冲击载荷，在剪切过程中，凹模刃口与毛坯相摩擦，易使刃口磨损变钝，同时还因为金属坯料上的传热而升温，但由于所使用的锻压设备不同，所加工的金属坯料的尺寸不同，使各类热冲裁模的刃口部位所承受的热载荷与机械载荷有很大的区别，其失效形式主要有刃口磨损、崩刃、卷边和断裂等。这就要求热切边模材料应具有高的耐磨性、硬度及热硬性，一定的强韧性以及良好的工艺性能。

7.4.2　热冲裁模零件材料及热处理的选用

在热作模具中，热冲裁模的工作温度较低，对材料的性能要求也相对较宽。根据热冲裁模的性能要求，几乎所有的热作模具钢均能用于制作热冲裁模。所以在选材时，可着重考虑材料的经济性和生产管理上的方便，推荐使用的有 5CrNiMo、4Cr5MoSiV、4CrSMoSiV1、4CrW2Si 和 8Cr3 钢等。常用的热切边凹模材料有 8Cr3、7Cr3、4CrW2Si、5CrNiMo 和 5CrMnMo 等；常用的热切边凸模材料有 8Cr3 和 7Cr3。其中，8Cr3 钢是使用较多的钢种，属于低合金高碳模具钢，具有较高的耐磨性、较好的耐热性和一定的韧性。

热冲裁模零件材料的选用可参照表 7-11。

表 7-11　热冲裁模零件材料的选用

模具类型及零件名称		推荐选用的材料	可代用的材料	硬度要求	
				HBS	HRC
热切边模	凸模	8Cr3、4Cr5MoSiV、5Cr4WSMo2V	5CrMnMo、5CrNiMo、5CrMnSiMoV	—	35～40
	凹模			—	43～45
热冲孔模	凸模	8Cr3	3Cr2W8V、6CrW2Si	368～415	—
	凹模	8Cr3		321～368	—

7.5　玻璃模具零件材料及热处理的选用

7.5.1　玻璃模具的工作条件与性能要求

1. 玻璃模具的类型

玻璃是一种透明或半透明的无定形非晶体物质，其主要成分一般为硅酸盐，但有时也由硼硅酸盐或磷酸盐等混合物组成。玻璃制品的生产工艺流程为：配料→熔制→成型→退火→加工→检验。在成型工序中，模具是不可缺少的工艺装备，玻璃制品的质量与产量均与模具直接相关。

用于玻璃制品成型的工艺装置称为玻璃成型模具，简称玻璃模。玻璃模的工作过程如图 7-7 所示。

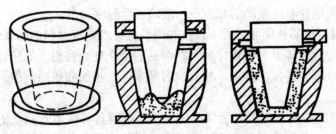

图 7-7　玻璃压制模具工作示意图

玻璃模有以下几种分类方法：

(1) 按成型方法分为压制模、吹制模和混合成型模。

(2) 按成型过程分为初型模、成型模。

(3) 按润滑方式分为敷模(冷模)、热模。

(4) 按模具结构类别分为不可拆模、可拆模。

(5) 按模具支承方法分为铰链支承模、夹钳式支承模。

2. 玻璃模具的工作条件与失效形式

玻璃模具的工作条件为：

(1) 模具在玻璃制品的成型过程中既限制制品的形状，又是玻璃料热的交换介质，它与高温的玻璃周期性直接接触，玻璃的入模温度为 900～1100℃，出模温度为 500～600℃，玻璃在模具中的停留时间一般为 5～60 s。

(2) 模具在使用时受到循环交替的加热和冷却，造成很大的温差，模具材料内部造成很大的内应力，严重时会导致模具开裂。

(3) 玻璃模具还承受玻璃介质的腐蚀。

(4) 玻璃模具在成型过程中，玻璃料、碎玻璃会不断磨损模具内壁，使模具内壁变粗糙，合缝线扩大，影响制品质量。可见，玻璃模具的工作条件十分恶劣。

玻璃模具的失效形式有：模具工作表面脱皮、起鳞、热疲劳开裂，模具内壁磨损变粗糙、合缝线扩大、热熔蚀等。

3. 玻璃模具材料的性能要求

用于制造玻璃模具的材料必须具备下列条件：

(1) 材质致密，易于加工，能获得优良的表面粗糙度。只有材质致密才能加工出高精度的模具。模具的制造要经过车、铣、刨、钻、钳等加工过程，有时还要焊接，所用制模材料必须具备优良的加工性能，加工后要求模壁无杂质和针孔，能获得优良的表面粗糙度。

(2) 化学稳定性好。模具材料要具有一定的抗玻璃腐蚀和在高温工作条件下的抗氧化能力。

(3) 具有良好的耐热性和热稳定性。

(4) 应有良好的导热性和高的比热容。玻璃在模具内的冷却过程与模具的导热性有着直接的关系，因为玻璃的热量通常都由模具的内层来接受，然后传导到模具外层，再由外表层扩散和辐射到周围空气中，因此，如果材料的导热性好，模具的导热就进行得快，玻璃的冷却速度也快。此外，由于用比热容低的材料作模具会引起模具过热，而用比热容高的材料作模具，周期性温度波动的幅度小，玻璃成型温度稳定。

(5) 要求制模材料的热膨胀系数小，抗热裂性好。当制模材料的膨胀性能变化显著时，不仅会造成成型与脱模等系列困难，而且在制品的接合处会有粗大的接合缝，致使在脱模过程中制品在该区域容易发生炸裂，模具也容易损坏。小的膨胀系数能保证模具在工作温度下开闭灵活。

(6) 应具有较高的黏合温度。所谓黏合温度是指模具与玻璃开始发生粘贴而使成型条件显著恶化的温度。各种材料的黏合温度是不一样的。模具与玻璃接触时的温度很高，如用黏合温度较低的材料作模具时，为了避免黏合，维持模具的正常连续工作，势必延长模具的冷却时间或加强对模具的人工冷却，才能使模具的温度降低。但是如果模具由黏合温度高的材料制成，模具在工作过程中的温度就可以很高，这不仅能减少模具的冷却时间，提高生产效率，而且模具在工作过程中温度越高则所得的制品就越光滑。

(7) 具有高的耐磨性能，足够的工作硬度。

7.5.2　玻璃模具零件材料及热处理的选用

制造玻璃模具的材料主要是金属，有时也用非金属材料(如木材等，人工吹模用)。玻璃模用金属材料种类很多，其中以铸铁为主，其次是耐热钢。铸铁有灰铸铁、合金铸铁、球墨铸铁三类。合金铸铁有 NiMo 合金铸铁、MoVTi 合金铸铁、高铝合金铸铁。近年来，为提高模具寿命，采用新型铸铁代替灰铸铁已成为趋势。目前已研制出的新型铸铁有六种，分别为：低锡铸铁、铜铬铸铁、中硅稀土铸铁、中硅钼稀土铸铁、低锡铸铁、低铝铸铁。HT200 和六种新型铸铁用于玻璃模具的工作寿命比较见表 7-12。常用玻璃模具材料及应用范围见表 7-13。

表 7-12　HT200 和六种新型铸铁用于玻璃模具的工作寿命比较

材　料	一次连续使用寿命		提高倍数 (和 HT200 对比)	模具失效方式
	工作时间/h	制瓶数/个		
HT200	48	20 000		表面氧化
低锡铸铁	192	83 000	3.15	表面氧化
铜铬铸铁	96	41 000	1.05	表面氧化
中硅稀土铸铁	76	33 000	0.65	瓶变形
中硅钼稀土铸铁	195	84 000	3.20	瓶变形
低锡铸铁	260	110 000	4.50	尺寸超差
低铝铸铁	235	102 000	4.10	尺寸超差

表 7-13 常用玻璃模具材料及应用范围

序号	材料种类	材料名称或组成	应用范围
1	铸铁	孕育铸铁、普通灰铸铁、球墨铸铁	压制模具、吹制模具
2	低合金铸铁	掺杂微量的镍、铬、硅、铝、钛、钼等	压制模具、吹制模具
3	耐热钢	镍、铬、钛、钴、钼、硅、锰、铜等	压制模具和吹制模具中的冲头、芯子和口模
4	青铜	微量铝或无铝	吹模、冲头、芯子、口模和压制模具
5	镍铬合金		镂花模
6	镍		镂花模、压模、小型模具
7	铂，铂-铑合金		喷嘴(玻璃纤维)
8	石墨	人造石墨	转动模
9	木材	梨木、杨木等	人工吹制用模

复习与思考题

7-1 图 7-8 所示支架的压铸模如图 7-9 所示，表 7-14 为模具部分零件明细表。请根据本书提供的经验数据并查阅设计手册，将该模具零件明细表中的空白栏(模具零件材料及热处理)填写完整。

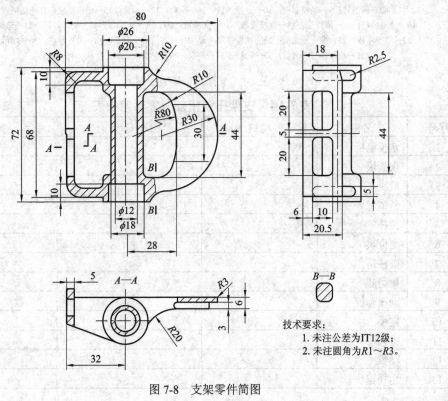

技术要求：
1. 未注公差为IT12级；
2. 未注圆角为R1～R3。

图 7-8 支架零件简图

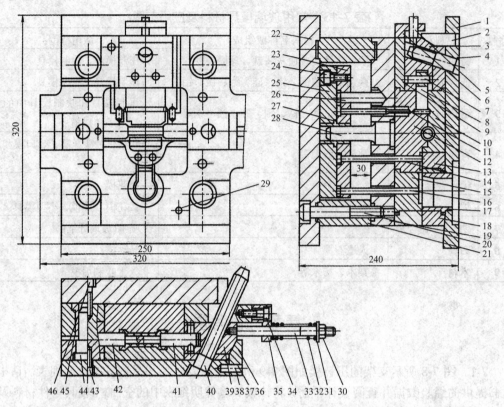

1—定模座板；2—楔紧块；3—滑块；4、40—斜销；5—拉杆、弹簧；6、35—定位块；7、29、37—圆柱销；
8、41、42—侧型芯；9—动模套板；10—定模；11、14—推杆；12—动模；13—定模镶块；15—浇道镶块；
16—浇道推杆；17—浇口套；18—定模套板；19—支承板；20、24、34、38、43、46—螺钉；21—垫块；
22—动模座板；23—推杆固定板；25—推板；26—复位杆；27—推板导套；28—推杆导柱；30—螺母；
31—垫圈；32—弹簧；33—拉杆；36—斜楔；39—斜滑块；44—导柱；45—导套

图 7-9　支架压铸模装配图

表 7-14　支架压铸模部分零件明细表

序号	名称	材料	热处理硬度	备注
1	定模座板			
2	楔紧块			
3	滑块			
4	斜销			
5	拉杆			
6	定位块			
7	圆柱销			
8	侧型芯			
9	动模套板			
10	定模			
11	推杆			
12	动模			
13	定模镶块			

项目八　模具寿命与模具材料及热处理

◎ 学习目标

- 了解模具材料及热处理对模具寿命的影响。

◎ 主要知识点

- 分析与失效分析。
- 模具的服役条件与失效分析。
- 模具失效形式与影响因素。
- 模具材料抵抗过量变形失效的性能指标。
- 模具材料抵抗断裂失效的性能指标。
- 根据工作条件、失效形式选择具备相应性能的模具材料。
- 模具材料工作硬度的影响。
- 模具钢冶金质量的影响。
- 热处理变形的影响因素。
- 碳素结构钢的变形规律及变形控制。
- 碳素工具钢的变形规律及变形控制。
- 低合金工具钢的变形规律及变形控制。
- 高碳高铬钢的变形规律及变形控制。
- 模具热处理变形的校正。

8.1　模具的服役条件与模具失效分析

8.1.1　分析与失效分析

1. 失效与损伤

　　包括模具零件在内的任何机件都有一定的功能，它们在服役过程中或完成规定的运动，或按要求做功，或传递一定的力和能。机件在服役中产生了过量变形、断裂破坏、表面损坏等现象后，将丧失原有的功能，达不到预期的要求，或变得不安全可靠，以致不能继续正常地服役，这些现象统称为失效。如热挤压冲头被墩粗变形，冷冲裁模刃口崩刃或过度磨损等。

模具或机件的失效一般有一个发展过程，如断裂失效可能就经历了机件表面产生缺陷、萌生微裂纹、裂纹扩展直至断裂的发展过程。模具在制造和使用中产生了某些缺陷，如表面轻度磨损、微裂纹等，但还没有丧失规定的功能而仍可继续服役，那么，这些缺陷就称为损伤。显然，损伤可成为破断的裂源，损伤的积累也可导致失效。

同类模具或机件，在服役中发生故障或失效时，所经历的使用时间或周次(称为使用寿命)有长有短。大量的统计结果表明，它们失效的几率和使用时间之间有着一定的关系。 这种关系规律可用寿命特性曲线来形象地表示，如图 8-1 所示。按照该曲线的形状特征，可将失效过程分为早期失效、随机失效和耗损失效三个阶段。

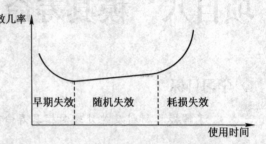

图 8-1　模具使用寿命特性曲线

早期失效发生在模具或机件的使用初期，主要是由于模具设计和制造上的缺陷一经使用就显露出来，进而诱发失效。这一阶段的失效几率很高，但是随着使用时间的延长而迅速降低。如果在模具交付使用前，对之进行可靠性试验或短时间的试用，就能及时发现隐患，并进行补救或剔除，从而避免在正常服役时造成损失。

模具经过使用初期的考验而未发生失效，就进入了随机失效阶段。在理想的情况下，未达到正常寿命的模具不应该发生失效现象。但由于环境的偶然变化，操作者的人为差错，或者因管理不善而造成的某些损伤，仍可能导致失效。这种失效的发生概率很低，且随着使用时间的延长其增长也很缓慢，呈随机分布。这一阶段是模具工作的最佳时期，对模具的正确使用和精心维护是防止模具发生随机失效的主要措施。

模具经过了长期使用，由于损伤的大量积累，致使发生失效的几率急剧增加，从而进入耗损失效阶段，即到了模具寿命的终止期。在模具使用过程中，经常性的维护、保养，可延迟耗损失效期的到来。

2. 失效的分类

失效的种类是很多的，一般情况下，失效可作如下分类：

1) 按失效原因分类

(1) 误用失效，是未按规定条件使用产品而引起的失效。

(2) 本质失效，由于产品本身固有的弱点而引起的失效，与是否按规定条件使用无关。

(3) 早期失效，由于产品在设计、制造或检验方面的缺陷等引起的失效。一般情况下，新产品在研究和试制阶段出现的失效，多为早期失效。一般来说，早期失效可通过强化试验找出失效原因并加以排除。

(4) 偶然失效，也称为随机失效，指产品因为偶然因素而发生失效，通常是产品完全丧失规定功能。这种失效既不能通过强化试验加以排除，也不能通过采取良好维护措施避免，在什么时候发生也无法判断。

(5) 耗损失效，指产品由于磨损、疲劳、老化、损耗等原因而引起的失效，往往指产品的输出特性变差，但仍具有一定的工作能力。

2) 按失效程度分类

(1) 完全失效，是完全丧失规定功能的失效。

(2) 部分失效，指产品的性能偏离某种规定的界限，但尚未完全丧失规定功能的失效。

3) 按失效的时间特性分类

(1) 突然失效，指通过事先的检测或监控不能预测到的失效。

(2) 渐变失效，指通过事先的检测或监控可以预料到的失效。产品的规定功能是逐渐减退的，但该过程的开始时间不明显。

4) 按失效后果的严重程度分类

(1) 致命失效，指导致重大损失的失效。

(2) 严重失效，指导致复杂产品完成规定功能的能力降低的产品组成单元的失效。

(3) 轻度失效，指不致引起复杂产品完成规定功能的能力降低的产品组成单元的失效。

5) 按失效的独立性分类

(1) 独立失效，不是因为其他产品的失效而引起的本产品的失效。

(2) 从属失效，是因为其他产品的失效而引起的本产品的失效。

6) 按失效的关联性分类

(1) 关联失效，在解释试验结果或计算可靠性特征数值时必须计入的失效。

(2) 非关联失效，在解释试验结果或计算可靠性特征数值时不应计入的失效。

产品的零件失效，并不一定会引起产品的不可靠。对于复杂的产品，会有这样的零件，它的失效不一定引起产品基本特性偏离规定界限之外。例如，车厢内的照明灯，对于汽车的可靠性没有影响，在计算产品的可靠性时，该零件的失效不予考虑。

3. 失效分析

失效分析是指分析失效原因，研究和采取补救措施和预防措施的技术与管理活动，再反馈于生产，因而是质量管理的一个重要环节。

失效分析的目的是寻找材料及其构件失效的原因，从而避免和防止类似事故的发生，并提出预防或延迟失效的措施。失效分析工作在材料的正确选择和使用，新材料、新工艺、新技术的发展，产品设计、制造技术的改进，材料及零件质量检查，验收标准的制定，改进设备的操作与维护，促进设备监控技术的发展等方面均起重要作用。

金属材料失效分析涉及的学科和技术种类极为广泛。学科包括金属材料、金属学、冶金学、金属工艺学、金属焊接、材料力学、断裂力学、金属物理、摩擦学、金属的腐蚀与保护等。实验分析技术包括金相、化学成分、力学性能、电子显微断口、X-射线相结构等。

8.1.2 模具的服役条件与失效分析

1. 模具的服役条件

了解模具的服役条件，对正确选用模具材料及热处理工艺相当重要。对模具服役条件的掌握也是对模具进行失效分析的前提，是提高模具寿命的必备条件。因此，不论是模具的生产者还是模具的使用者，都必须关心模具的服役条件，并尽量改善模具的服役条件。一般情况下，模具的服役条件与安装模具的机床类型、吨位、精度、行程次数、生产效率和被加工零件的大小、尺寸、材质、变形抗力以及工件加热条件、锻造成型温度、冷却及润滑条件等有关，因而不同模具的服役条件也有很大的差别。

冷作模具主要用于金属或非金属材料的冷态成型。冷作模具在服役过程中主要承受拉伸、弯曲、压缩、冲击、疲劳等不同应力的作用，而用于金属冷挤、冷镦、冷拉伸的模具还要承受 300℃左右的交变温度应力的作用。

热作模具主要用于高温条件下的金属成型，模具在高温下承受比较高的压应力、交变应力和冲击载荷；锤锻模的型腔表面经常和 1100～1200℃的金属接触而被加热到 400～500℃，模具还要经受高温氧化及烧损，在强烈水冷条件下经受冷热变化引起的热冲击作用。

塑料模具中的热固性塑料压模受力较大，而且温度为 200～250℃，模具在较强的磨损及侵蚀条件下工作，热塑性塑料注射模具的受力、受磨损都不太严重，但部分塑料品种含有氯或氟，当压制时易释放腐蚀性气体，模具型腔易受气体腐蚀作用。

2. 模具失效分析

模具失效是指模具受到损坏，丧失了正常工作能力，不能通过修复而继续服役。

1) 模具失效分析的重要性

通过对失效模具进行分析，可找出造成模具失效的原因。对失效模具进行分析，是制定提高模具寿命的技术方案及采取技术措施的依据，是至关重要的环节。对失效模具进行分析，首先，要确定模具失效的形式。对单个失效模具，可根据失效模具的具体特征并参照同类模具常见的失效形式来确定其失效形式；对于一批失效模具(同种)，可先确定其失效形式的种类，统计每种失效形式所占的比例及每种失效模具的平均使用寿命，选取比例较大且使用寿命很低的失效形式作为主攻方向。其次，检查模具的服役条件，判断是否是因模具的服役条件恶化、操作工艺不合理、操作不当引起模具失效。最后，可运用金相分析、硬度测试等技术手段从模具结构、机加工质量、模具材料和热处理等方面找原因，判断模具失效的主要原因。

找出造成模具失效的原因后，接下来的工作就是制订提高模具寿命的技术方案及采取技术措施。针对模具结构方面的原因，应该对模具结构中不合理的部分进行修改，克服结构上的缺陷；针对机加工方面的原因，应该修改有关机加工工艺，优化机加工工艺参数，提高模具的加工质量；针对材料方面的原因，应该根据模具的工作条件、结构等因素重新选材，更好地满足模具的使用性能要求；针对热处理方面的原因，应该重新合理地选择热处理方法，制定热处理工艺，避免热处理缺陷的出现；针对操作不当或操作工艺方面的原因，应该完善操作工艺，加强对操作者的管理，杜绝类似情况再发生。

2) 模具失效分析的基本内容

发生故障的部件、零件虽各不相同，其分析方法与步骤也各有差异，但故障分析的基本程序却是共同的。机械故障原因分析的通用流程为：

(1) 现场调查。

① 收集背景数据和使用条件。收集的背景数据和使用条件包括：部件发生故障的日期、时间、工作温度和环境；部件损坏的程度；部件故障发生的顺序；故障发生时的操作阶段；故障件有无反常情况或不正常的音响；对故障部件及其邻近范围部件进行拍照或画草图；在使用过程中可以导致故障的任何差错；使用人员的技术水平和对故障的看法。

② 故障现场摄像或照相。对有可能迅速改变位置的事，应尽快地摄像或拍照保存。

③ 故障件的主要历史资料。

④ 对故障件进行初步检查。

⑤ 故障件残骸的鉴别、保存和清洗。

(2) 分析并确定故障原因和故障机理。

① 故障件的检查与分析，包括无损探伤检验、力学性能试验、断口的宏观与微观检查与分析、金相检查与分析、化学分析等。

② 必要的理论分析和计算，包括强度、疲劳、断裂力学分析及计算等。

③ 初步确定故障原因和机理。

④ 模拟试验以确定故障原因与机理。

(3) 分析并作出结论。

每一件故障分析工作做到一定阶段或试验工件结束时，都要对所获得的全部资料、调查记录、证词和测试数据按设计、材料、制造、使用四个方面是否有问题来进行集中归纳、综合分析和判断处理，逐步形成初步的简明结论。

分析报告的主要内容有：

① 故障分析结论。

② 改进措施与建议及对改进效果的预计。

③ 故障分析报告提供(交)给有关部门，并反馈给有关承制单位。

④ 必要时应对改进措施的执行情况进行跟踪和管理。

8.1.3　模具失效形式与影响因素

1. 模具的失效形式

模具失效的基本形式有断裂(包括开裂、碎裂、崩刃、掉块和剥落等)、疲劳、塑性变形、磨损、咬合等。由于模具的种类繁多，模具结构千差万别，模具成型时的工作条件也不尽相同，即使同一种类模具也存在明显的差异，模具的失效形式也是各不相同。了解各类模具常见的失效形式，有助于对模具失效进行分析。各类模具常见的失效形式见表8-1。

表 8-1　各类模具常见的失效形式

模具类别	模具名称	常见失效形式
冷作模具	冷冲裁模	磨损、崩刃、断裂
	冷拉深模	磨损、咬合、划伤
	冷镦模	脆断、开裂、磨损
	冷挤压模	挤裂、疲劳断裂、塑性变形、磨损
热作模具	热锻模	冷热疲劳、裂纹、磨损、塑性变形
	热挤压模	断裂、磨损、塑性变形、开裂
	热切边模	磨损、崩刃
	热镦模	断裂、磨损、冷热疲劳、堆塌
压铸模	有色金属压铸模	热疲劳破坏、黏附、腐蚀
	黑色金属压铸模	热疲劳破坏、塑性变形、腐蚀
塑料模	热固性塑料压模	表面磨损、吸附、腐蚀、变形、断裂
	热塑性塑料注射模	塑性变形、断裂、磨损
玻璃模	—	热疲劳破坏、氧化

2. 模具失效影响因素

影响模具寿命的因素很多，主要包括：模具设计方面(模具结构)、模具工作条件(成型工艺、材质、设备特性)、制造工艺方面(热处理质量、表面处理技术、零件的制造精度、制造工艺和制造质量等)、使用方面(安装与调整、维护、工作环境等)、摩擦学方面(模具的润滑方式、润滑剂选择等)。模具寿命直接影响生产效率和产品成本。

模具寿命与模具类型、结构形式有关，同时，又是一定时期内模具材料性能、模具材料冶金水平、模具设计思路与方案、模具制造技术水平、模块锻造技术、模具热处理水平、模具使用与维护水平、模具工程系统管理水平的综合体现。影响模具寿命各种因素的大体描述如图 8-2 所示。

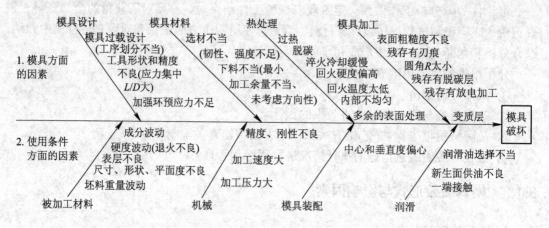

图 8-2　影响模具寿命的各种因素

经统计分析，模具各类失效原因及影响比例见表 8-2。

表 8-2　模具各类失效原因及影响比例统计

失效原因	统计百分比/%	合计/%
热处理问题		
表面氧化、脱碳	32	
冷却时间太长或回火不足	10	52
淬火温度过高或过低	10	
原材料问题		
模具钢材质不好	13.5	16.5
选材错误	3	
结构设计不合理	8	8
机械加工问题	8	8
锻造问题	7	7
机床调整及使用不当	8.5	8.5

模具失效的形式、原因及对策见表 8-3。

表 8-3　模具失效的形式、原因及对策

失效形式	特　征	原　因	对　策
断裂	多产生在刃口及工作面处； 截面变化应力集中(断口平齐，晶粒色异)	设计不合理； 模具及冲床调整不当； 操作不慎； 热处理不当	改进设计，防止应力集中； 调整冲床及模具，严守工艺； 改进热处理工艺； 谨慎操作
磨损	刃口变钝或出现弧状； 工作面凹凸不平或拉伤； 刃口硬度下降； 工作尺寸变小，工件超差	热处理淬火、回火不当； 磨削工艺不当； 表面渗层异常	精化热处理工艺； 合理磨削； 正确选用化学热处理工艺
掉块	刃口磨损、掉块； 工件损坏或严重毛刺拉伤	操作不当； 模具间隙调整不当； 硬度不当	正确操作； 调整模具、冲床； 改进热处理工艺
变形	工件超差，未达到图纸要求； 模具间隙明显变化； 影响正常冲压、啃刃口	模具选材不当； 热处理及回火不当； 磨削及冲压应力	合理用材； 改进热处理工艺； 充分回火，磨削后及服役中补充回火
其他	型腔及工作面粗糙度上升； 表面斑点、麻面等； 表面疲劳龟裂； 严重氧化	模具选材不当； 化学处理不当； 热处理工艺不当； 使用不当	改进模具用材； 正确化学热处理； 改进热处理工艺； 严守操作工艺，正确用模

8.2　模具材料抵抗失效的性能指标

各种模具在服役过程中都要承受一定的机械负荷，有的还要经受热负荷和环境介质的作用。在这些因素的作用下，经过一定的服役周次，模具可能会发生过量变形、断裂和表面损伤等失效现象。任何模具都是用一定的材料制造的，模具的失效，实质上就是在特定负荷作用下、具有特定形状的模具材料的失效。

材料对某种失效的抵抗能力(简称失效抗力)可用材料的某些性能指标来衡量。材料具有各种不同的性能指标，可以反映材料对不同形式失效的抗力。通过失效分析，不仅要找出造成材料失效的主因，还要找出能正确评价材料这种失效抗力的性能指标判据。根据对这些性能指标的要求，我们就能针对模具的工作条件和失效特点选择最合适的材料成分及组织状态，并制定相应的工艺技术措施，制造出既安全可靠又经济合理、同时又能满足寿命要求的模具。

8.2.1　模具材料抵抗过量变形失效的性能指标

模具(即一定形状的材料)受到力的作用就会产生变形，首先是弹性变形，当模具某一部位的应力值大于材料的屈服点时，又开始产生塑性变形。模具的弹性变形不可避免，但其弹性变形量不能超过一定的允许值。模具的塑性变形是不允许的，或者只允许有局部的微小塑性变形。当模具的弹性变形量超过了允许值或发生了较明显的塑性变形时，都会导致模具不能正常工作，即发生了过量变形失效。显然，弹性变形和塑性变形的性质不同，材料抵抗这两种变形的性能指标也不同。

1. 材料抵抗弹性变形的性能指标

材料抵抗弹性变形的性能指标主要是弹性模量 E 和切变模量 G，它们分别是使材料产生单位正应变和单位切应变所需的正应力和切应力的大小。材料的 E 或 G 越大，则在相同载荷下所产生的弹性变形越小，即越不易发生过量弹性变形失效。

金属材料的弹性模量和切变模量主要与材料基体原子本身的性质有关，而对材料组织结构的变化不敏感。除了温度升高，原子结合力减小，弹性模量和切变模量降低以外，材料的合金化、热处理、冷变形等强化手段对弹性模量和切变模量的影响很小。因此，要减少模具的弹性变形，提高模具刚度，只能通过合理设计模具的截面形状、尺寸并提高其结构刚度来解决。

2. 材料抵抗塑性变形的性能指标

模具发生塑性变形的根本原因，是在外加载荷作用下模具整体或局部产生的应力值大于模具材料的屈服点 σ_s。因而，模具材料本身的屈服强度不高，或者热处理不当而未能发挥材料的强度潜力，是塑性变形失效的内因；操作不当或者意外因素引起的超载是塑变失效的外因。

冷作模具钢的碳含量一般较高，且在淬火和低温回火状态使用，塑性较低、脆性较大，适宜用压缩试验测定其压缩屈服点。压缩试验更接近模具的实际工作条件，其性能数据与冲头工作时所表现出来的塑变抗力基本吻合。

对脆性较大的材料也常用弯曲试验测定其抗弯屈服点。弯曲试验时，试样的塑变量(残余挠度)较大，测试的灵敏度较高，可以较准确地比较出相近材料或同一材料在不同的热处理工艺条件下的较小的性能差别。

热作模具的工作温度较高，模具材料的塑变抗力不仅取决于材料室温下的屈服强度，还取决于材料的回火抗力及高温下的屈服强度。随着温度的升高，材料的屈服点下降。当模具的工作温度高于它的回火温度时，材料发生继续回火转变，使其屈服强度大幅度降低。若仅仅是模具工作表面受热软化时，则在外载荷和摩擦力的作用下，也会产生表面层的塑性流变，导致产生鱼鳞状塑变花纹。

模具材料的硬度在一定范围内与该材料的抗压屈服强度成正比，因而硬度(包括高温下的硬度)也可以用来评价材料的塑变抗力。但是，应该注意，屈服强度要比硬度对材料的组织状态敏感，具有相同硬度的不同材料，因其成分和组织不同，它们的抗压屈服强度并不相当。如模具用钢 Cr6WV、Cr12MoV、W18Cr4V 等，经淬火回火后的硬度同为 63 HRC 时，其抗压屈服强度依次递增。

8.2.2　模具材料抵抗断裂失效的性能指标

模具的断裂失效是模具中的应力水平超过材料相应的断裂抗力的结果。模具承受载荷或应力的性质不同，材料抵抗断裂失效的性能指标也不相同。

　　当模具中的应力单调地增加并超过一定的临界值时，材料便会迅速发生断裂，这种断裂可称为一次断裂或快速断裂。当模具承受高于一定临界值的交变应力作用时，尽管其最大应力低于材料的屈服点，经过相当多周次的服役后，材料也会发生断裂，这种断裂则称为疲劳断裂。显然，材料对这两种断裂的抗力指标是不相同的。

1. 材料抵抗快速断裂失效的抗力指标

1) 断裂的类型和方式

　　模具的快速断裂可在多种工作条件下发生，如高温或室温，静载荷或冲击载荷，表面光滑或有缺口或有裂纹，有腐蚀介质或无腐蚀介质等。模具的工作条件不同，所用的材料不同，其断裂的类型和方式可以不同。工程上，常根据断裂件的断口状况对断裂进行分类，见表 8-4。

表 8-4　模具断裂的分类与特征

分类方法	名　称	拉伸时断裂情况	特　征
断裂类型 (根据断裂前塑性变形大小分)	脆性断裂		断裂时没有明显的塑性变形，断口形貌是光亮的结晶状
	韧性断裂		断裂时有塑性变形，断口形貌是暗灰色纤维状
断裂方式 (根据断裂面的取向分)	正断		断裂的宏观表面垂直于 σ_{max} 方向
	切断		断裂的宏观表面平行于 τ_{max} 方向
断裂形式 (根据裂纹扩展所取的途径分)	穿晶断裂		裂纹穿过晶粒内部
	晶界断裂		裂纹沿晶界扩展

　　(1) 断裂类型。用肉眼或 10～20 倍放大镜对断口进行宏观观察，根据断裂前所产生的塑性变形量大小，可将断裂分为脆性断裂和韧性断裂。断口处有明显塑性变形从而消耗大量能量的断裂，称为韧性断裂；反之，则称为脆性断裂。两种断裂的主要特征见表 8-4。

　　(2) 断裂方式。根据断口的宏观表面对应力的取向，可将断裂分为正断和切断。断口的宏观表面垂直于最大正应力或最大正应变方向的断裂称为正断；断口的宏观表面平行于最大切应力方向的断裂称为切断。材料抵抗正断的性能指标称为正断抗力，可以用 S_k 表示；材料抵抗切断的性能指标称为切断抗力，可以用 τ_k 表示。材料对塑性变形的抗力，实质上是剪切屈服强度，可以用 τ_s 表示。

　　如果在外载荷的作用下，模具危险点处的最大切应力为 τ_{max}(以最大切应力理论求得)，最大正应力为 σ_{max}(以最大拉应变理论求得)，并且随着外载荷的增加，它们也成比例地增加，那么，材料的断裂可有以下三种情况：

① 当载荷增大，使得 $\sigma_{max} > S_k$，而自始至终 $\tau_{max} < \tau_s$ 时，材料发生正断，断裂前无塑性变形，是脆性断裂。

② 当载荷增大，先使 $\tau_{max} > \tau_s$，继而使 $\tau_{max} > \tau_k$，而自始至终 $\sigma_{max} < S_k$ 时，材料先发生塑性变形，继而发生切断，是韧性断裂。

③ 当载荷增大，先使 $\tau_{max} > \tau_s$，继而使 $\sigma_{max} > S_k$，然而 $\tau_{max} < \tau_k$ 时，材料先发生塑性变形，继而发生正断，这种正断则是韧性断裂。

(3) 断裂形式。根据断裂裂纹扩展所取的途径，可将断裂分为穿晶断裂和晶界断裂。断裂形式的判定须借助于电子显微检验法来研究断口的微观形貌。

2) 影响脆性断裂的基本因素

脆性断裂事先没有明显的征兆，并且在名义应力较低的情况下突然发生(故又称低应力脆断)，其危害性最大。因而，人们一直关注脆性断裂的预防。

模具在服役过程中是否会发生脆性断裂，一方面取决于材料本身的性质和健全度，另一方面还受模具工作条件的影响，如应力状态、工作温度、加载速度、环境介质等外界因素。

(1) 材料的性质和健全度。如前所述，在单调增加的载荷作用下，材料尚未发生宏观的塑性变形就发生了正断，这种断裂就是脆性断裂。因而，当材料的正断抗力 S_k 低而剪切屈服强度 τ_s 高时，其脆性断裂的倾向就大。反之，则不易发生脆性断裂。

(2) 应力状态。根据应力状态理论和强度理论，可求出受载模具任一危险点上的最大正应力 σ_{max} 和最大切应力 τ_{max}。只有切应力才可能使金属材料产生塑性变形，而拉应力增大时则易使材料脆性断裂。因此，σ_{max} 和 τ_{max} 的相对大小 $\alpha(\alpha = \tau_{max}/\sigma_{max}$，$\alpha$ 称为应力状态的软性系数)可表征使材料发生韧性断裂或脆性断裂的倾向性，α 值越大，表示应力状态越软，使材料发生韧性断裂的倾向越大；反之，应力状态就越硬，使材料倾向于脆性断裂。

如材料承受三向不等拉伸时发生脆性断裂的倾向最大，单向拉伸($\alpha = 0.5$)次之，扭转($\alpha = 0.8$)时的脆性断裂倾向较小。在单向压缩($\alpha = 2$)，尤其是有侧压的情况(即三向不等压缩)下，材料易发生塑性变形。

模具结构形状的突变部位、表面缺口及材料的各种缺陷等部位，都会产生应力集中并造成三向不等拉伸等硬性应力状态，因而增大了脆性破坏的倾向。另外，截面尺寸大的模具，当在某一方向产生拉应变时，另两个方向的泊松收缩变形均会受到较大的约束，即易产生平面应变状态或三向拉应力状态，因而也倾向于脆性断裂。

(3) 工作温度。工作温度降低过程中，体心立方晶格的金属材料会存在一个韧-脆转变温度，这时，材料处于脆性状态，在断裂以前不会产生塑性变形，产生低温脆性，这种现象称为冷脆现象。面心立方晶格的金属材料，一般无冷脆现象。

(4) 加载速度。加载速度对材料脆断倾向的影响和工作温度的影响类似，随着加载速度的增加，材料的屈服强度 σ_s 升高，而正断抗力 S_k 变化不大，因而当加载速度增加到临界值 Vc 以上时，材料处于脆性状态。

3) 无裂纹材料的断裂抗力

一般中、小截面尺寸的中、低强度材料，可以认为是均匀连续的，没有宏观裂纹存在(即使有微小裂纹，对断裂过程也不产生重要影响)。这时，由材料力学所提供的强度判据可用于设计计算，只要合理选择材料的常规力学性能指标并满足模具的工作要求即可。

模具在静载荷或冲击载荷的作用下断裂失效的主要原因是材料的强度不足，同时与塑性和韧性有关。为了防止脆性断裂，必须根据模具的服役条件，特别是危险截面处的应力状态，提出关于材料的强度和塑性、韧性合理配合的要求，并由此指导选材。材料的强度和塑性、韧性之间往往是相互矛盾的，如淬火回火的模具钢随着回火温度的变化，其强度和塑性、韧性的变化趋势相反。为了提高塑性、韧性，就得牺牲一部分强度。因而所谓合理的强、韧配合，要根据模具的工作条件、结构特点等由经验确定。一般的规律是：随着应力集中的缓和，过载水平的降低，应力状态的变软，截面尺寸的减小，材料断裂抗力的最佳值向高强度方向转移；反之，则向高塑性方向转移。同时要求很高强度和很高韧性的模具只有采用昂贵的材料和复杂的强化工艺才能达到。

凸模主要承受压缩和弯曲载荷，凸模材料的抗压强度和抗弯强度可以反映凸模过载时的断裂抗力。整体式成型凹模还要受切向拉应力作用，因而还要考核材料的抗拉强度。在满足上述强度要求的前提下，为了防止脆性断裂，材料还应具有一定的塑性和韧性。在强度相同时，塑性和韧性高的材料，其脆性断裂抗力也高。对于塑性低的模具材料，为了较精确地比较其塑性的差别，常采用静弯曲试验测定其抗弯强度和挠度，二者的值越大，则材料的脆性断裂抗力越高。

材料的冲击韧度 α_k 值，不仅反映了材料断裂过程中吸收能量的大小，也包含了加载速度和缺口应力集中对材料断裂抗力的影响。因而 α_k 值也是衡量材料脆性断裂抗力的重要指标，尤其对承受较大冲击载荷的模具，往往用 α_k 值定性地评价材料抵抗脆性断裂的能力。

4) 含裂纹材料的断裂抗力

快速断裂往往是材料中宏观裂纹的快速扩展造成的。这种裂纹可能是由材料的冶金缺陷引起的，也可能是在加工过程中产生的，也可能是在使用过程中形成的。当材料内部已有裂纹存时，是否会发生快速断裂，则取决于裂纹尖端附近的应力场强度和材料的断裂韧度。

当模具的截面尺寸很大或模具材料的强度很高时，发生裂纹失稳扩展快速断裂的倾向性较大。截面尺寸大，可能包含的裂纹缺陷就多，而且易造成硬性的平面应变状态，材料的塑性不能发挥作用，裂纹前沿的应力场强度大；材料的强度高，其塑性和断裂韧度往往较低，较小的裂纹尺寸即可导致快速断裂。因此，在这两种情况下，为防止或减少低应力脆性断裂，应该对材料的断裂韧度值提出一定的要求。

5) 材料对应力腐蚀延迟断裂的抗力

当模具在工作中经常和某些腐蚀介质接触时，在拉应力和腐蚀介质的共同作用下，经过一段时间后可能会发生断裂，故称之为应力腐蚀延迟断裂。造成这种断裂的拉应力可以是由外加载荷引起的，也可以是在热加工、冷加工、热处理、磨削及装配等制造过程中产生的残余内应力。

一定的金属材料仅在某些特定的腐蚀介质中才发生应力腐蚀断裂。例如，对高强度钢，其特定的腐蚀介质为氯化物溶液或水；对奥氏体不锈钢，其特定的腐蚀介质为氯化物溶液、H_2 溶液、NaOH 溶液等；对马氏体不锈钢，其特定的腐蚀介质为氯化物、工业大气、酸性硫化物等；对黄铜，其特定的腐蚀介质为氨溶液等。

一般认为，材料在特定的腐蚀介质表面会产生一层保护膜，当有不大的拉应力作用时，就会使局部微区的保护膜破坏而露出新鲜的金属表面，从而发生电化学腐蚀并产生腐蚀沟槽。在腐蚀介质和拉应力的继续作用下，腐蚀沟槽将因应力集中而继续扩展，形成应力腐蚀裂缝。当裂缝发展到一定尺寸时，便会发生失稳扩展而断裂。在断口的应力腐蚀开裂区表面附着有腐蚀产物，其微观断口形貌在穿晶开裂时多呈解理河流花样，在沿晶界开裂时可呈"冰糖块"状，且在晶界面上常有细小的腐蚀坑。

2. 材料抵抗疲劳断裂失效的抗力指标

1) 疲劳的基本概念

模具的服役特点是周期性的重复工作，其载荷是随时间而变化的变动载荷，相应地，模具中的应力是循环应力。模具在循环应力的作用下经过一定周次所发生的破断失效称为疲劳。

对于 $\sigma_b \leqslant 1300$ MPa 的中低强度钢和铸铁材料，疲劳曲线出现水平线部分，即当 σ_{max} 低于一定值时，试样可以无限次运转而不发生断裂。这个一定的应力值，就称为材料在对称循环应力作用下的疲劳极限，记作 σ_{-1}。

一般地说，当材料的 σ_b 低于某一值时，材料的疲劳极限 σ_{-1} 随抗拉强度 σ_b 的提高而提高，并存在以下经验关系：

(1) 对 $\sigma_b \leqslant 1300$ MPa(硬度约小于 40 HRC)的钢，$\sigma_{-1} \approx 0.5\sigma_b$。

(2) 对 $\sigma_b > 1300$ MPa 的钢，其 σ_{-1} 或 σ_{-1n} 不再与 σ_b 保持线性关系，σ_b 越高，偏离线性关系的程度越大。这时，$\sigma_{-1} < 0.5\sigma_b$ 并且数值比较散乱。

(3) 当钢的强度很高，$\sigma_b > 1600$ MPa(硬度约大于 48 HRC)的钢，σ_{-1} 不再随 σ_b 的升高而升高，甚至出现下降趋势。这时，高强度钢的塑性就显示出作用，强度相同而塑性较高的钢，其 σ_{-1} 也高。经验公式为：$\sigma_{-1} \approx 0.25(1 + 1.35\psi)\sigma_b$(式中 ψ 为材料的断面收缩率)。

对灰铸铁，$\sigma_{-1} \approx 0.5\sigma_b$；对球墨铸铁，$\sigma_{-1} \approx 0.5\sigma_b$。

2) 影响疲劳强度的因素

模具或零件的疲劳强度对各种外在因素和内在因素是非常敏感的。外在因素包括模具的形状、尺寸、表面粗糙度及使用条件等；内在因素包括材料本身的成分、组织状态、纯净度和残余应力等。这些因素的细微变化，均会造成模具疲劳性能的波动甚至大幅度变化。

(1) 应力集中的影响。前面所讲的材料的疲劳极限，都是用精心加工的光滑试样测得的。实际模具或其他零件都存在各种缺口，如凸阶、沟槽、孔洞等。这些几何形状不光滑连续的部位均造成应力集中，使该处的实际应力水平远高于名义应力，疲劳破坏往往就从这里开始。据统计，因应力集中导致的疲劳失效，在各种影响因素中居首位。

试验结果也表明，缺口的存在使材料的疲劳极限降低，且缺口越尖锐，σ_{-1} 降低得越多。缺口对材料疲劳抗力的影响程度又随材料不同而有差异，受其影响大的材料称它的疲劳缺口敏感度大。通常，材料的强度越高，疲劳缺口敏感度越大，而强度较低、内部又有许多缺陷的灰铸铁，其疲劳缺口敏感度很小。

(2) 表面状态的影响。模具或零件的表面粗糙度、加工缺陷、表面处理工艺及残余应力等均影响疲劳强度。表面粗糙、刀痕或裂纹等损伤会引起应力集中，未完全去除的表面脱碳层会使表面强度降低，某些加工或处理会使表面存在残余拉应力等，这些因素均导致疲劳强度的大幅度降低。而能提高表面强度和产生表面残余压应力的各种表面强化处理，如表面冷作变形(喷丸、滚压等)和表面热处理(表面淬火、薄壳淬火、渗碳、渗氮、氮碳共渗等)均能显著提高疲劳强度。表面镀层也能使表面强化，但若镀层中存在裂纹，或镀层引起基体金属表面产生残余拉应力、氢脆等现象时，将会使疲劳强度下降。

(3) 尺寸因素的影响。用来测定材料疲劳极限的试样较小，其截面直径一般为 $\Phi7\sim\Phi12\ \mathrm{mm}$，而模具或零件的截面尺寸往往大于试样。试验表明，随着试样直径加大，所测得的疲劳极限下降，且材料的强度越高，下降的幅度越大。这就是疲劳极限的尺寸效应。

(4) 材料本身的影响。材料本身的化学成分、组织状态和内部缺陷，是决定材料疲劳强度的内因。由于在一定的强度范围内，疲劳极限和抗拉强度关系密切，因而，提高抗拉强度的合金化和热处理手段均能提高疲劳极限。但对高强度钢，还要改善其塑性才能使疲劳极限继续提高。

钢的合金化和热处理，实质上是通过改变钢的微观组织结构来影响其疲劳强度的。钢中的非金属夹杂物及锻造流线露头的地方，均易产生疲劳裂纹而使疲劳强度降低。因而选用经过精炼的钢材和进行合理的锻造，有助于提高疲劳强度。

3) 材料在其他条件下的疲劳及其抗力

根据模具的载荷性质和工作环境条件，还可能发生具有其他特点的疲劳。如承受冲击载荷的模具会发生冲击疲劳，热作模具会发生热疲劳，经常与腐蚀介质接触的模具会发生腐蚀疲劳等。

(1) 冲击疲劳。冷镦模和锤锻模等在冲击载荷的多次作用下所发生的疲劳破坏称为冲击疲劳。它和静疲劳有许多类似之处，但也存在一定的差异。

冲击疲劳和静疲劳具有相同的破坏过程和破坏机制，对材料的性能要求也有相似的规律。在冲击能量高时，疲劳断裂周次很低($N_f < 250$)，材料的疲劳抗力主要决定于塑性；在冲击能量低时，疲劳断裂周次较高($N_f > 2 \times 10^4$)，材料的疲劳抗力主要取决于强度。锤锻模承受的冲击能量，大多介于上述两种情况之间，要求材料具有强度和塑性的良好配合。用高强度钢制造的冷镦模，其通常的疲劳断裂周次远高于低周疲劳的寿命范围，模具的寿命仍受应力半幅氏的控制，因而冷镦模材料应在高的抗弯强度的基础上，改善其塑性，则可望继续提高疲劳寿命。

冲击载荷是能量载荷，因此材料的冲击韧度 α_k 值具有一定的参考价值。尤其对高强度材料，α_k 值高者，其冲击疲劳抗力也高。

(2) 热疲劳。热作模具工作表面承受循环热负荷，使得表面材料发生循环胀缩变形，当这种变形受到外界(包括内部不变形材料)的约束不能自由地进行时，就使表面材料产生循环热应力。循环热应力的反复作用将使模具表面多处产生沿晶和穿晶裂纹，即产生了热疲劳。

热疲劳破坏是由循环塑性应变引起的，是应变损伤积累的结果，其本质是应变疲劳。材料热处理后的硬度过低或过高，均影响其热疲劳抗力。例如，用 4Cr5MoSiV 钢制造的铝合金压铸模，其最佳硬度为 40~46 HRC，硬度超过 50 HRC，将很快出现热疲劳裂纹。

高温下，微裂纹尖端的氧化产物将大大加速裂纹的扩展，形成明显的热疲劳裂纹。因而，提高材料的抗氧化能力可显著提高其热疲劳抗力。当模具的工作温度较高时，热疲劳裂纹的扩展途径由穿晶变为沿晶，因而沿晶界分布的碳化物相对热疲劳抗力不利。

在设计热作模具结构时，应注意尽量减小应力集中和由于温度梯度过大所产生的塑性应变集中，从而减少热疲劳开裂。

3. 材料抵抗表面损伤失效的性能指标

模具服役时，其工作表面周期性地受到坯料的压力和摩擦力的反复作用，有的还受到坯料或冷却润滑介质的侵蚀，因而会发生磨损、接触疲劳和腐蚀等表面损伤。这些表面损伤或造成模具尺寸精度降低和表面粗糙度增加而影响其正常工作，或成为模具破断的裂源，促使模具发生断裂失效。

按照表面损伤的主要原因和机理的不同，大体上可把它分为磨粒磨损、黏着磨损、腐蚀磨损和接触疲劳等几种类型。

(1) 多数承受冲击的模具的磨损类型介于低应力和高应力之间。在这种情况下，为了提高材料的耐磨性，不仅要求有高的硬度，还要求有较好的韧性。尤其当硬度超过 40 HRC 时，只有提高材料的韧性才能进一步提高其耐磨性。在提高模具基体强韧性的同时，对其表面进行强化处理，如表面淬火、渗碳、渗氮、氮碳共渗等，都能显著提高它的耐磨性。

(2) 为了减少模具的黏着磨损，应选用不易与坯料黏着的模具材料，同时采用适当的热处理工艺，以提高材料的压缩屈服点，减少与坯料原子间的结合力。渗碳、液体氮碳共渗、磷化等表面处理能使模具表面形成牢固的化合物层或非金属层，以避免金属原子间直接接触，且使摩擦系数减低，可防止黏着。这对于高温下及不可能充分润滑的模具很有意义。渗氮、氮碳共渗、氮碳硼复合渗及磁氮碳共渗等化学热处理工艺既能提高表面硬度，又能减少与坯料金属间的结合力，对减轻黏着磨损也很有效。

(3) 为了提高压铸模的抗腐蚀、抗黏模性能，可对之进行涂层处理、渗氮处理和氮碳共渗；为了提高热作模具的抗氧化性，可对之进行渗铬或渗铝处理；为了提高塑料模具的耐蚀性，可采用表面电镀铬、化学镀 Ni-P 合金或直接采用不锈钢制造模具。

(4) 为了防止微动磨损，应在设计、选材和处理工艺上采取相应措施。在设计上，要防止过渡配合模具零件间的松动，如增加配合压力、提高加工精度等；还要尽量减少过渡配合处的应力集中，如在过渡配合附近开设圆滑过渡的卸荷台阶和卸荷槽等。在选材上，应尽量避免选用相同的配对材料，并考虑材料对微动磨损的敏感性。在工艺上，采用表面形变强化处理，如表面滚压、挤孔等，采用改变表面层成分和性能的表面处理，如渗碳、渗氮、氮碳共渗、渗硫等，均能提高抗咬蚀能力。

(5) 气蚀磨损是热作模具中特有的磨损形式。在模具工作过程中，若使用易燃性润滑剂对模具进行润滑冷却，则在接触高温坯料时，润滑剂就会快速燃烧放出大量气体，并在瞬间产生很高的压力，该压力作用于模具表面并对表面产生冲刷作用，在高温高压燃气的反复冲刷下，模具表面会产生不规则的气蚀磨损沟痕，这种气蚀沟痕不仅影响模具的尺寸精度和表面质量，也可成为疲劳断裂的裂源。

防止气蚀磨损的主要措施是选用不易燃烧的冷却润滑介质和添加剂。

(6) 两物体在压力作用下相互接触时，由于接触表面处的局部弹性变形所产生的应力称为接触应力。模具，尤其是承受冲击的模具，其工作表面的某些区域受较高接触应力的周期作用，经过一定的周次后，在这些区域中产生深度不同的小片或小块状剥落，造成表面上针状或豆状凹坑(麻点),这就是接触疲劳损坏。接触疲劳又称点蚀、疲劳磨损,它使磨损加剧,严重损害模具的表面质量,并将导致模具的疲劳断裂失效。

由于接触疲劳与循环接触应力及摩擦磨损有关,前述影响疲劳强度和磨损抗力的因素,对接触疲劳强度也有类似的影响,主要因素是材料的硬度和组织状态以及模具的表面粗糙度和润滑条件等。

为了提高材料的接触疲劳强度,就应保证材料的切断抗力、兼顾正断抗力,即材料应具有适当高的硬度。一般认为,材料热处理后的硬度须达到 58~62 HRC。对采取表面强化处理的模具,为防止表层压碎和次表层裂纹,表面强化层应有一定的深度,心部应有足够的硬度(以 35~40 HRC 为宜)。

减少模具表面冷热加工缺陷,降低表面粗糙度值,可以有效地增加其接触疲劳寿命,尤其当接触应力高时收效更为显著。因而,对模具表面实施精磨、抛光和表面综合强化处理可提高其接触疲劳抗力。

提高润滑油的黏度,在润滑油中加入某些添加剂,使其在接触表面形成不易破坏的油膜,可减轻接触疲劳损伤过程。

4. 以多种形式失效的模具对材料性能的要求

模具的工作条件非常复杂,同一种模具会有多种失效形式,即使在同一个模具上也可能出现多种损伤。在进行模具失效分析时,必须根据具体情况,找出影响模具失效和寿命的主导因素,提出对材料失效抗力的主要要求和附带要求,并采取相应措施,才能有效地解决模具的失效和寿命问题。

1) 主要失效形式的分析判断

即使是一批同样的模具也不可能完全以同一种形式失效。例如,同一种热挤压冲头,有的可能以塑性变形而失效,有的可能出现严重的磨损或热疲劳,有的可能发生断裂,而且会有不同的裂源部位和特点。

为了探讨模具失效的防护措施,首先应该了解在这一批模具中各种失效形式所占的比例,以及每一种失效的寿命上限、下限和平均值,由此来确定主要的失效形式,即发生的概率较大且寿命较短的最严重的失效形式。然后找出发生这一主要失效形式的原因,并根据抵抗这种失效的性能指标优选材料和热处理工艺,兼之采取其他相应的防护措施,就能防止或推迟这种失效,使模具的平均寿命显著提高。

当主要失效形式推迟发生以后,其他失效形式可能先行发生,成为新的主要失效形式,这就需要重复上面的工作过程,进一步采取另一套防护措施予以解决。显然,在找出主要失效形式的同时,也能够找出非主要失效形式的产生原因,并且所采取的防护措施在解决主要矛盾的同时,也能兼顾解决其他失效问题,那么就可以进一步加快提高模具寿命的进程。

2) 表面损伤导致断裂失效的分析判断

在同一模具上可能同时发生多种形式的表面损伤,如同时发生磨损和热疲劳裂纹等。各种表面损伤形式之间的交互作用可促使损伤的积累和发展。如磨损沟痕可成为热疲劳裂纹或接触疲劳裂纹的发源地,热疲劳和接触疲劳又使模具表面的粗糙度值大幅度增加,从而使磨损进一步加剧等。这些损伤相互影响,均可促使模具的表面损伤失效。

另一方面,表面损伤常常导致模具的一次断裂和疲劳断裂,因而在分析模具断裂失效的原因时，应该了解清楚有哪些表面损伤参与了模具的断裂过程，以及它们对断裂是否起主导作用。例如，在分析模具的疲劳断裂时，如果确认疲劳裂纹总是起源于磨损沟痕处，则磨损就是引起疲劳断裂的主要原因，提高材料的耐磨性就是防止疲劳失效的主要措施。反之，如果疲劳裂纹并不一定萌生于磨损沟痕处，则需要另找其他原因。

再如，在分析热作模具的断裂失效时，应注意了解热疲劳、热磨损、内应力等因素对断裂的影响。除锤锻模外，一般热作模具的机械负荷并不是很大，而由温度变化引起的热应力较大，且当表面层发生继续回火转变时，又叠加有组织应力，在较大的内应力作用下，模具可能先萌生表面裂纹，最终导致断裂失效。如果确认断裂起源于热疲劳裂纹，则提高材料的热疲劳抗力才能有效地防止断裂失效。反之，若确认断裂与热疲劳无关时，才需要另找其他原因。

有些模具，如挤压冲头，其塑性变形可引起冲头受力状态的变化，从而导致折断失效。这时，应先着手提高材料的塑变抗力，才能解决其断裂问题。

8.3　模具材料对失效的影响

模具材料的成分、组织、质量及性能对模具的承载能力、使用寿命、加工精度及制造成本等均有很大影响。选材不当，性能要求不合理，将导致模具的早期失效或者造成浪费。因此，根据模具的工作条件，合理选用模具材料，是保证模具既安全可靠又经济合理的关键因素。

8.3.1　根据工作条件、失效形式选择具备相应性能的模具材料

结合模具的使用特点，模具选材应具体考虑被加工零件的批量、被加工材料的性质和被选模具材料的性能特点。

1. 模具材料与模具寿命

模具的预期寿命是由其加工零件的生产批量来决定的。生产批量的大小是合理选用模具材料的重要因素之一。生产批量很小时，在满足模具正常工作的前提下，可选用价格低廉、便于加工制造的模具材料，如锌合金、铸铁等，若对材料要求过高会造成浪费。在大量加工产品时，则应选用高性能、高质量的材料，以满足对模具高寿命的要求，否则需要多套模具才能完成生产任务，也是不经济的。例如，同是冲裁软钢薄板，由于生产批量不同，冲裁模的选材差异很大，见表 8-5。

表 8-5　薄钢板冲裁模具材料选用表

被冲件材料	生产批量						
	<100 件	<1000 件	<10 000 件	<10 万件	<50 万件	<100 万件	>100 万件
软态 低碳钢板 (厚度小于 1 mm)		冲头：50 钢 凹模：锌合金	T10A	T10A 9Mn2V	MnCrWV	Cr12MoV	硬质合金 YG15、YG20 GT35
普通级 低碳钢板 (厚度小于 1 mm)	锌合金	普通铸铁	普通铸铁	合金铸铁		Cr12MoV Cr6WV	

2. 模具材料与被加工材料的性质

被加工材料的性质，如变形抗力、磨耗作用、咬合倾向及腐蚀性等，对模具的寿命有很大影响，因而也是模具选材必须考虑的因素。例如，被挤压材料不同时，冷挤压模具所承受的载荷差别很大，见表 8-6。若用 Cr12MoV 钢制作冷挤压模，当挤压铝材时，寿命可达 5 万件以上，失效形式为磨损、拉毛；而当用它反挤压钢材时，由于反挤压应力已接近 Cr12MoV 钢的极限承载能力，凸模寿命只有几十件，失效形式为墩粗变形或断裂。这时，选用承载能力更高的高速钢才能基本满足使用要求，寿命在 3000 件以上。

表 8-6　被挤压材料与冷挤压应力的关系

被挤压材料	正挤压应力/MPa	反挤压应力/MPa
铝	400～600	800～1200
铜	800～1000	1500～2000
黄铜	1000～1300	2000～2500
低碳钢	1200～1800	2500～3500

3. 工作条件、失效形式与模具材料

模具材料的性能必须满足模具的使用要求，因而必须先了解模具材料本身的性能特点、易发生的失效形式，以及采用工艺手段发挥其性能潜力的可能性，以便正确评价它在特定条件下的承载能力。

如前所述，模具材料抵抗失效的性能指标有很多，但是，一种模具材料不可能同时具备各个方面的优良性能。模具的选材，实质上是选择性能，用其所长，避其所短，具体地说，就是通过分析模具的工作条件、失效形式，提出某几方面的性能要求，进而选出最能满足这些性能要求而又最切实可行的材料。例如，其螺栓冷镦凹模，原用 Cr12 钢制作，工作中常出现早期劈裂失效，寿命仅 1000～2000 件，先采用增加凹模壁厚的办法，结果壁厚达 40 mm 也无多大收效；后来，改用碳素工具钢 T8A 制作，采用内孔喷水激冷薄壳淬火，有效地克服了早期劈裂现象，寿命高达 20 000 件以上。

8.3.2　模具材料工作硬度的影响

模具材料选定以后，还要选择合理的热处理工艺以满足模具的技术要求，模具的工作硬度是最重要的技术要求。这是因为，硬度指标和模具材料的许多力学性能指标关系密切，如随着硬度升高，模具钢的抗压强度、耐磨性和抗咬合能力等指标也升高，而其韧性、冷热疲劳抗力及可磨削性等指标下降。经验表明，模具的早期失效，大多数是由于硬度过高而断裂，少数是由于硬度过低而变形、磨损。因而，在一定条件下，存在着模具工作硬度的最佳值。

模具的最佳工作硬度和模具材料的种类及具体服役条件有关。表 8-7 列出了 T8A 钢制铆钉模的工作硬度与寿命的关系，在这种条件下，其最佳硬度为 51～53 HRC。

表 8-7　T8A 钢制铆钉模的工作硬度与寿命的关系

工作硬度	工作寿命
55～56 HRC	几十至几百件崩裂
53～54 HRC	500 至 700 件崩裂
51～53 HRC	>7000 件
47～49 HRC	3000 件左右

T10A 钢制冲头在软硅钢片上冲小孔,当冲头的硬度为 56～58 HRC 时,由于磨损较快,仅冲几千片就因毛刺过大而失效;如果将硬度升高至 60～62 HRC,则寿命可提高到 20 000～30 000 件;继续提高硬度,则易出现早期断裂,使寿命降低。

3Cr2W8V 钢制热挤压凹模,当硬度为 45～50 HRC 时,易出现早期断裂;硬度降至 38～40 HRC 时,不再出现早期断裂,平均寿命明显提高。

Cr12MoV 钢制六角螺母冷镦冲头,适当提高回火温度,使硬度为 52～54 HRC 时,寿命最高,提高硬度会增加冲头崩裂失效倾向。

4Cr5MoSiV 钢制铝合金压铸模,硬度在 51 HRC 以上时,将产生早期冷热疲劳失效,寿命仅几千件;降低硬度至 46 HRC,由于冷热疲劳抗力提高,寿命可超过 60 000 件。

注射产品要求其表面质量较高,因而要求模具处理后的硬度较高,以便于获得并保持较小的表面粗糙度。

为了提高整套模具的使用总寿命而且便于维修,凸、凹模的硬度应合理匹配。如在薄板冲裁模中,凸模相对地便于制造和更换,因而凹模的硬度应略高于凸模,以防止发生啃模或咬合时损坏凹模。但是对于冲裁箔材的“无间隙”冲模,或小批量冲裁薄板(钢板厚度<1 mm,有色金属板厚度<2 mm)的冲模,生产上普遍采用“半硬凹模加全硬冲头”的硬度匹配,冲头取 56～58 HRC,凹模取 38～42 HRC,这样,一方面可防止二者均被啃伤;另一方面,当凹模损伤或磨钝后,可采用锤击凹模刃口的方法修复凹模尺寸。

8.3.3　模具钢冶金质量的影响

模具钢的冶金质量问题,主要出现在大、中截面模具(如锤锻模、大型覆盖件模具等)以及碳和合金元素含量高的模具钢(如过共析合金钢 Cr2、CrWMn、3Cr2W8V 等,莱氏体钢 Cr12、Cr12MoV、W18Cr4V 等)中,其具体表现形式有非金属夹杂、碳化物偏析、中心疏松及白点等,它们对钢的热处理质量和模具的使用寿命影响很大。

1. 非金属夹杂

非金属夹杂物强度低、脆性大,与钢基体的性能有很大差异,可视为钢中的类裂纹缺陷,易于成为裂纹源,降低钢的疲劳强度和韧性,引起钢的早期断裂失效。非金属夹杂物还影响钢的切削加工及抛光性能,从而影响塑料模具的表面抛光质量。

模具钢经锻压加工后,非金属夹杂物呈一定走向的流线分布,使其纵向、横向性能出现差异,横向强度和韧性下降。如冲头中的流线走向与轴线平行,则冲头有可能发生纵向劈裂;若流线走向与冲头轴线垂直,则冲头易发生横向折断。

2. 碳化物偏析

过共析合金钢和莱氏体钢的组织中含有较多的合金碳化物，这些碳化物在一次结晶和二次结晶过程中常呈不均匀结晶或析出，形成大块状、网状或带状偏析。如果通过锻压加工能使碳化物均匀细化，呈细粒状弥散分布，则它对钢的硬度、耐磨性、抗压强度、抗咬合性、热强性等都是有益的，对钢的塑性、韧性也影响不大。但如果上述碳化物偏析得不到消除或改善，则将明显降低钢的塑性、韧性、断裂抗力及其他力学性能，并将使钢的工艺性能恶化。例如，大块或密集的碳化物可能成为裂源，导致受载模具早期断裂。当它们出现在模具的尖齿或刃口部位时，很容易引起崩齿、崩刃。当碳化物呈带状分布时，会造成沿带状碳化物纵向和横向之间的性能差异，易引起模具沿带状方向开裂。

碳化物偏析还影响冷、热加工工艺性能，如增大热处理过热、过烧倾向，产生热处理变形及其各向变形的差异，易引起淬裂和磨裂等。

3. 中心疏松和白点

大截面合金钢模具中，易存在中心疏松和白点。这类缺陷往往促成模具毛坯的锻造开裂、淬火开裂以及在服役中发生脆断。当锻造不当使疏松部位出现在模具表面时，还会使模具表面受力时出现凹陷。

鉴于上述冶金缺陷对模具材料性能的严重影响，必须按照技术标准对原材料进行严格检查验收，并通过合理锻造及锻后热处理改善材质。

8.4　模具热处理变形对失效的影响

钢制模具一般都要进行热处理，在热处理过程中会产生各种缺陷。一般的热处理缺陷会影响模具表面或内部的组织和性能，从而影响模具的失效。对这类缺陷，热处理工作者一般都能采取相应的技术措施予以防止。

模具的热处理变形是另一类缺陷，它影响模具的尺寸精度和形状位置精度。模具的热处理变形多种多样，有尺寸和体积的胀大或收缩，也有弯曲、翘曲等畸形变形。变形的根本原因是模具热处理应力的作用和相变引起的比体积变化。影响模具热处理变形的具体因素非常复杂，需要从各方面采取具体措施控制模具的变形，防止变形失效。

8.4.1　热处理变形的影响因素

1. 热应力及其所引起的变形

模具在加热和冷却过程中，尤其在强烈的淬火冷却时，由于表面和心部之间或不同截面尺寸的各部分之间的温度差而引起胀缩量不一致，从而在不同的胀缩区之间产生了相互牵制的应力即热应力。如模具淬火冷却时，表面层冷速较大，温度较低，收缩量较大，对心部产生压应力；心部仍保持膨胀状态或收缩量较小，使表面层不能自由收缩而产生拉应力。当热应力的值超过材料的屈服强度时即产生塑性变形，称为热应力变形。

实践表明，热应力变形的结果是使轴杆形模具的长度收缩而直径变粗；使圆盘形模具的直径收缩而厚度增加；使圆环形模具的外径和内孔收缩而厚度增加；使立方体形模具的棱角收缩而平面凸起。总之，热应力变形使模具趋于球形，如图 8-3 所示。

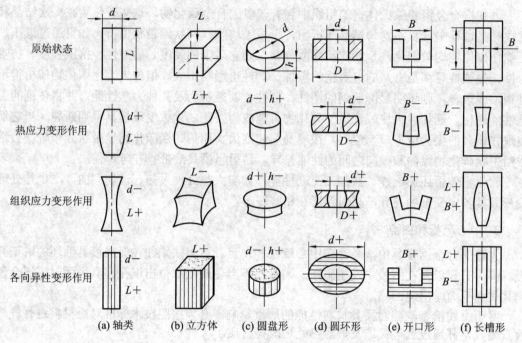

图 8-3　模具热处理变形特征分类

　　不难理解，圆柱形凸模激冷时，首先冷却降温的部位是外圆柱面和两端面的周边，其收缩最大的方向是轴向，这使模具内温度较高、塑变抗力较低的心部主要产生轴向压应力而缩短变粗。其他形状的模具的变形规律也可比照此例分析。

　　在热应力作用下，轴形件沿长度方向收缩，圆盘形件沿直径方向收缩等，反映了不同形状模具变形最大的方向，称为变形主导方向。改变模具的形状和尺寸，就会改变模具内的应力分布，使变形主导方向转移，从而改变模具的变形状态。

2. 组织应力及其所引起的变形

　　钢制模具在热处理时会发生相变，而不同的相组织具有不同的比体积。模具在加热和冷却过程中，尤其是在强烈的淬火冷却时，由于不同部位达到相变温度的时间不一致，相变不同时，导致某瞬时各部位的相组成不同，体积变化不等，产生了相互牵制的应力，即组织应力。如钢模淬火冷却时，表面层先冷至 Ms 点以下，发生马氏体相变，体积和线尺寸胀大，对心部奥氏体组织区施加拉应力；反之，心部未相变区对表层的胀大起牵制作用，使表层产生压应力。在组织应力作用下，塑变抗力较小的奥氏体组织区将会产生塑性变形，即组织应力变形。

　　实践表明，在同一模具上，组织应力变形和热应力变形的主导方向一致，而变形的符号(胀大为正、缩小为负)相反。组织应力变形的结果使模具的棱角部位更加凸出，其变形特征亦如图 8-3 所示。

3. 相变引起的体积变化

　　钢制模具在热处理过程中会发生相变，相变前后组织的比体积不同从而引起体积变化。

其变化量与相变前后组织中的相组成、成分及相对量有关。如钢在淬火时，组织由奥氏体转变为马氏体或下贝氏体使体积胀大，组织中的残余奥氏体要比淬火前的原始组织体积缩小。淬火钢在回火时，由于淬火马氏体转变为回火马氏体或回火托氏体引起体积缩小，残余奥氏体转变为回火马氏体或下贝氏体引起体积胀大。对于时效硬化钢，由于时效过程主要是微小粒子从过饱和固溶体中析出，其体积有所收缩。

体积变化与应力变形相比，有着本质不同的特点。应力变形有明显的方向性，在主导方向上的胀大或缩小，必然造成非主导方向上相应的缩小或胀大，而体积变化表现在各个方向的尺寸变化率是相同的；应力变形的总变形量可随着重复的热处理操作(使内应力重复作用)的次数增多而增大，而体积变化则不因重复的相变而改变。

在生产实践中，纯粹的体积变化很少见到。多数模具的热处理变形都包含有热应力变形、组织应力变形和相变引起的体积变化，或者说是这几种变形综合作用的结果，只是因模具的材料、形状、尺寸及热处理工艺方法不同，各种变形在每一个具体模具上的表现程度不同而已。

4. 畸形变形

模具结构形状若存在明显的不规则和不对称，或受其他因素影响，在加热或冷却时会造成热处理应力不平衡，从而会引起畸形变形，如杆状件弯曲、极状件翘曲、薄壁圆筒件椭圆变形等。如图 8-4 所示的 T8A 钢长条状冲头，其截面上下不对称。在水-油淬火冷却时，较薄的刃部在短时间内即由奥氏体首先转变为马氏体，沿主导方向伸长，而较厚的底部仍处于奥氏体状态，且在急剧收缩，刃部胀大，底部缩小，两部分产生的内应力不能平衡而形成力偶，使冲头向底部弯曲，刃部呈凸面。继续冷却才使底部开始转变成马氏体或托氏体，但因刃部已经硬化，原来的弯曲变形已不能完全恢复。

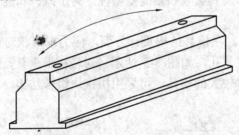

图 8-4　T8A 钢长条冲头淬火弯曲变形

模具坯料中的流线和碳化物走向将使热处理变形出现各向异性，沿水平走向方向产生胀大、垂直走向方向产生收缩，如图 8-3 所示。

模具结构形状的变化，会引起内应力大小和分布的变化。当模具形状较复杂时，畸形变形是多种复杂应力综合作用的结果。

5. 热处理变形的控制措施

综上所述，钢制模具热处理过程中的尺寸、体积和形状的改变是热应力、组织应力和相变比体积变化等综合作用的结果。热处理应力越大，相变比体积变化越大，则变形越大。同时，塑性变形量的大小还取决于内应力产生的瞬时相应部位的温度、组织，以及由其决定的材料塑变抗力，塑变抗力越大，则变形越小。因而，凡影响热应力、组织应力、相变比体积变化及材料塑变抗力的因素，均影响热处理变形。这些因素主要包括：模具用钢的成分、性质、预处理组织及热处理特性，模具热处理工艺参数和工艺操作等。表 8-8 列出了热处理主要工艺因素对不同模具钢变形趋势的影响。

表 8-8　热处理工艺因素对冷作模具型腔变形趋势的影响

工艺因素	中碳钢 (45 钢、50 钢)	碳素工具钢 (T10A)	低合金工具钢 (CrWMn、9Mn2V)	高合金工具钢 (Cr12、Cr12MoV)
常规淬火	显著趋胀	显著趋缩	趋胀为主	趋缩
淬火温度波动	上限多胀 下限少胀	上限剧缩 下限少缩	上限多胀 下限少胀	上限剧缩 下限少缩
淬火介质	水冷剧胀 硝盐收缩	水冷剧缩 碱浴有胀有缩	冷油趋缩 热油趋胀	空冷趋胀 油冷趋缩
深冷处理	—	—	趋胀	明显趋胀
回火的影响	收缩	显著收缩	200～300℃回火区 趋胀；余趋缩	<450℃趋缩 500～550℃趋胀
流线的影响	—	—	—	纵向趋胀 横向趋缩
工件形状	壁厚少缩	薄壁趋胀 厚壁趋缩	薄壁趋胀 厚壁趋缩	薄壁趋胀 厚壁趋缩

另一方面，模具的几何形状和截面尺寸决定着热处理变形的主导方向，也决定着应力和变形的大小。模具结构形状的对称程度还影响着畸形变形。这些因素使模具的热处理变形更加复杂。

鉴于模具热处理变形及其影响因素的复杂性，为了减少和控制变形，要全面考虑以下各方面的问题：

(1) 合理设计和选材。在模具结构设计方面，应力求形状对称，避免截面尺寸悬殊，在厚大实心部位可开设工艺孔，如图 8-5 所示。对轴杆形模具，应尽量减小长度与直径的比值。对形状复杂而尺寸较大的模具，可采用拼镶块组合结构，或创造热处理后能用机械加工修整变形的条件。

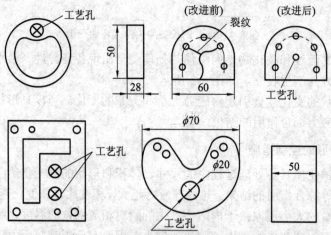

图 8-5　模具开设工艺孔以减少变形示意图

在模具选材方面，为减小变形，应选用屈服强度高、淬透性好的合金钢。对变形要求严格的高精度模具，可选用能空冷淬硬的微变形模具钢。对模具工作硬度的要求，应在保证使用要求的前提下尽量降低，并考虑采用表面硬化或局部硬化的热处理工艺。

(2) 合理锻造和预处理。良好的锻造和预处理利于减小淬火变形。在某些情况下，它们可能是减小变形的关键。如对 CrWMn 等低合金模具钢，预处理采用调质可减小淬火前后组织的比容差，以利减小变形；再如对高碳高铬钢模具，将调质处理中的高温回火改为退火，可进一步减小淬火变形。

(3) 合理调整冷、热加工工序。有时，对模具冷、热加工工序作适当调整，或根据热处理变形规律调整淬火前的预留加工余量，可有效地减小或消除变形。如渗碳模具在渗碳前预留足够的加工余量，渗碳后先加工后淬火可消除渗碳过程中较大的变形；表面淬火模具上某些接近淬火层的孔、槽可安排在淬火后再加工，以避免表面淬火对其精度的影响；形状不对称的模具或模具上易变形的部位可预留工艺拉肋，条件允许时也可采用成对加工，依靠机械固定来减小变形，热处理后再行切除或切开而成为模具成品，如图 8-6 所示。

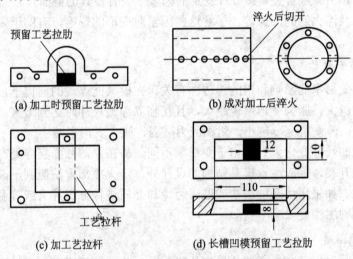

(a) 加工时预留工艺拉肋   (b) 成对加工后淬火

(c) 加工艺拉杆   (d) 长槽凹模预留工艺拉肋

图 8-6 模具预留工艺拉肋或成对加工以减少变形示意图

(4) 合理制定热处理工艺。模具热处理的加热速度、加热温度、保温时间、冷却方法、冷却介质、淬火操作、回火温度、回火时间等，均影响热处理变形，且其影响变形的趋势和大小因钢种而异。因而必须了解各种钢的热处理变形规律，才能合理制定热处理工艺，实现对变形的有效控制。

8.4.2 碳素结构钢的变形规律及变形控制

1. 碳素结构钢的变形规律

碳素结构钢的淬透性差，需要激烈的淬火冷却，产生变形和开裂的倾向较大。

碳素结构钢的淬火变形与其碳含量之间存在着一定的规律。随着碳含量的升高，碳素结构钢模具在主导方向上的淬火变形胀大率先增大、后减小。当碳含量 ω_c 增加至 $0.45\%\sim0.50\%$ 时，胀大率增大至高峰值；当碳含量 ω_c 增加至 1.0% 左右时，胀大率又逐渐下降至接近零值；当碳含量 ω_c 大于 1.2%时，变形率可为负值，即在主导方向上趋于收缩。变形主导方向上的胀大或收缩，伴随着其他方向上的收缩或胀大，但变形量远比主导方向上的小。

对这一规律的合理解释是：随着碳含量的增加，一方面钢的 Ms 点下降，另一方面马氏体的比体积增大。前者导致热应力作用的温度区间和力度加大，热应力变形增大而组织应力变形减小；后者导致组织应力变形增大。两种作用的综合结果使钢在中碳时出现组织应力高峰，低于或高于中碳均使其胀大变形减小。

低合金钢中的合金元素含量少，其 Ms 点的温度主要取决于碳含量，其水中的淬火变形也符合上述规律。

因此，中碳钢或中碳低合金钢制圆盘形、扁方形模具，水中淬火会使外径、内孔及孔距尺寸胀大；圆筒形模具则表现为内孔、外径及高度胀大。这些变形部位常常是模具精度要求高的地方，需要采取措施控制其变形。

2. 中碳钢变形的影响因素及控制措施

影响中碳钢和中碳低合金钢热处理变形的因素主要有模具的截面尺寸、淬火加热温度、淬火冷却方法以及淬火后的回火等。了解这些因素对变形的影响，有助于采取有效措施控制变形。

1) 模具的截面尺寸

截面尺寸对变形率的影响和钢的淬透性有关。在模具能淬透的前提下，尺寸越大，淬火时的组织应力越大，胀大变形率也越大，且在临界淬透尺寸时达到最大；当模具不能淬透时，尺寸越大，淬硬层深度越小，组织应力减弱，胀大变形率减小。

如果模具截面尺寸变化大，则由于变形率不同，易在厚薄截面交界处产生开裂。为了减小变形、防止开裂，除应注意模具结构的设计外，淬火冷却方法应利于减小模具各部分的相变不等时性。如采用熔融的硝盐或碱浴为冷却介质进行分级淬火或等温淬火；对某些模具可减小其淬硬层深度以减小变形。

2) 淬火加热温度

提高淬火加热温度，可提高钢的奥氏体稳定性，使淬硬层增厚，组织应力增大，从而使胀大变形率增加。因而，中碳钢模具的淬火温度不宜高。

3) 淬火冷却方法

不同的淬火冷却方法可以改变马氏体相变区的冷速，从而影响组织应力变形的大小。在熔融硝盐中分级冷却后转入油冷，可使马氏体相变时的冷速减慢，内外温差减小，从而可明显减小胀大变形。这时，如果钢的淬透性较差，心部可能变为索氏体、贝氏体等比体积增加较小的组织，其变形更小。淬透性好的中碳合金钢的淬火胀大变形率受冷却方法的影响较小，用油或低温(120～130℃)硝盐冷却时，其胀大变形率一般为 0.10%～0.15%，比能淬透的中碳钢变形小，比不能淬透的中碳钢变形大，因为在都能淬透的情况下，中碳合金钢的 Ms 点低，且奥氏体的塑变抗力较大。

4) 回火

已淬硬的中碳钢和中碳合金钢模具在回火时，其变形是在淬火变形的基础上收缩。原来淬火胀大的主导方向收缩，原来收缩的非主导方向也收缩，且随着回火温度升高，收缩量增大。这是由于回火时马氏体分解，相比体积减小的结果。但无论怎样回火，都不能使由组织应力引起的主导方向上的胀大收缩至淬火前的尺寸，即仍然保持一定的胀大量。

5) 加工余量和预处理

中碳钢模具的淬火变形主要是变形主导方向上的胀大，因而在淬火前可根据该钢的胀大变形率调整加工余量以补偿淬火变形；也可以预先进行收缩处理，即加热至 Ac_1 附近的温度后急冷，从而产生热应力收缩变形；还可以在粗加工后进行调质处理，以增加淬火前钢中组织的比体积。

8.4.3　碳素工具钢的变形规律及变形控制

碳素工具钢 T8A、T10A、T12A 等属于低淬透性模具钢。这类钢碳含量高，Ms 点低，在强烈的淬火冷却时，表现出热应力变形的特征，即在模具变形的主导方向产生收缩，且以 T12A 钢的收缩量较大。

碳素工具钢的这种变形趋势还受模具截面尺寸、淬火加热温度、淬火冷却方法和回火温度等因素的影响。利用这些因素减少热应力变形是控制这类钢变形的主要措施。

1. 碳素工具钢变形的影响因素及控制措施

1) 模具截面尺寸和淬火加热温度

这两种因素对不同钢种的淬火变形的影响规律有所不同。

(1) 对过共析钢(T10A、T12A 等)的影响。当模具的截面尺寸很小时，淬火冷却所造成的截面温差也小，因而热应力和组织应力均小，模具的变形主要是马氏体相变所引起的体积胀大。提高淬火温度可使奥氏体含碳量增高，Ms 点下降，残余奥氏体量增多，这将使热应力增大，变形主导方向上的胀大率明显减小。

当截面尺寸增加至 10～25 mm 时，热应力变形起主要作用，主导方向趋于收缩。提高淬火温度会使热应力增大，收缩更为明显。截面尺寸继续增大时，淬不透的心部区增大，心部先发生高温或中温转变，削弱了热应力的影响，使主导方向上的收缩变形减小。

(2) 对共析钢(T8A)的影响。共析钢中没有二次碳化物，提高淬火温度不能使奥氏体含碳量增高，因而热应力不会明显增大。同时，在碳素工具钢中以共析钢的淬透性最好，提高淬火温度更使其淬硬深度加大，组织应力有所增强，从而使模具变形主导方向上的收缩量减小。

具体地说，当截面尺寸小于 20 mm 时，正常温度下的淬火变形表现为少量胀大，且胀大率随淬火温度的升高而增大；当截面尺寸增加至 25 mm 时，淬火变形才出现主导方向上少量收缩，但提高淬火温度又将使变形转向胀大；当截面尺寸大于 30 mm 时，淬火变形一般为主导方向上的收缩，只有提高淬火温度至 810℃以上时，方可使变形转向胀大。

(3) 淬火温度的选择。碳素工具钢模具多为中小截面(10～50 mm)，为了减小淬火变形，对 T10A、T12A 钢应采用较低的淬火加热温度。若用水-油冷却，可采用 760～780℃加热；若用硝盐或碱浴冷却，可用 810～820℃加热。

对 T8A 钢，可根据截面尺寸的增大适当提高淬火加热温度。若用水淬火，当截面厚度小于 15 mm 时，宜用 770～790℃加热；截面厚度为 20～30 mm 时，宜用 800～820℃加热；

截面厚度为 30～50 mm 时，宜用 820～830℃加热。若用硝盐分级淬火，可在上述淬火温度的基础上再做适当调整。

2) 冷却方法

在碳素工具钢模具中，截面尺寸为 10～25 mm 的过共析钢模具的收缩变形最为突出，实际生产中常采用硝盐分级淬火来减小其变形。熔融的硝盐有一定的温度(如 120℃)，比水的冷却速度低，尤其使低温相变区的冷速变慢。在这种冷却条件下，模具表面层和棱角处仍能躲过钢的 CCT 曲线的鼻尖而处于塑性好的过冷奥氏体状态，心部则先发生高温或中温转变形成索氏体或贝氏体，使模具产生组织应力变形，即沿主导方向少量胀大。当模具从硝盐中取出油冷或空冷时，表面层发生大量的马氏体相变，体积胀大，棱角突出，易于满足冷冲模刃口处的硬度和尺寸要求，如图 8-7 所示。

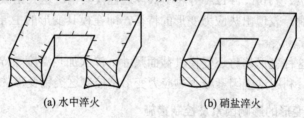

(a) 水中淬火　　　　　　　(b) 硝盐淬火

图 8-7　碳素工具钢模具水淬和硝盐淬的表面形态

3) 回火

回火时，淬火马氏体产生不同程度的分解，比体积减小，使模具在淬火变形的基础上产生收缩。多数冲模的工作硬度为 56～60 HRC，采用 250℃回火，其收缩变形率为 0.06%左右。为了减少回火收缩变形，在保证模具使用性能的前提下，应尽可能降低回火温度。碳素工具钢模具的淬火加热温度一般较低，淬硬层较薄，回火温度偏低对使用性能不至于有大的影响。对于精度要求高和孔距尺寸大的模具，还应采取其他措施。

除上述因素外，还有一些控制变形的具体措施。如当模具截面厚薄不均、相差悬殊时，对薄壁部位可贴附石棉、铁皮保护，防止冷速过快；对厚大部位可增开工艺孔等，以提高其冷速；模具采用预热并减慢加热速度，以防薄壁部位加热过快引起热应力塑性变形。任何模具都应严格按热处理工艺操作，保证一次处理成功，否则，返修时的重新加热冷却将使变形继续增大。另外，可根据变形规律调整淬火前的预留加工余量，如对圆环形凹模应适当减小内孔余量和加大外径余量，以抵消淬火变形。

2. 碳素工具钢模具变形控制实例

如图 8-8 所示，该冲模材料为 T10A 钢，要求硬度为 58～62 HRC。冲模圆周边刃附近有 6 个周向均布的 φ8 mm 小孔，且孔距精度要求严格。

1) 热处理问题分析

模具呈圆饼状，整体厚，小孔距模边及模底边缘较薄，若用硝盐淬火冷却达不到硬度要求，若用水-油淬火冷却则薄壁处易开裂，且孔距易收缩变形，故应采取措施既保证淬硬又减小变形并防止开裂。

2) 淬前准备措施

先在模具中间实心部分钻 5 个辅助孔，如图 8-8 所示，以减少截面厚薄不均，并可缩短水冷时间；再在 6 个边孔外侧用铁皮附石棉保护，以降低薄壁处冷速。但应注意露出刃口 0.5～1 mm，以利刃口淬硬。

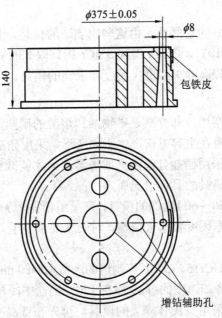

图 8-8　碳素工具钢模具变形控制实例

3) 热处理工艺措施

淬火加热在气体渗碳炉或盐炉中进行，以防氧化脱碳。采用 600℃预热并缓慢加热，采用较低的淬火加热温度 780～790℃。

淬火冷却，先在盐水中冷却 12～15 s 再转入油中冷却至 100～150℃出油并及时回火。加热、冷却均应使刃口面向上，入水时先使模底薄边预冷至不能淬硬，入水后上、下运动，加强孔中的冷却液循环，减少各部分温差。

回火温度 200～220℃，保温 2 h 空冷。处理后硬度满足要求，孔距 $\phi375$ mm 上收缩 0.04～0.05 mm，未发生淬裂。

8.4.4　低合金工具钢的变形规律及变形控制

低合金工具钢 CrMn、CrWMn、9SiCr、9Mn2V、GCr15 等，淬透性较好，淬火时不需要强烈的冷却，因而淬火应力变形明显减小，相变体积变化相对突出，淬火变形最终表现为在主导方向上趋向胀大。这类钢的变形同样受淬火加热温度、冷却方法、截面尺寸、回火工艺等因素的影响。利用这些因素改变淬火组织中马氏体的比体积和残余奥氏体的量，是控制变形的主要措施。

1. 低合金工具钢变形的影响因素及控制措施

1) 淬火加热温度

提高淬火加热温度将使马氏体比体积增大，残余奥氏体量增加。而这类钢的残余奥氏体量并不太多，马氏体比体积的增大起主要作用，因而使胀大变形率增大。正常温度淬火时,胀大变形率以 9SiCr 钢较大,CrWMn 钢次之,CrMn 钢最小。而提高淬火温度时,CrMn 钢的胀大变形率远超过前两种钢,这是由于 CrMn 钢含碳量较高,提高加热温度能使碳化物更多地溶入奥氏体。

为了减小变形并获得好的耐磨性,由这些钢制造的模具,其淬火加热温度不宜高。如对 CrWMn 钢宜取 800～810℃,CrMn 钢和 9SiCr 钢宜取 830～850℃。截面尺寸较大或淬透性较低的模具,可适当提高淬火温度;精度要求高的模具,可适当降低淬火温度。

2) 淬火冷却方法

低合金工具钢淬火的常用冷却介质是矿物油和熔融的硝盐,其中硝盐的使用温度较高而冷却能力比油大。油淬时在主导方向产生胀大变形,采用硝盐-油淬火可提高淬硬深度,使胀大变形率更大。只有采用硝盐分级淬火或等温淬火才能减小组织应力,从而减小胀大变形。其具体冷却方法视模具的具体情况而定:

(1) 对硬度要求不高(50～60 HRC)的模具,可采用稍高于 Ms 点温度的等温淬火以减小胀大变形,等温时间可根据硬度要求来调整。对硬度要求高于 60 HRC 的模具,可采用 Ms 点以下的等温淬火。

(2) 对用低淬透性钢 GCr15、CrMn 等制造的大截面(>80 mm)模具,为了提高淬硬层深度,应首先考虑采用提高冷却速度的办法(如在 120℃硝盐中冷却),而尽量避免提高淬火温度,以减少胀大变形。对采用贝氏体淬火的模具,可先在低温硝盐中冷却,再转入相应温度等温,既利于淬硬,又可减少变形。

(3) 对精度要求高的模具,可根据其硬度要求选择不同温度进行等温淬火,等温时间不宜过长,等温后随硝盐一起缓冷。这样不仅能显著减少组织应力,还能使淬火后的残余奥氏体量增多,从而使胀大变形得以控制。如果出现尺寸收缩,可采用较高温度回火来补救。粗磨后作低温时效处理,以稳定尺寸。

3) 回火工艺

低合金工具钢淬火后于 150～160℃回火时,由于马氏体开始析出碳化物使比体积减小,原胀大变形开始收缩。回火温度升高至 220～240℃以上,由于残余奥氏体转变,又开始出现尺寸胀大,并在 260～320℃回火时出现尺寸胀大峰值,具体峰值温度视钢种而有所不同。继续提高回火温度,变形又趋于收缩。

2. 低合金工具钢模具变形控制实例

如图 8-9 所示为 CrWMn 钢冷冲模,要求硬度 58～62 HRC,冲模上有 20 个坐标镗床加工成型的 Φ3～Φ10 mm 模孔,最大孔距要求(260±0.05) mm。

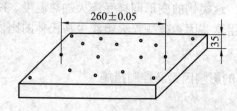

图 8-9　CrWMn 钢冲模示意图

该模具模孔小,基本上为实心模体。为保证模具淬硬且变形满足精度要求,应采取以下工艺措施：

(1) 模具实心较厚，孔距尺寸较大，应先在 600℃预热，并选择 810～820℃淬火加热。

(2) 为保证淬硬并有一定的淬硬深度，加热后先淬入 120～140℃的低温硝盐中冷却 1 min，再转入 230～240℃的硝盐中等温 20 min 取出空冷至室温。此等温度可保证所要求的硬度。等温淬火后，硬度为 59 HRC，孔距 260 mm 的收缩量是 0.16 mm。

(3) 按淬火后的收缩变形量，选择 240～260℃回火 1 h 时，收缩量减小至 0.04 mm，满足精度要求。

8.4.5 高碳高铬钢的变形规律及变形控制

高碳高铬钢 Cr12、Cr12MoV、Cr6WV、Cr5Mo1V、Cr4W2MoV 等具有高的淬透性，淬火时不需要快速冷却，产生的内应力小。这类钢含有大量的合金碳化物，可通过调节淬火加热温度使奥氏体中的碳和合金元素浓度在较大范围内变化，淬火后得到不同比体积的马氏体和不同量的残余奥氏体，从而能控制热处理变形，因而称这类钢为微变形模具钢。影响这类钢变形的主要因素及控制措施如下：

1) 淬火加热温度

提高淬火加热温度使淬火组织中的马氏体比体积增大，残余奥氏体量增多。在这两种对变形影响相反的因素中，这类钢的残余奥氏体量较多，是影响变形的主要因素。计算表明，Cr12MoV 钢油淬时，当淬火组织中马氏体的体积分数与残余奥氏体的体积分数的比值为 3：1 时，淬火前后的体积基本相等。实验结果是：当淬火温度为 1030～1040℃时，其变形量最小，接近于零。低于这个温度淬火，变形趋于胀大；高于这个温度淬火，变形趋于收缩。当淬火温度由 1000℃提高到 1100℃时，残余奥氏体的体积分数可由 25%左右增加至 70%左右，收缩量将急剧增大。

具体模具淬火温度的选择首先要考虑淬火变形的可控性。为此，宁可选择略高的淬火温度。如对 Cr12MoV 钢，可选择 1040℃加热淬火，使模具产生少量的收缩变形；随后可通过低温停置或冷处理使之胀大，以达到控制变形的目的。此外，还要考虑气温的高低、带状碳化物的偏析程度等，以便对淬火温度进行适当调整。

2) 淬火冷却方法

淬火冷却方法影响淬火应力的强弱和残余奥氏体量的多少等，从而影响淬火变形量的大小。高碳高铬钢正常淬火加热后快速冷却(如油冷)，则由于组织应力增强和奥氏体量减少，变形趋于胀大；而若在马氏体转变区缓冷(如硝盐-空冷)，则胀大变形量减小。淬火后若在更低的温度停置或进行冷处理，可使部分奥氏体继续转变为马氏体，从而产生在淬火变形基础上胀大。因而可用这种措施调节模具的变形量。若采用下贝氏体等温淬火，模具的变形量则和等温温度和等温时间有关。

淬火冷却方法的选择视模具的具体情况和要求而定。截面尺寸大的模具可用 150～200℃热油淬火，停留一段时间出油空冷；大多数中、小模具可采用 250～300℃硝盐分级淬火；精度要求高、形状不对称的模具可采用 540～600℃氯化盐和 250～300℃硝盐两次分级淬火；精度要求很高、需要严格控制胀大变形的模具，可采用两次分级淬火，且在硝盐中停留一段时间后随硝盐一起缓冷。

对于高精度模具，在淬火冷至室温后都应检测其尺寸变化，如发现胀大变形可立即进行较高温度回火；如发现尺寸收缩则应使之冷至更低温度，以增加马氏体转变量。

3) 回火工艺

高碳高铬钢的回火抗力高，回火时马氏体的分解和残余奥氏体的转变是影响模具尺寸变化的两个主要原因。如 Cr12MoV 钢在 1040℃加热淬火后回火时，随着回火温度的升高，模具尺寸逐渐收缩，在 450～500℃回火时收缩量最大。回火温度再升高，模具尺寸又逐渐胀大，在 540～560℃回火时胀大量最大，但这时模具的硬度也逐渐下降至 52～55 HRC，低于多数冲模要求的硬度值(58～62 HRC)。

因此，对这类钢的模具来说，不能指望利用回火来调整淬火时的收缩变形。模具在回火前只允许产生少量的胀大变形，这样才可以利用 250～380℃回火产生少量收缩来调整，且调整的幅度很小，回火温度再高将使硬度下降。

4) 带状碳化物的影响

实践表明，高碳高铬钢组织中的带状碳化物的方向对淬火变形有明显影响：沿带状碳化物方向常出现较大的胀大变形，垂直于带状碳化物方向的胀大变形较小或呈现收缩。产生这种现象的主要原因是碳化物的导热系数和热膨胀系数与基体金属有较大的差别。

碳化物的热膨胀系数比奥氏体小得多，在淬火冷却时，奥氏体要急剧收缩，而碳化物收缩很小，奥氏体沿带状碳化物方向的收缩受到很大阻碍而产生拉应力，并导致奥氏体基体产生拉伸塑性变形，结果沿带状碳化物方向出现胀大。

带状碳化物对回火变形没有明显影响。

8.4.6　模具热处理变形的校正

热处理变形是不可避免的。除掌握变形的原因及规律、采取合理的工艺措施减少变形外，还可以采取其他专门措施来减少变形或对变形进行校正，这些专门措施可实施于热处理之前、热处理过程中或热处理之后。按照校正变形的原理，这些措施可分为机械法、热应力法，或者是两类方法的综合运用。

1. 机械法

采用简单机械校正变形的方法很多。如热处理后的冷压校正、冷击校正、冷压配合氧-乙炔焰局部"热点"校正，淬火冷却时的淬火压力机床校正、专用整形夹具校正，回火过程中的加压回火等。机械法应用广泛，比较直观，行之有效。

2. 热应力法

模具在无相变的温度区间加热急冷，在热应力的作用下会产生主导方向上的收缩变形。这种方法常用于热处理胀大变形的校正，或者用于挽救型腔、孔距因磨损或冷加工造成尺寸超差的模具。

1) 在 Ac_1 温度以下加热急冷法

各种钢在 Ac_1 以下的温度加热急冷时，只会产生热应力收缩变形。收缩的效果则受多种因素影响。

钢在 Ac_1 温度以下的塑性越好，则热应力收缩效果越显著。因而，碳素钢、低合金工具钢、高碳高铬钢采用这种办法收缩时，其收缩量依次减小。而各种硬质合金基本上无收缩效果。

材料的热膨胀系数大而导热性差时所能产生的热应力大，因而收缩效果显著。某些合金的热膨胀系数虽大，但导热性也好，这时宜采用限制膨胀收缩法，即将欲收缩的工件部位紧装于相应的环套内，环套用热膨胀系数小的材料制作，将它们同时加热，使工件膨胀受阻产生压缩变形。

模具的形状和截面尺寸也影响加热急冷的收缩效果。如由模具形状决定的变形主导方向和非主导方向的尺寸比值为(4~10)：1 时，主导方向上的收缩效果较大；而当这个比值接近于 1：1 时，收缩效果很小。当模具的外形有减弱冷却速度的结构或改变热应力作用方向的结构时，也会减小收缩效果。若要收缩模具的型孔时，可采用充填石棉等措施以减小内孔的冷速，从而使收缩作用增强。

模具的截面尺寸小时，内外温差小，热应力作用弱，收缩效果差。当截面尺寸增大时，收缩效果增大。但当尺寸增大至一定限度后，收缩效果又会减小。

2) 外表面覆盖淬火收缩内孔法

对只要求型孔淬硬而外周边可不淬硬的模具，可用此方法收缩型孔。其方法是用铁皮垫附石棉覆盖外周表面，然后加热淬火。在淬火冷却时，内孔冷速高于周边而先发生收缩，这使得温度较高、塑性良好的周边产生内缩塑变，从而达到收缩型孔的目的。

3) 高温奥氏体区急冷收缩法

高碳高铬钢等塑性差的材料若采用 Ac_1 温度加热急冷，所产生的收缩效果较小。为此，可采用高温奥氏体区加热急冷，利用奥氏体较大的热膨胀系数和较好的塑性，使之产生较大的热应力收缩变形。例如，欲收缩 Cr12MoV 钢模具，可加热 1020~1080℃，经保温后先在水中急冷很短时间(可按 15~20 mm/s 计算)，使模具产生热应力收缩，并保证模具各部位温度高于 Ms 点，然后转入 500~600℃氯化盐中等温停留至内外温度一致，以减小随后冷却时的组织应力变形，再进行分级淬火冷却。最后的收缩变形率为 0.20%左右。

3. 胀大处理法

挽救尺寸缩小的模具需要胀大处理。目前，所用的胀大处理方法都有其局限性，胀大效果不如热应力收缩明显。因而，模具热处理时应尽量避免或减小收缩变形。

1) 淬火胀大法

这是利用淬火冷却时的组织应力使模具变形主导方向产生胀大的方法。这种方法主要适用于组织应力变形特征明显的低、中碳的碳素工具钢和低合金工具钢。

对于低合金工具钢，采用上限温度加热并尽可能获得较深淬硬层的工艺淬火后，也可以产生少量胀大变形。但这种少量胀大主要是相比体积增大，不可能通过重复淬火来增大其胀大变形量。

2) 冷处理和回火法

对于淬火后有较多残余奥氏体的钢种，可在淬火后短时间内进行冷处理，随后在残余奥氏体转变的温度范围回火，可获得少量的尺寸胀大。但高速钢制冲头类模具在回火时只能使径向(变形非主导方向)尺寸胀大。

　　使模具产生胀大变形也可以采用机械法，如使模具在外力作用下回火，利用回火相变的超塑性条件使之产生尺寸胀大等。另外，各种表面镀覆技术也可以补救胀大处理法的不足。

复习与思考题

8-1　什么是失效？什么是损伤？

8-2　失效分为哪些类型？

8-3　如何开展失效分析？

8-4　简述模具的服役条件。

8-5　简述模具的失效形式与影响因素。

8-6　模具材料有哪些抵抗过量变形失效的性能指标？

8-7　模具材料有哪些抵抗断裂失效的性能指标？

8-8　如何根据工作条件、失效形式选择具备相应性能的模具材料？

8-9　简述模具材料工作硬度对模具使用寿命的影响。

8-10　简述模具钢冶金质量对模具使用寿命的影响。

8-11　简述模具热处理变形的影响因素。

8-12　简述中碳钢变形的影响因素及控制措施。

8-13　简述碳素工具钢变形的影响因素及控制措施。

8-14　简述低合金工具钢变形的影响因素及控制措施。

8-15　简述高碳高铬钢的变形规律及变形控制措施。

8-16　简述模具热处理变形的校正方法。

参 考 文 献

[1] 何柏林. 模具材料及表面强化技术[M]. 北京：化学工业出版社，2009.

[2] 杨素萍. 高职《模具材料与热处理》教学现状的研究. [DB/OL]. http://www.studa.net/zhiye/100704/16202749.htmll.

[3] 冷冲模工作零件常用材料及热处理. [EB/OL]. http://www.cncproduct.com/tech/detail/11717.htm l.

[4] 张蓉，钱书琨. 模具材料及表面工程技术[M]. 北京：化学工业出版社，2008.

[5] 赵昌盛. 模具材料及热处理手册[M]. 北京：机械工业出版社，2008.

[6] 第 12 届中国国际模具技术和设备展览会再创新高. [EB/OL]. (2008-3-26)[2020-5-28]. http://sh.sohu.com/20080326/n256015061.shtml 解放网－新闻晨报.

[7] 美通社(亚洲)IT.第十三届中国国际模具技术和设备展览会空前阵容 5 月亮相申城. [EB/OL]. (2010-5-11)[2020-5-28]. http://www.enet.com.cn/enews/arss6854.shtml.

[8] 康俊远. 模具材料与表面[M]. 北京：北京理工大学出版社，2007.

[9] 李奇. 模具材料及热处理[M]. 北京：北京理工大学出版社，2007-08. 1-2.

[10] 林慧国，火树鹏，马绍弥. 模具材料应用手册[M]. 北京：机械工业出版社，2004 年第 2 版.

[11] 中华人民共和国国家发展和改革委员会公告 2008 年(第 9 号)[EB/OL]. (2008-1-23)[2020-5-28]. http://www.csres.com/notice/34803.html.

[12] 周超梅，于林华. 金属材料与模具材料[M]. 北京理工大学出版社，2009.

[13] 深圳市华鑫特钢材有限公司 H13 钢厂价直销. http://detail.china.alibaba.com/buyer/offerdetail/768953073.html.

[14] 吴元徽，赵利群. 模具材料与热处理[M]. 大连：大连理工大学出版社，2007.

[15] 张鲁阳. 模具失效与防护[M]. 北京：机械工业出版社，1998.

[16] 郑家贤. 冲压模具设计使用手册[M]. 北京：机械工业出版社，2007.

[17] 王嘉. 冷冲模设计与制造实例[M]. 北京：机械工业出版社，2009.

[18] 魏春雷，朱三武，章南. 模具专业毕业设计手册[M]. 天津：天津大学出版社，2010.

[19] 李名望. 冲压模具设计与制造实例[M]. 北京：化学工业出版社，2008.

[20] 杨占尧. 塑料模具标准件及设计应用手册[M]. 北京：化学工业出版社，2008.

[21] 吴生绪. 塑料成形模具设计手册[M]. 北京：机械工业出版社，2008.

[22] 沈言锦. 塑料工艺与模具设计[M]. 长沙：湖南大学出版社，2007.

[23] 张秀玲. 塑料成型工艺与模具设计[M]. 长沙：中南大学出版社，2006.

[24] 中国标准出版社第三编辑室，全国模具标准化技术委员会. 塑料模具国家标准汇编[M]. 北京：中国标准出版社，2009.

[25] 高汉华，何冰强. 塑料成型工艺与模具设计[M]. 大连：大连理工大学出版社，2009.

[26] 屈华昌. 塑料成型工艺与模具设计[M]. 北京：机械工业出版社，2008.

[27]　洪慎章. 实用压塑成型及模具设计(塑料成型及模具设计丛书)[M]. 北京：机械工业出版社，2006.

[28]　王永平. 注塑模具设计经验点评[M]. 北京：机械工业出版社，2004.

[29]　模具实用技术丛书编委会. 压铸模设计应用实例[M]. 北京：机械工业出版社，2005.

[30]　徐永礼，雷日扬. 模具材料与热处理[M]. 广州：华南理工大学出版社，2008.

[31]　王刚毅. 塑料模具设计指导[M]. 北京：清华大学出版社，2010.

[32]　陈再枝，马党参. 塑料模具钢应用手册[M]. 北京：化学工业出版社，2005.

[33]　熊建武. 模具零件的工艺设计与实施[M]. 北京：机械工业出版社，2009.

[34]　熊建武. 模具零件的手工制作[M]. 北京：机械工业出版社，2009.

[35]　熊建武. 模具制造工艺项目教程[M]. 上海：上海交通大学出版社，2010.